新世纪电气自动化系列精品教材

传感器原理与应用

主　编　何一鸣　桑　楠　张刚兵　钱显毅

副主编　李国庆　葛汶鑫　李爱华　林　琳

东南大学出版社

南　京

内 容 简 介

　　传感器是普通高等学校理、工、农、医等各专业的重要专业基础课程,全书共 13 章,简明扼要地介绍传感器的基本结构原理与应用,突出传感器新知识的工程应用,以培养读者的创新能力和工程实践能力,知识覆盖面广,符合教育部《关于"十二五"普通高等教育本科教材建设的若干意见》的精神和"卓越工程师教育培养计划"的要求。

　　本书可作为普通高等学校的教材或参考书,也可供相关工程技术人员参考,特别适合作为卓越工程师培训教材。

图书在版编目(CIP)数据

传感器原理与应用/何一鸣等主编. —南京:东南大学出版社,2012.12

新世纪电气自动化系列精品教材

ISBN　978-7-5641-4143-1

Ⅰ.①传…　Ⅱ.①何…　Ⅲ.①传感器-高等学校-教材　Ⅳ.①TP212

中国版本图书馆 CIP 数据核字(2013)第 044393 号

传感器原理与应用

出版发行	东南大学出版社	
出 版 人	江建中	
社　　址	南京市四牌楼 2 号	
邮　　编	210096	
经　　销	全国各地新华书店	
印　　刷	扬中市印刷有限公司	
开　　本	787 mm×1092 mm　1/16	
印　　张	17.25	
字　　数	442 千字	
版　　次	2012 年 12 月第 1 版	
印　　次	2012 年 12 月第 1 次印刷	
书　　号	ISBN　978-7-5641-4143-1	
印　　数	1—3000 册	
定　　价	36.00 元	

(本社图书若有印装质量问题,请直接与营销部联系。电话:025-83791830)

前　言

为了贯彻落实教育部《国家中长期教育改革和发展规划纲要》和《国家中长期人才发展规划纲要》的重大改革,根据教育部 2011 年 5 月发布的《关于"十二五"普通高等教育本科教材建设的若干意见》,本着教材必须符合教育规律并具有科学性、先进性、适用性,进一步完善具有中国特色的普通高等教育本科教材体系的精神,以及"卓越工程师教育培养计划"的具体要求,编写了应用传感器原理与应用教材。

本教材具有以下特色:

(1) 符合教育部《关于"十二五"普通高等教育本科教材建设的若干意见》的精神,具有时代性、先进性、创新性,为培养造就一大批创新能力强、适应经济社会发展需要的高质量各类型工程技术人才和卓越工程师打下良好的专业基础。

(2) 系统性强,强化应用,培养动手能力。本书编写过程中,在确保传感器知识系统性基础上,调研并参考了相关行业专家的意见,特别适用于卓越工程师培养,以培养创新型、实用型人才。

(3) 特色鲜明,实用性强,方便读者自学。相关章节安排有传感器的应用知识,方便学生自学,将每个知识点紧密结合到相关学科,可以提高学生学习兴趣,适应不同基础的学生自学。

(4) 难易适中,适用面广,符合因材施教。适合不同的读者学习和参考,也有利于普通高校教学之用。

(5) 重点突出,简明清晰,结论表述准确。对传感器结构、原理表达清晰,结论准确,有利于帮助学生建立传感器的数理模型、培养学生的形象思维能力和解决实际工程的能力。

(6) 使用方便,容易操作,便于考试考查。习题与思考题便于教师教学和学生学习。

本书共 13 章,第 1 章由李国庆、林琳、李爱华编写,第 2、3 章由葛汶鑫和钱显毅共同编写,第 4 至第 9 章由何一鸣编写,第 10 章由桑楠编写,第 11 至第 13 章由张刚兵编写。由何一鸣负责全书统稿。

由于时间仓促,本书中的错误或不妥之处,恳请读者指正。(需要教学用 PPT 等教学资料者,请与 QQ634918683 或 QQ 群 236425612 联系。)

编　者

2012 年 8 月

目　　录

1 **传感器概论** ·· (1)

1.1　传感器概述 ··· (1)

1.1.1　传感器的定义 ·· (1)

1.1.2　传感器的基本定律 ·· (1)

1.1.3　传感器的构成 ·· (2)

1.1.4　传感器的类型 ·· (4)

1.1.5　传感器的功能 ·· (5)

1.1.6　传感器的发展趋势 ·· (6)

1.2　传感器技术基础 ··· (8)

1.2.1　传感器的一般数学模型 ····································· (8)

1.2.2　传感器的静态特性 ·· (11)

1.2.3　传感器的动态特性 ·· (15)

1.2.4　改善传感器性能的技术途径 ······························ (21)

1.3　传感器的合理选用 ·· (24)

1.3.1　合理选择传感器的基本原则与方法 ····················· (25)

1.3.2　传感器的正确使用 ·· (26)

1.3.3　无合适传感器时可供选用时的对策(举例) ·············· (27)

1.3.4　传感器的标定与校准 ·· (27)

习题与思考题 ·· (30)

2 **应变式传感器** ·· (31)

2.1　电阻应变片的结构、原理和类型 ······························· (31)

2.1.1　电阻应变的效应与应变片结构 ···························· (31)

2.1.2　电阻应变片工作原理 ·· (31)

2.1.2　应变片的类型 ·· (32)

2.2　金属应变片的主要特性 ··· (33)

2.2.1　灵敏系数 ··· (33)

2.2.2　横向效应 ··· (33)

2.2.2　温度误差及补偿方法 ·· (34)

2.3　电阻应变片测量电路 ·· (36)

2.3.1　直流电桥工作原理 ·· (36)

2.3.2　交流电桥工作原理 ……………………………………………………… (39)

2.4　应变式传感器测量电路 …………………………………………………… (41)

2.4.1　电阻应变仪 ………………………………………………………………… (41)

2.4.2　相敏检波器 ………………………………………………………………… (42)

2.5　应变式传感器的应用 ……………………………………………………… (43)

2.5.1　力传感器(测力与称重) …………………………………………………… (43)

2.5.2　膜片式压力传感器 ………………………………………………………… (46)

2.5.3　应变式加速度传感器 ……………………………………………………… (47)

2.5.4　压阻式传感器 ……………………………………………………………… (47)

习题与思考题 …………………………………………………………………… (49)

3　超声波传感器 ……………………………………………………………… (50)

3.1　概述 …………………………………………………………………………… (50)

3.2　超声波及其物理性质 ……………………………………………………… (51)

3.2.1　超声波的波型及传播速度 ………………………………………………… (51)

3.2.2　超声波的反射和折射 ……………………………………………………… (52)

3.2.3　超声波的衰减 ……………………………………………………………… (53)

3.3　超声波传感器的结构 ……………………………………………………… (54)

3.4　超声波传感器的应用 ……………………………………………………… (54)

3.4.1　超声波物位传感器 ………………………………………………………… (54)

3.4.2　超声波流量传感器 ………………………………………………………… (55)

习题与思考题 …………………………………………………………………… (57)

4　电容式传感器 ……………………………………………………………… (58)

4.1　基本工作原理 ……………………………………………………………… (58)

4.2　电容式传感器的类型 ……………………………………………………… (58)

4.2.1　变极距型电容式传感器 …………………………………………………… (58)

4.2.2　变面积型电容式传感器 …………………………………………………… (60)

4.2.3　变介质型电容式传感器 …………………………………………………… (61)

4.3　测量电路 …………………………………………………………………… (62)

4.3.1　交流电桥(调幅电路) ……………………………………………………… (62)

4.3.2　运算放大器式电路 ………………………………………………………… (63)

4.3.3　调频电路 …………………………………………………………………… (63)

4.4　电容式传感器的应用 ……………………………………………………… (64)

4.4.1　位移的测量 ………………………………………………………………… (65)

4.4.2　电容式压力传感器 ………………………………………………………… (65)

4.4.3　电容式条干仪 ……………………………………………… (66)

习题与思考题 ……………………………………………………… (69)

5　电感式传感器 …………………………………………………… (70)

5.1　自感式电感传感器 …………………………………………… (70)

5.1.1　工作原理 …………………………………………………… (70)

5.1.2　变气隙式自感传感器的输出特性 ………………………… (71)

5.1.3　变面积式电感传感器 ……………………………………… (72)

5.1.4　螺管式电感传感器 ………………………………………… (73)

5.1.5　差动式电感传感器 ………………………………………… (73)

5.1.6　电感式传感器的测量电路 ………………………………… (74)

5.2　互感式电感传感器 …………………………………………… (75)

5.2.1　变隙式差动变压器 ………………………………………… (76)

5.2.2　螺管式差动变压器 ………………………………………… (78)

5.3　电涡流式传感器 ……………………………………………… (81)

5.3.1　工作原理 …………………………………………………… (81)

5.3.2　测量电路 …………………………………………………… (83)

5.3.3　电涡流式传感器的应用 …………………………………… (84)

习题与思考题 ……………………………………………………… (86)

6　压电式传感器 …………………………………………………… (87)

6.1　压电效应及材料 ……………………………………………… (87)

6.1.1　压电效应 …………………………………………………… (87)

6.1.2　压电材料 …………………………………………………… (88)

6.2　压电方程及压电常数 ………………………………………… (90)

6.2.1　石英晶片的切型及符号 …………………………………… (90)

6.2.2　压电方程及压电常数矩阵 ………………………………… (91)

6.3　等效电路及测量电路 ………………………………………… (94)

6.3.1　等效电路 …………………………………………………… (94)

6.3.2　测量电路 …………………………………………………… (95)

6.4　压电式传感器及其应用 ……………………………………… (98)

6.4.1　应用类型、形式和特点 …………………………………… (98)

6.4.2　压电式加速度传感器 ……………………………………… (99)

6.4.3　压电式力和压力传感器 …………………………………… (104)

习题与思考题 ……………………………………………………… (107)

7　热电式传感器 ·· (108)

7.1　热电阻传感器 ··· (108)

7.1.1　热电阻 ·· (108)

7.1.2　热敏电阻 ··· (109)

7.2　热电偶传感器 ··· (111)

7.2.1　热电效应及其工作定律 ··· (111)

7.2.2　热电偶 ·· (114)

7.3　热电式传感器的应用 ·· (116)

7.3.1　测量管道流量 ··· (116)

7.3.2　热电式继电器 ··· (116)

习题与思考题 ·· (116)

8　磁电式传感器 ·· (117)

8.1　磁电感应式传感器（电动式） ·· (117)

8.1.1　工作原理和结构形式 ·· (117)

8.1.2　基本特性 ··· (118)

8.1.3　测量电路 ··· (119)

8.1.4　磁电感应式传感器的应用 ······································· (120)

8.2　霍尔式传感器 ··· (121)

8.2.1　霍尔效应 ··· (121)

8.2.2　霍尔元件 ··· (123)

8.2.3　霍尔元件的误差及补偿 ·· (123)

8.2.4　霍尔元件的结构形式 ·· (125)

8.2.5　霍尔元件的应用 ·· (125)

8.2.6　霍尔集成传感器 ·· (126)

8.3　磁敏电阻传感器 ·· (128)

8.3.1　磁敏电阻器 ·· (128)

8.3.2　磁敏晶体管 ·· (131)

习题与思考题 ·· (134)

9　光电式传感器 ·· (135)

9.1　概述 ··· (135)

9.2　光源 ··· (136)

9.2.1　对光源的要求 ··· (136)

9.2.2　常用光源 ··· (136)

9.3　常用光电器件 ··· (138)

9.3.1　外光电效应及器件 ………………………………………………（138）

9.3.2　内光电效应及器件 ………………………………………………（139）

9.3.3　光电器件的特性 …………………………………………………（141）

9.4　光敏器件 ………………………………………………………………（144）

9.4.1　位置敏感器件（PSD） ……………………………………………（144）

9.4.2　集成光敏器件 ……………………………………………………（145）

9.4.3　固态图像传感器 …………………………………………………（145）

9.4.4　高速光电器件 ……………………………………………………（149）

9.4.5　半导体色敏器件 …………………………………………………（149）

9.5　光电式传感器 …………………………………………………………（151）

9.5.1　光电式传感器的类型 ……………………………………………（151）

9.5.2　光电式传感器的应用 ……………………………………………（152）

9.6　太阳能电池 ……………………………………………………………（157）

9.6.1　太阳能电池的概念与工作原理 …………………………………（157）

9.6.2　太阳能电池的应用 ………………………………………………（158）

9.6.3　太阳能电池产业现状 ……………………………………………（161）

9.6.4　太阳能电池的类型 ………………………………………………（163）

9.6.5　太阳能电池（组件）的生产工艺 …………………………………（164）

习题与思考题 ……………………………………………………………………（166）

10　光纤传感器 ……………………………………………………………（168）

10.1　概述 ……………………………………………………………………（168）

10.2　光纤传光原理及其特性 ……………………………………………（168）

10.3　光纤的特性 …………………………………………………………（170）

10.3.1　光纤的传输损耗 …………………………………………………（170）

10.3.2　光纤的传输频带特性 ……………………………………………（172）

10.3.3　光纤的强度 ………………………………………………………（173）

10.4　光强度调制光纤传感器 ……………………………………………（173）

10.4.1　迅衰场光纤传感器 ………………………………………………（173）

10.4.2　反射系数光纤传感器 ……………………………………………（174）

10.4.3　移动光栅光纤传感器 ……………………………………………（174）

10.4.4　双金属光纤温度传感器 …………………………………………（175）

10.4.5　微弯光纤传感器 …………………………………………………（176）

10.5　光相位调制光纤传感器 ……………………………………………（177）

10.5.1　工作原理 …………………………………………………………（177）

10.5.2　应用 ………………………………………………………………（177）

10.5.3　空气光路干涉仪 ……………………………………………………（177）

10.5.4　光纤干涉传感器 ……………………………………………………（179）

10.6　光频率调制光纤传感器 …………………………………………………（180）

习题与思考题 ……………………………………………………………………（181）

11 **汽车传感器** ………………………………………………………………（182）

11.1　概述 …………………………………………………………………………（182）

11.1.1　汽车传感器的功能 …………………………………………………（182）

11.1.2　汽车传感器的类型 …………………………………………………（183）

11.1.3　汽车传感器的性能要求 ……………………………………………（184）

11.1.4　汽车传感器的未来发展 ……………………………………………（184）

11.2　汽车温度传感器 ……………………………………………………………（185）

11.2.1　汽车温度传感器的性能与类型 ……………………………………（185）

11.2.2　热敏电阻式温度传感器的结构与检修 ……………………………（187）

11.2.3　气体温度传感器的结构与检修 ……………………………………（194）

11.2.4　热敏铁氧体温度传感器的结构与检修 ……………………………（196）

11.2.5　温度传感器检修实例 ………………………………………………（197）

11.3　汽车压力传感器 ……………………………………………………………（205）

11.3.1　汽车压力传感器的功能和类型 ……………………………………（205）

11.3.2　真空开关的结构与检修 ……………………………………………（205）

11.3.3　油压开关的结构与检修 ……………………………………………（206）

11.3.4　油压传感器的结构与检修 …………………………………………（207）

11.3.5　绝对压力型高压传感器的结构与检修 ……………………………（207）

11.3.6　相对压力型高压传感器的结构与检修 ……………………………（208）

11.3.7　进气支管压力传感器的结构与检修 ………………………………（208）

11.3.8　涡轮增压传感器的结构与检修 ……………………………………（211）

11.3.9　制动总泵压力传感器的结构与检修 ………………………………（212）

11.3.10　压力传感器检修实例 ………………………………………………（213）

11.4　汽车其他传感器 ……………………………………………………………（214）

11.4.1　空气流量传感器 ……………………………………………………（214）

11.4.2　气体浓度传感器 ……………………………………………………（215）

11.4.3　转速传感器 …………………………………………………………（216）

11.4.4　位置与角速度传感器 ………………………………………………（216）

11.4.5　加速度与振动传感器 ………………………………………………（217）

习题与思考题 ……………………………………………………………………（217）

12　检测电路 ·· (218)

12.1　概述 ··· (218)

12.2　电压和电流放大电路 ·· (218)

12.2.1　信号源及其等效电路 ······································ (218)

12.2.2　集成运算放大器 ·· (219)

12.2.3　比例放大电路 ·· (219)

12.2.4　仪用放大器 ·· (220)

12.2.5　三运放测量放大器 ·· (221)

12.3　电桥及其放大电路 ·· (225)

12.3.1　电桥 ··· (225)

12.3.2　电桥放大器 ·· (226)

12.4　高输入阻抗放大器 ·· (227)

12.4.1　自举反馈型高输入阻抗放大器 ·························· (227)

12.4.2　场效应管高输入阻抗差动放大器及计算 ··············· (230)

12.4.3　高输入阻抗放大器信号保护 ···························· (232)

12.4.4　高输入阻抗放大器制作装配工艺 ······················ (233)

12.5　低噪声放大电路 ·· (234)

12.5.1　噪声的基本知识 ·· (234)

12.5.2　噪声电路计算 ·· (236)

12.5.3　信噪比与噪声系数 ·· (237)

12.5.4　晶体三极管的噪声 ·· (239)

12.5.5　低噪声电路设计原则 ······································ (243)

习题与思考题 ·· (244)

13　传感器的技术处理 ··· (245)

13.1　概述 ··· (245)

13.2　传感器的匹配技术 ·· (245)

13.2.1　高输入阻抗放大器 ·· (245)

13.2.2　变压器匹配 ·· (246)

13.2.3　电荷放大器 ·· (246)

13.3　传感器的非线性校正技术 ······································· (247)

13.3.1　用硬件电路实现非线性特性的线性化 ·················· (247)

13.3.2　用软件实现非线性特性线性化 ·························· (250)

13.3.3　应用范例——利用曲线拟合方法进行磁传感器的非线性处理 ········ (255)

13.4　传感器的抗干扰处理方法 ······································· (256)

13.4.1　供电系统的抗干扰设计 ···································· (256)

　　13.4.2　采用滤波技术消除干扰 ·· (257)

　　13.4.3　采用接地技术抑制干扰 ·· (258)

　　13.4.4　信号传输通道的抗干扰设计 ··· (258)

　　13.4.5　从元器件方面消除干扰的措施 ··· (259)

　13.5　正确选用传感器的原则 ·· (260)

　　13.5.1　与传感器特性有关的因素 ·· (261)

　　13.5.2　根据实际用途选择传感器 ·· (261)

　习题与思考题 ·· (262)

参考文献 ·· (263)

1 传感器概论

1.1 传感器概述

1.1.1 传感器的定义

什么是传感器(transducer,sensor)? 生物体的感官就是天然的传感器。如人的"五官"——眼、耳、鼻、舌、皮肤分别具有视、听、嗅、味、触觉。人们的大脑神经中枢通过五官的神经末梢(感受器)就能感知外界的信息。

我们也可以说:眼具有视觉功能,相当于光学视频传感器;耳具有听觉功能,相当于声学传感器;鼻具有嗅觉功能,相当于生化传感器;舌具有味觉功能,相当于化学传感器;皮肤具有触觉功能,相当于压力传感器。

在工程科学与技术领域,可以认为:传感器是人体"五官"的工程模拟物。国家标准(GB/T 7765—87)把它定义为:能感受规定的被测量(包括物理量、化学量、生物量等)并按照一定的规律转换成可用信号的器件或装置,通常由敏感元件(sensing element)和转换元件(transduction element)组成。

应当指出,这里所谓"可用信号"是指便于处理、传输的信号。当今电信号最易于处理和便于传输,因此,可把传感器狭义地定义为:能把外界非电信息转换成电信号输出的器件或装置。可以预料,当人类跨入光子时代,光信息成为更便于快速、高效地处理与传输的可用信号时,传感器的概念将随之发展成为:能把外界信息或能量转换成光信号或能量输出的器件或装置。

在此,引入传感器的广义定义:"凡是利用一定的物质(物理、化学、生物)法则、定理、定律、效应等进行能量转换与信息转换,并且输出与输入严格一一对应的器件或装置均可称为传感器。"因此,在工程技术领域,传感器又被称作检测器、换能器、变换器等。

随着信息科学与微电子技术特别是微型计算机与通信技术的迅猛发展,近期传感器的发展走上了与微处理器、微型计算机和通信技术相结合的必由之路,传感器的概念因而进一步扩充,如智能(化)传感器、传感器网络化等新概念应运而生。

传感器技术是以传感器为核心论述其内涵、外延的学科,也是一门由测量技术、功能材料、微电子技术、精密与微细加工技术、信息处理技术和计算机技术等相互结合而形成的密集型综合技术。

1.1.2 传感器的基本定律

传感器所以具有能量信息转换的功能,在于它的工作机理是基于各种物理的、化学的和生物的效应,并受相应的定律和法则所支配。了解这些定律和法则,有助于对传感器本质的理解和对新效应传感器的开发。在本书论述的范围内,作为传感器工作物理基础的基本定律和法则有以下 4 种类型：

1）守恒定律

包括能量、动量、电荷量等守恒定律是探索、研制新型传感器或分析、综合现有传感器时都必须严格遵守的基本法则。

2）场的定律

包括运动场的运功定律、电磁场的感应定律等。其相互作用与物体在空间的位置及分布状态有关。一般可由物理方程给出，这些方程可作为许多传感器工作的数学模型。例如：利用静电场定律研制的电容式传感器；利用电磁感应定律研制的自感、互感、电涡流式传感器；利用运动定律与电磁感应定律研制的磁电式传感器；等等。利用场的定律构成的传感器，其形状、尺寸（结构）决定了传感器的量程、灵敏度等主要性能，故此类传感器可统称为结构型传感器。

3）物质定律

物质定律是表示各种物质本身内在性质的定律，如虎克定律、欧姆定律等，通常以这种物质所固有的物理常数加以描述。因此，这些常数的大小决定着传感器的主要性能。例如：利用半导体物质法则——压阻、热阻、磁阻、光阻、湿阻等效应，可分别制成压敏、热敏、磁敏、光敏、湿敏等传感器件；利用压电晶体物质法则——压电效应，可制成压电、声表面波、超声传感器等。这种基于物质定律的传感器统称为"物性型传感器"。这是当代传感器技术领域具有广阔发展前景的传感器。

4）统计法则

统计法则是把微观系统与宏观系统联系起来的物理法则。这些法则常常与传感器的工作状态有关，是分析某些传感器的理论基础。这方面的研究尚待进一步深入。

1.1.3 传感器的构成

由上已知，当今的传感器是一种能把非电输入信息转换成电信号输出的器件或装置，通常由敏感元件和转换元件组成。其典型的组成及功能框图如图 1.1 所示。其中敏感元件是构成传感器的核心。图 1.1 的功能原理具体体现在结构型传感器中。

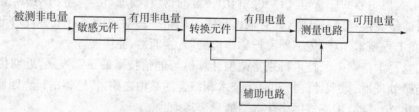

图 1.1　触感器典型组成及功能框图

对物性型传感器而言，其敏感元件集敏感、转换功能于一体，即可实现"被测非电量—有用电量"的直接转换。

实际上，传感器的具体构成方法视被测对象、转换原理、使用环境及性能要求等具体情况的不同而有很大差异。图 1.2 所示为典型的传感器构成方法。

1）自源型

自源型是一种仅含有敏感元件的最简单、最基本的传感器构成型式。其特点是无需外能源，故又称无源型。其敏感元件具有从被测对象直接吸取能量并转换成电量的效应，但输出能量较弱,如热电偶、压电器件等。见图 1.2(a)。

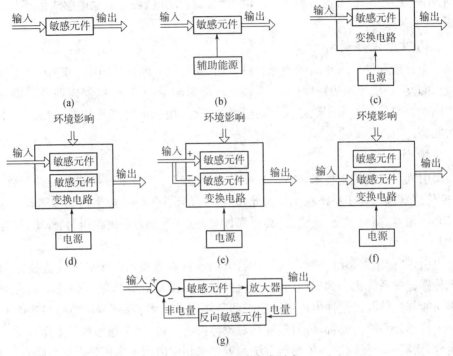

图 1.2 传感器的构成型式

2) 辅助能源型

辅助能源型是一种敏感元件外加辅助激励能源的构成型式。辅助能源可以是电源,也可以是磁源。传感器输出的能量由被测对象提供,因此是能量转换型结构。光电管、光敏二极管、磁电式和霍尔等电磁感应式传感器均属此型。其特点是不需要变换(测量)电路即可有较大的电量输出(见图 1.2(b))。

3) 外源型

由能对被测量实现阻抗变换的敏感元件和带有外电源的变换(测量)电路构成(见图 1.2 (c))。其输出能量由外电源提供,是属于能量控制(调制)型结构,电阻应变式、电感、电容式位移传感器及气敏、湿敏、光敏、热敏等传感器均属此型。所谓变换(测量)电路,是指能把转换元件输出的电信号调理成便于显示、记录、处理和控制的可用信号的电路,故又称信号调理与转换电路。常用的变换(测量)电路有电桥、放大器、振荡器、阻抗变换器和脉冲调宽电路等。实用中,这种构成型式的传感器特性受到使用环境变化的影响。图 1.2(d)、(e)、(f)是目前为消除环境变化的干扰而广泛采用的线路补偿法构成型式。

4) 相同敏感元件的补偿型

采用 2 个原理和特性完全相同的敏感元件,并置于同一环境中,其中一个接受输入信号和环境影响,另一个只接受环境影响,通过线路,使后者消除前者的环境干扰影响。这种构成法在应变式、固态压阻式等传感器中常被采用(见图 1.2(d))。

5) 差动结构补偿型

采用 2 个原理和特性完全相同的敏感元件,同时接收被测输入量,并置于同一环境中。巧妙的是,2个敏感元件对被测输入量作反向转换,对环境干扰量作同向转换,通过变换(测量)电路,使有用输出量相加,干扰量相消。差动电阻式、差动电容式、差动电感式传感器等即属此型。见图1.2(e)。

6) 不同敏感元件的补偿型

采用2个原理和性质不相同的敏感元件,两者同样置于同一环境中。其中:一个接受输入信号,并已知其受环境影响的特性;另一个接受环境影响量,并通过电路向前者提供等效的抵消环境影响的补偿信号。采用热敏元件的温度补偿、采用压电补偿片的温度和加速度干扰补偿等即为此型。见图1.2(f)。

7) 反馈型

反馈型引入了反馈控制技术,用正向、反向2个敏感元件分别作测量和反馈元件,构成闭环系统,使传感器输入处于平衡状态。因此,亦称为闭环式传感器或平衡式传感器。这种传感器系统具有高精度、高灵敏度、高稳定、高可靠性等特点,例如力平衡式压力、称重、加速度传感器等(见图1.2(g))。

在此再引入"传感器系统"的概念。目前,人们已日益重视借助于各种先进技术和技术手段来实现传感器的系统化。例如利用自适应控制技术、微型计算机软硬件技术来实现传统传感器的多功能与高件能。这种由传感器技术和其他先进技术相结合,从结构与功能的扩展上构成了一个传感器系统。或者,可根据复杂对象监控的需要,将上述各种基本型式的传感器进行选择组合,构成一个复杂的多传感器系统。近年来相应出现了多传感器信息融合技术、智能传感器等先进的传感器系统。

1.1.4 传感器的类型

用于不同科技领域或行业的传感器种类繁多。一种被测量,可以用不同的传感器来测量;而同一原理的传感器,通常又可分别测量多种被测量。因此,分类方法很多。了解传感器的分类旨在从总体上加深理解,便于应用。

除上述分类法外,还有按与某种高技术、新技术相结合而命名的传感器,如集成传感器、智能传感器、机器人传感器、仿生传感器等。

无论何种传感器,作为测量与控制系统的首要环节,通常都必须满足快速、准确、可靠、经济地实现信息转换的基本要求。具体要求如下:

(1) 足够的容量。传感器的工作范围或量程足够大,具有一定过载能力。

(2) 灵敏度高,精度适当。要求其输出信号与被测输入信号成确定关系(通常为线性),且比值要大;传感器的静态响应与动态响应的准确度能满足要求。

(3) 响应速度快,工作稳定,可靠性好。

(4) 适用性和适应性强。体积小,重量轻,动作能量小,对被测对象的状态影响小;内部噪声小而又不易受外界干扰的影响;其输出力求采用通用或标准形式,以便与系统对接。

(5) 使用经济。成本低,寿命长,便于使用、维修和校准。

当然,能完全满足上述性能要求的传感器很少。应根据应用目的、使用环境、被测对象状况、精度要求和信息处理等具体条件作全面综合考虑。综合考虑的具体原则、方法、性能及指标要求将在1.3节详细讨论。

1.1.5　传感器的功能

从科学技术发展的角度看,人类社会已经或正在经历着手工化—机械化—自动化—信息化……的发展历程。当今的社会信息化靠的是现代信息技术——传感器技术、通信技术和计算机技术三大支柱的支撑,由此可见:传感器技术在国防、国家工业化和社会信息化的进程中有着突出的地位和作用。

众所周知,科技进步是社会发展的强大推动力。科技进步的重要作用在于不断用机(仪)器来代替和扩展人的体力劳动和脑力劳动,以大大提高社会生产力。为此目的,人们在不懈地探索着机器与人之间的功能模拟——人工智能,并不断地创制出拟人的装置——自动化机械,乃至智能机器人。

如图 1.3 所示的人与机器的功能对应关系可见,作为模拟人体感官的"电五官"(传感器),是系统对外界猎取信息的"窗口",如果对象亦视为系统,从广义上讲,传感器是系统之间实现信息交流的"接口",它为系统提供赖以进行处理和决策所必需的对象信息,它是高度自动化系统乃至现代尖端技术必不可少的关键组成部分。

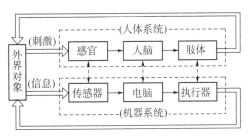

图 1.3　人与机器的功能对应关系

下面略举数例。

仪器仪表是科学研究和工业技术的"耳目"。在基础学科和尖端技术的研究中,大到上千光年的茫茫宇宙,小到 10^{-13} cm 的粒子世界;长到数十亿年的天体演化,短到 10^{-24} s 的瞬间反应;高达 $5\times10^4\sim5\times10^8$ ℃的超高温,或 3×10^8 Pa 的超高压,低到 10^{-6} ℃的超低温[7],或 10^{-13} Pa 的超真空;强到 25 T 以上的超强磁场,弱到 10^{-13} T 的超弱磁场……,要测量如此极端细微的信息,单靠人的感官或一般电子设备远已无能为力,必须借助于配备有相应传感器的高精度测试仪器或大型测试系统才能奏效。因此,某些传感器的发展,是一些边缘科学研究和高、新技术的先驱。

在工业与国防领域,传感器更有其用武之地。在以高技术对抗和信息战为主要特征的现代战争中,在高度自动化的工厂、设备、装置或系统中,可以说是传感器的大集合地。例如:工厂自动化中的柔性制造系统(FMS)或计算机集成制造系统(CIMS),几十万千瓦的大型发电机组,连续生产的轧钢生产线,无人驾驶的自动化汽车,大型基础设施工程(如大桥、隧道、水库、大坝等),多功能武备攻击指挥系统,直到航天飞机、宇宙飞船或星际、海洋探测器等,均需要配置数以千计的传感器,用以检测各种各样的工况参数或对象信息,以达到识别目标和运行监控的目的。

当传感器技术在工业自动化、军事国防和以宇宙开发、海洋开发为代表的尖端科学与工程等重要领域广泛应用的同时,它正以自己的巨大潜力,向着与人们生活密切相关的方面渗透:生物工程、医疗卫生、环境保护、安全防范、家用电器、网络家居等方面的传感器已层出不穷,并在日新月异地发展。据新近国外一家技术市场调查公司预测,未来 5 年,用嵌入大量微传感器的计算机芯片做成的服装、饰物将风行世界市场。

可见,从茫茫太空,到浩瀚海洋;从各种复杂的工程系统,到日常生活的衣食住行,几乎每一项现代化内容都离不开各种各样的传感器。有专家感言:"没有传感器……支撑现代文明的科学技术就不可能发展。"日本业界更声称："支配了传感器技术就能够支配新时代！"

为此，日本把传感器技术列为国家重点发展的十大技术之首。美国早在 20 世纪 80 年代就宣称：世界已进入传感器时代！在涉及国家经济繁荣和国家安全至关重要的 22 项重大技术中，传感器技术就有 6 项；而涉及保护美国武器系统质量优势至关重要的关键技术中，有 8 项为无源传感器。可以毫不夸张地说，21 世纪的社会，必将是传感器的世界！

1.1.6　传感器的发展趋势

1) 发现新效应，开发新材料、新功能

传感器的工作原理是基于各种物理的、化学的、生物的效应和现象，具有这种功能的材料称为功能材料或敏感材料。显而易见，新的效应和现象的发现，是新的敏感材料开发的重要途径；而新的敏感材料的开发，是新型传感器问世的重要基础。

例如，约瑟夫逊（Josephson）效应——一种超导体超导电流的量子干涉效应的发现，导致多种超性能敏感器件的开发：利用直流约瑟夫逊效应研制成超导量子干涉器（SQUID），可用于测量诸如人体心脏和脑活动所产生的微磁场变化，分辨力高于 10^{-13} T；利用交流约瑟夫逊效应研制的电压—频率（V—F）变换器，其精确度可达 10^{-8}，且稳定性极高，不受环境温度、振动干扰，无漂移和老化；利用约瑟夫逊效应的热噪声研制的温度传感器，可测量 10^{-6} K 的超低温。

又如，电流变（electro rheological，ER）效应——一种电流变材料（常态为液体，ERF）在外电场控制下能瞬间（μs、ms 级）产生可逆性"液态—固态"突变，致使其粘度、阻尼、剪切强度等力学性能快速响应的现象。之后，利用这种 ER 效应开发的电—机特性转换元件，因其具有低能耗、快速响应、可逆性、无级柔性变换、无磨损、低噪声、长寿命等特点，并能将高速计算机的电指令直接转换成机械动作的操作过程，被誉为"有潜力成为电气—机械转换中能效最高的一种产品"。美国科学家称："ER 将会产生一场较当年半导体材料影响更大的技术革命"和"一系列的工业技术革命"。可见，ER 效应的研究和 ER 材料的应用具有十分巨大的发展潜力和十分诱人、令人鼓舞的前景。

还需指出，探索已知材料的新功能与开发新功能材料，对研制新型传感器来说同样重要。有些已知材料，在特定的配料组方和制备工艺条件下，会呈现出全新的敏感功能特性。例如，用以研制湿敏传感器的 Al_2O_3 基湿敏陶瓷早已为人们所知；近年来，我国学者又成功地研制出以 Al_2O_3 为基材的氢气敏、酒精敏、甲烷敏等 3 种类型的气敏元件。与同类型的 SnO_2、FE_2O_3、ZnO 基气敏器件相比，具有更好的选择性、低工作温度和较强的抗温、抗湿能力。这种开发已知材料新功能或多功能的成果绝非仅有，值得关注。

2) 多功能集成化和微型化

所谓集成化，就是在同一芯片上或将众多同类型的单个传感器件集成为一维、二维或三维阵列型传感器，或将传感器件与调理、补偿等处理电路集成一体化。前一种集成化使传感器的检测参数实现"点-线-面-体"多维图像化，甚至能加上时序控制等软件，变单参数检测为多参数检测。例如，将多种气敏元件用厚膜制造工艺集成制作在同一基片上，制成能检测氧、氨、乙醇、乙烯等 4 种气体浓度的多功能气体传感器。后一种集成化使传感器由单一的信号转换功能扩展为兼有放大、运算、补偿等多功能。高度集成化的传感器，将是两者有机融合，以实现多信息与多功能集成一体化的传感器系统。

微米/纳米技术的问世,微机械加工技术的出现,使三维工艺日趋完善,这为微型传感器的研制铺平了道路。微型传感器的显著特征是体积微小、重量很轻(体积、重量仅为传统传感器的几十分之一甚至几百分之一)。其敏感元件的尺寸一般为 μm 级。它是由微加工技术(光刻、蚀刻、淀积、键合等工艺)制作而成。如今,传感器的发展有一股强劲的势头,这就是正在摆脱传统的结构设计与生产,而转向优先选用硅材料,以微机械加工技术为基础,以仿真程序为工具的微结构设计,来研制各种敏感机理的集成化、阵列化、智能化硅微传感器。这一现代传感器技术国外称之为"专用集成微型传感器技术"(application specific integrated microtransducer,ASIM)。这种硅微传感器一旦付诸实用,将对众多高科技领域——特别是航空航天、遥感遥测、环境保护、生物医学和工业自动化领域有着重大的影响。美国著名未来学家尼·尼葛洛庞帝预言:微型化电脑将在 10 年后变得无所不在,人们的日常生活环境中可能嵌满这种电脑芯片。届时,人们甚至可以将一种含有微电脑的微型传感器像服药丸一样"吞"下,从而在体内进行各种检测,以帮助医生诊断。目前日本已研制出尺寸为 2.5 mm×0.5 mm 的微型传感器,可用导管直接送入心脏,可同时检测 Na、K 和 H 相离子浓度。微传感器的实现和应用最引起关注的还是在航空航天领域。如国外某金星探测器共使用了 8 000 余个传感器。若采用微传感器及其阵列集成,不仅对减轻重量、节省空间和能耗有重要意义,而且可大大提高飞行监控系统的可靠性。正因为如此,最近美国在《新世纪展望 21 世纪的空军和太空力量》的研究报告中,特别强调了微传感器对各种飞行器的重要性,并把它列入突出发展的计划付诸实施。我国在这方面正在迎头赶上。

3)数字化、智能化和网络化

数字技术是信息技术的基础。传感器的数字化不仅是提高传感器本身多种性能的需要,而且是传感器向智能化、网络化更高层次发展的前提。

近年来,传感器的智能化和智能传感器的研究、开发正在世界众多国家蓬勃开展。智能传感器的定义也在逐步形成和完善之中。目前较为一致的看法是:凡是具有一种或多种敏感功能,不仅能实现信息的探测、处理、逻辑判断和双向通信,而且具有自检测、自校正、自补偿、自诊断等多功能的器件或装置,可称为"智能传感器"(intelligent sensor)。按构成模式,智能式传感器可分为分立模块式和集成一体式。

目前国内外已出现一种组合一体化结构传感器。它把传统的传感器与其配套的调理电路、微处理器、输出接口与显示电路等模块组装在同一壳体内,因而,体积缩小,线路简化,结构更紧凑,可靠性和抗干扰性能大大提高。在今后一段时间内,它将是传统传感器实现小型化和智能化而引人注目的发展途径。

有人预计未来 10 年,传感器智能化将首先发展成由硅微传感器、微处理器、微执行器和接口电路等多片模块组成的闭环传感器系统。如果通过集成技术进一步将上述多片相关模块全部制作在一个芯片上形成单片集成,就可形成更高级的智能传感器。

传感器网络化技术是随着传感器、计算机和通信技术相结合而发展起来的新技术,进入新世纪以来已崭露头角。传感器网络是一种由众多随机分布的一组同类或异类传感器节点与网关节点构成的无线网络。每个微型化和智能化的传感器节点,都集成了传感、处理、通信、电源等功能模块,可实现目标数据与环境信息的采集和处理,并可在节点与节点之间、节点与外界之间进行通信。这种具有强大集散功能的传感器网络,可以根据需要密布于目标对象的监测部位,进行分散式巡视、测量和集中监视。下一代传感器网络产品将可能是浏览器技术与以太网相互融合,以实现灵巧(smart)传感器和执行器的集成。未来的传感器网络将引入不久将面世的光学集成系统(微型集成光路),其功能和速度会更加高超。

在此,可以引入利用智能化材料制造的智能化传感器。

智能材料的概念首先由美国学者 C. A. Rogers 提出。1989 年,日本学者高木后直进而提出了将信息科学融入材料的物性和功能的智能材料构想。此后,日、美、西欧一些国家争先恐后地开展了这方面的研究工作。关于智能材料定义,国外最为流行的说法是 Petroki 提出的"将生命功能注入非生命或人工材料(或制品)构成的集成化体系称为智能材料,其中包括感知(sensing)、驱动(actuating)和控制(controling)材料或部件"。我国材料科学家师昌绪院士则提出了如下表达式:sensing+actuating=smart(灵巧),smart+controling=intelligent。其中包括 3 种功能;① 感知功能——能自身探测和监控外界环境或条件变化;② 处理功能——能评估已测信息,并利用已存储资料作出判断和协调反应;③ 执行功能——能依据上述结果提交驱动或调节器进行实施。

目前,初步具有这种自监测、自诊断、自适应功能的智能材料与结构已被应用于桥梁、隧道、大坝等土建结构的智能化神经系统中,也有被埋设于飞机及航天装置的机身、机翼和发动机等要害部件,使之具有如人体神经与肌肉组织般的智能结构,监视自身的"健康状态",例如美国,在 F15 战斗机机翼设置的自诊断光纤干涉传感器网络,就是成功的一例。可以预料,未来的智能工程结构将广泛采用智能材料与结构,其应用前景十分广阔。

4) 研究生物感官,开发仿生化传感器

大自然是生物传感器的优秀设计师。生物界进化到今天,人类凭借发达的智力,无需依靠强大的感官能力就能生存;而物竞天择的动物界,能拥有特殊的感应能力,即功能奇特、性能高超的生物传感器才是生存的本领。许多动物,因为具有非凡的感应次声波信号的能力,而使它们能够逃避诸如火山爆发、地震、海啸之类的灭顶之灾。其他如狗的嗅觉(灵敏阈为人的 10^6 倍),鸟的视觉(视力为人的 8~50 倍),蝙蝠、飞蛾、海豚的听觉(主动型生物雷达——超声波传感器),蛇的接近觉(分辨力达 0.001 ℃的红外测温传感器)等,这些动物的感官性能是当今传感器技术所企及的目标。利用仿生学、生物遗传工程和生物电子学技术来研究它们的机理,研发仿生传感器,也是十分引人注目的方向。

综上所述不难看出,当代科学技术发展的一个显著特征是,各学科之间在其前沿边缘上相互渗透,互相融合,从而催生出新兴的学科或新的技术。传感器技术也不例外,它正不断融入其他相关学科的高科技,逐步形成自己的发展方向,孕育自己的新技术。因此,传感器及其新技术的发展,必须走与高科技相结合之路。

1.2　传感器技术基础

1.2.1　传感器的一般数学模型

传感器作为感受被测量信息的器件,希望它能按照一定的规律输出有用信号。因此,需要研究其输出—输入关系及特性,以便用理论指导其设计、制造、校准与使用。为此,有必要建立传感器的数学模型。由于传感器可能用来检测静态量(即输入量是不随时间变化的常量)、准静态量或动态量(即输入量是随时间而变的变量),应该以带随机变量的非线性微分方程作为数学模型,但这将在数学上造成困难。实际上,传感器在检测静态量时的静态特性与检测动态量时的动态特性通常可以分开来考虑。于是,对应于输入信号的性质,传感器的数学模型分为静态模型与动态模型。

1) 静态模型

静态模型是指在静态条件下(即输入量对时间 t 的各阶导数为0)得到的传感器数学模型。若不考虑滞后及蠕变,传感器的静态模型可用下列代数方程表示:

$$y = a_0 + a_1 x + a_2 x^2 + \cdots + a_n x^n \tag{1.1}$$

式中:x——输入量;

　　　y——输出量;

　　　a_0——零位输出;

　　　a_1——传感器的灵敏度,常用 S 表示;

　　　$a_2, a_3, \cdots, a_n$——非线性项的待定常数。

这种多项式代数方程可能有 4 种情况,如图 1.4 所示。

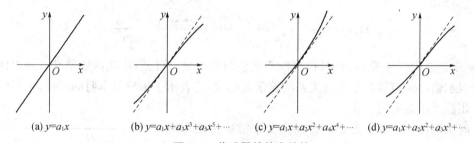

(a) $y = a_1 x$　　(b) $y = a_1 x + a_3 x^3 + a_5 x^5 + \cdots$　　(c) $y = a_1 x + a_2 x^2 + a_4 x^4 + \cdots$　　(d) $y = a_1 x + a_2 x^2 + a_3 x^3 + \cdots$

图 1.4　传感器的静态特性

这种表示输出量与输入量之间关系的曲线称为特性曲线。通常希望传感器的输出—输入关系呈线性,并能正确无误地反映被测量的真值,即图 1.4(a)所示。这时,传感器的数学模型为:

$$y = a_1 x \tag{1.2}$$

当传感器特性出现如图 1.4(b)、(c)、(d)所示的非线性情况时,必须采取线性化补偿措施。

2) 动态模型

有的传感器即使静态特性非常好,但由于不能很好反映输入量随时间(尤其快速)变化的状况而导致严重的动态误差。这就要求认真研究传感器的动态响应特性。为此建立的数学模型称为动态模型。

(1) 微分方程

对传感器的基本要求是输出信号不失真,即希望其输出特性呈线性。实际上,大多数情况下传感器并不能在很大范围内保持线性,但却总可以找出一个限定范围作为它的工作范围,并在一定精度(或误差)的条件下作为线性系统来处理。因此,在研究传感器的动态响应特性时,一般都忽略传感器的非线性和随机变化等复杂的因素,将传感器作为线性定常系统考虑。因而其动态模型可以用线性常系数微分方程来表示:

$$a_n \frac{\mathrm{d}^n y}{\mathrm{d}t^n} + a_{n-1} \frac{\mathrm{d}^{n-1} y}{\mathrm{d}t^{n-1}} + \cdots + a_1 \frac{\mathrm{d}y}{\mathrm{d}t} + a_0 y =$$
$$b_m \frac{\mathrm{d}^m x}{\mathrm{d}t^m} + b_{m-1} \frac{\mathrm{d}^{m-1} x}{\mathrm{d}t^{m-1}} + \cdots + b_1 \frac{\mathrm{d}x}{\mathrm{d}t} + b_0 x \tag{1.3}$$

式中：$a_0, a_1, \cdots, a_n$；$b_0, b_1, \cdots, b_m$——取决于传感器参数的常数。除 $b_0 \neq 0$ 外，一般 $b_1 = b_2 = \cdots b_m = 0$。

用微分方程作为传感器数学模型的好处是，通过求解微分方程容易分清暂态响应与稳态响应。因为其通解仅与传感器本身的特性及起始条件有关，而特解则不仅与传感器的特性有关，而且与输入量 x 有关。缺点是求解微分方程很麻烦，尤其当需要通过增减环节来改变传感器的性能时显得很不方便。

（2）传递函数

如果运用拉普拉斯变换将时域的数学模型（微分方程）转换成复数域（s 域）的数学模型（传递函数），上述方法的缺点就得以克服。由控制理论知，对于用式（1.3）表示的传感器，其传递函数为：

$$H(s) = \frac{Y(s)}{X(s)} = \frac{b_m s^m + b_{m-1} s^{m-1} + \cdots + b_1 s + b_0}{a_n s^n + a_{n-1} s^{n-1} + \cdots + a_1 s + a_0} \tag{1.4}$$

式中，$s = \sigma + \mathrm{j}\omega$，是一个复数，称为拉普拉斯变换的自变量。可见，传递函数是又一种以传感器参数来表示输出量与输入量之间关系的数学表达式，它表示了传感器本身的特性，而与输入量无关。用框图示意见图 1.5。

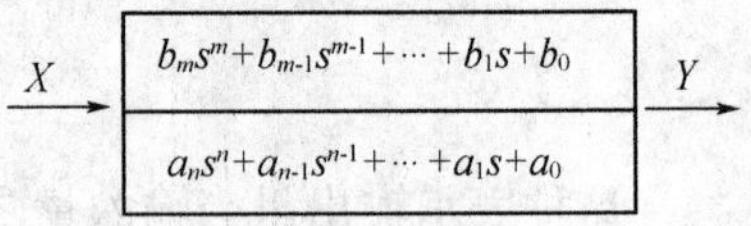

有时也可以采用算子形式的传递函数来描述传感器的动态特性。采用这种形式时，只要将式（1.4）及图 1.5 中的 s 置换成 D 即可。

$$X \longrightarrow \boxed{\frac{b_m s^m + b_{m-1} s^{m-1} + \cdots + b_1 s + b_0}{a_n s^n + a_{n-1} s^{n-1} + \cdots + a_1 s + a_0}} \longrightarrow Y$$

图 1.5　框图表示法

对于多环节串、并联组成的传感器或测量系统，如果各环节阻抗匹配适当，可忽略相互间的影响，总的传递函数可按下列代数式求得：

$$H(s) = \prod_{i=1}^{n} H_i(s) \tag{1.5}$$

对于 n 个环节的串联系统［见图 1.6(a)］，有：

$$H(s) = \sum_{i=1}^{n} H_i(s) \tag{1.6}$$

这样就容易看清各个环节对系统的影响，因而便于对传感器或测量系统进行改进。

采用传递函数法的另一个好处是，当传感器比较复杂或传感器的基本参数未知时，可以通过实验求得传递函数。

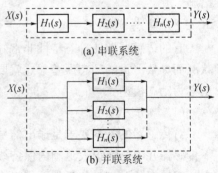

(a) 串联系统

(b) 并联系统

图 1.6　系统分类示意图

1.2.2　传感器的静态特性

静态特性表示传感器在被测输入量各个值处于稳定状态时的输出—输入关系。研究静态特性主要应考虑其非线性与随机变化等因素。

1) 线性度

线性度又称非线性误差,是表征传感器输出—输入校准曲线与所选定的拟合直线(作为工作直线)之间的吻合(或偏离)程度的指标。通常用相对误差来表示线性度或非线性误差,即

$$e_L = + \frac{\Delta L_{max}}{y_{ES}} \times 100\% \tag{1.7}$$

式中:ΔL_{max}——输出平均值与拟合直线间的最大偏差;

y_{ES}——理论满量程输出值。

显然,选定的拟合直线不同,计算所得的线性度数值也就不同。选择拟合直线应保证获得尽量小的非线性误差,并考虑使用与计算方便。下面介绍几种目前常用的拟合方法。

(1) 理论直线法

如图 1.7(a)所示,以传感器的理论特性作为拟合直线,它与实际测试值无关。优点是简单、方便,但通常 ΔL_{max} 很大。

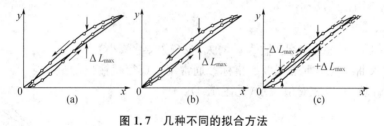

图 1.7　几种不同的拟合方法

(2) 端点直线法

如图 1.7(b)所示,以传感器校准曲线两端点间的连线作为拟合直线。其方程式为:

$$y = b + kx \tag{1.8}$$

式中:b 和 k——分别为截距和斜率。

这种方法也很简便,但 ΔL_{max} 也很大。

(3) 最佳直线法

以最佳直线作为拟合直线,该直线能保证传感器正反行程校准曲线对它的正、负偏差相等并且最小,如图 1.7(c)所示。由此所得的线性度称为独立线性度。显然,这种方法的拟合精度最高。通常情况下,最佳直线只能用图解法或通过计算机解算来获得。

当校准曲线(或平均校准曲线)为单调曲线,且测量上、下限处之正、反行程校准数据的算术平均值相等时,最佳直线可采用端点连续平移来获得。有时称该方法为端点平行线法。

(4) 最小二乘法

按最小二乘原理求取拟合直线,该直线能保证传感器校准数据的残差平方和最小。如用式(1.8)表示最小二乘法拟合直线,式中的系数 b 和 k 可根据下述分析求得。

设实际校准测试点有 n 个,则第 i 个校准数据 y,与拟合直线上相应值之间的残差为:

$$\Delta_i = y_i - (b + kx_i) \qquad (1.9)$$

按最小二乘法原理,应使 $\sum_{i=1}^{n} \Delta_i^2$ 最小;故由 $\sum_{i=1}^{n} \Delta_i^2$ 分别对 k 和 b 求一阶偏导数并令其等于 0,即可求得 k 和 b:

$$k = \frac{n \sum x_i y_i - \sum x_i \sum y_i}{n \sum x_i^2 - \left(\sum x_i \right)^2} \qquad (1.10)$$

$$b = \frac{\sum x_i^2 \sum y_i - \sum x_i \sum x_i y_i}{n \sum x_i^2 - \left(\sum x_i \right)^2} \qquad (1.11)$$

式中: $\sum x_i = x_1 + x_2 + \cdots + x_n$;

$\quad\quad \sum y_i = y_1 + y_2 + \cdots + y_n$;

$\quad\quad \sum x_i y_i = x_1 y_2 + x_2 y_2 + \cdots + x_n y_n$;

$\quad\quad \sum x_i^2 = x_1^2 + x_2^2 + \cdots + x_n^2$;

最小二乘法的拟合精度很高,但校准曲线相对拟合直线的最大偏差绝对值并不一定最小,最大正、负偏差的绝对值也不一定相等。

2) 回差(滞后)

回差是 e_H 反映传感器在正(输入量增大)反(输入量减小)行程过程中输出—输入曲线的不重合程度的指标。通常用正反行程输出的最大差值 ΔH_{max} 计算,并以相对值表示(见图1.8)。

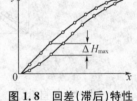

$$e_H = \frac{\Delta H_{max}}{y_{ES}} \times 100\% \qquad (1.12)$$

图 1.8　回差(滞后)特性

3) 重复性

重复性是衡量传感器在同一工作条件下,输入量按同一方向作全量程连续多次变动时,所得特性曲线间一致程度的指标。各条特性曲线越靠近,重复性越好。

重复性误差 e_R 反映的是校准数据的离散程度,属于随机误差,因此应根据标准偏差计算 σ,即

$$e_R = \pm \frac{a\sigma_{max}}{y_{ES}} \times 100\% \qquad (1.13)$$

式中: $a\sigma_{max}$ ——各校准点正行程与反行程输出值标准偏差中的最大值;

$\quad\quad a$ ——置信系数,通常取 2 或 3, $a = 2$ 时置信概率为 95.4%, $a = 3$ 时置信概率为 99.73%。

计算标准偏差 σ 的方法常用的有以下几种。

(1) 贝塞尔公式法

计算公式为:

$$\sigma = \sqrt{\frac{\sum_{i=1}^{n}(y_i - \bar{y}_i)^2}{n-1}} \tag{1.14}$$

式中：y_i——某校准点的输出值；

$\bar{y}_i$——输出值的算术平均值；

n——测量次数。

这种方法精度较高，但计算较繁。

（2）极差法

极差是指某一校准点校准数据的最大值与最小值之差。计算标准偏差的公式为：

$$\sigma = \frac{W_n}{d_n} \tag{1.15}$$

式中：W_n——极差；

d_n——极差系数，其值与测量次数 n 有关，可由表 1.1 查得。

表 1.1 极差系数

n	2	3	4	5	6	7	8	9	10
d_n	1.41	1.91	2.24	2.48	2.67	2.88	2.96	3.08	3.18

这种方法计算比较简便，常用于 $n \leqslant 10$ 的场合。

在采用以上 2 种方法时，若有 m 个校准点，正反行程共可求得 $2m$ 个 σ，一般应取其中最大者 σ_{max} 计算重复性误差。

按上述方法计算所得重复性误差不仅反映了某一传感器输出的一致程度，而且还代表了在一定置信概率下的随机误差极限值。

4）灵敏度

灵敏度是传感器输出量增量与被测输入量增量之比。线性传感器的灵敏度就是拟合直线的斜率，即

$$S = \frac{\Delta y}{\Delta x} \tag{1.16}$$

非线性传感器的灵敏度不是常数，应以 $\Delta y / \Delta x$ 表示。

实际应用中由于外源传感器的输出量与供给传感器的电源电压有关，其灵敏度的表达往往需要包含电源电压的因素。例如某位移传感器，当电源电压力 1 V 时，每 1 mm 位移变化引起输出电压变化 100 mV，其灵敏度可表示为 100 mV/(mm・V)。

5）分辨力

分辨力是传感器在规定测量范闹内所能检测出的被测输入量的最小变化量。有时用该值相对满量程输入值的百分数表示，则称为分辨率。

6）阈值

阈值是能使传感器输出端产生可测变化量的最小被测输入量值，即零位附近的分辨力。有的传感器在零位附近有严重的非线性，形成所谓死区，则将死区的大小作为阈值。更多情况下阈值主要取决于传感器的噪声大小，因而有的传感器只给出噪声电平。

7）稳定性

又称长期稳定性，即传感器在相当长时间内仍保持其性能的能力。稳定性一般以室温条件下经过一规定的时间间隔后，传感器的输出与起始标定时的输出之间的差异来表示，有时也用标定的有效期来表示。

8）漂移

漂移指在一定时间间隔内，传感器输出量存在着与被测输入量无关的、不需要的变化。漂移包括零点漂移与灵敏度漂移。

零点漂移或灵敏度漂移又可分为时间漂移（时漂）和温度漂移（温漂）。时漂是指在规定条件下，零点或灵敏度随时间的缓慢变化；温漂为周围温度变化引起的零点或灵敏度漂移。

9）静态误差（精度）

这是评价传感器静态性能的综合件指标，指传感器在满量程内任一点输出值相对其理论值的可能偏离（逼近）程度。它表示采用该传感器进行静态测量时所得数值的不确定度。

静态误差的计算方法国内外尚不统一，目前常用的方法有以下几种。

（1）将非线性、回差、重复性误差按几何法或代数法综合，即

$$e_S = \pm\sqrt{e_L^2 + e_H^2 + e_R^2} \tag{1.17}$$

或

$$e_S = \pm(e_L + e_H + e_R) \tag{1.18}$$

（2）将全部标准数据相对拟合直线的残差看成随机分布，求出标准偏差 σ. 然后取 2σ 或 3σ 作为静态误差，这时有：

$$\sigma = \pm\sqrt{\frac{\sum_{i=1}^{P}(\Delta y_i)^2}{p-1}} \tag{1.19}$$

式中：Δy_i——各测试点的残差；

　　p——所有测试循环中总的测试点数，例如正反行程共有 m 个测试点，每测试点重复测量 n 次，则 $p=mn$。

仍用相对误差表示静态误差，则有：

$$e_S = \pm\frac{(2\sim 3)\sigma}{y_{ES}}\times 100\% \tag{1.20}$$

由于非线性、回差可反映为系统误差，但它们的最大值并不一定出现在同一位置，而重复性则反映为随机误差，故按式（1.19）计算所得的静态误差偏大，而按式（1.17）及式（1.20）计算则偏小。

（3）将系统误差与随机误差分开考虑。该方法从原理上讲比较合理，计算公式为：

$$e_S = \pm\frac{|(\Delta y)_{max}| + a\sigma}{y_{ES}} \tag{1.21}$$

式中：$(\Delta y)_{max}$——校准曲线相对拟合直线的最大偏差，即系统误差的极限值；

　　σ——按极差法计算所得的标准偏差；

　　a——根据所需置信概率确定的置信系数，美国国家标准局推荐该法，当置信概率为

90%、重复试验 5 个循环(即 $n=5$)时,$a=2.13185$。

若传感器是由若干个环节组成的开环系统,设第 j 个环节的灵敏度为 K_j,第 i 个环节的绝对误差和相对误差分别为 Δy_i 和 e_i,则传感器的总绝对误差 Δy_c 和相对误差 e_c 分别为:

$$\Delta y_c = \sum_{i=1}^{n} \left(\prod_{j=i+1}^{n} K_j \right) \Delta y_i \tag{1.22}$$

$$e_c = \sum_{i=1}^{n} e_i \tag{1.23}$$

可见,为了减小传感器的总误差,应该设法减小各组成环节的误差。

1.2.3 传感器的动态特性

动态特性是反映传感器对于随时间变化的输入量的响应特性。用传感器测试动态量时,希望它的输出量随时间变化的关系与输入量随时间变化的关系尽可能一致。但实际并不尽然,因此需要研究它的动态特性——分析其动态误差。包括 2 部分:(1) 输出量达到稳定状态以后与理想输出量之间的差别;(2) 当输入量发生跃变时,输出量由一个稳态到另一个稳态之间的过渡状态中的误差。由于实际测试时输入量是千变万化的,且往往事先并不知道,故工程中通常采用输入"标准"信号函数的方法进行分析,并据此确立若干评定动态特性的指标。常用的"标准"信号函数是正弦函数与阶跃函数,因为它们既便于求解又易于实现。本节将分析传感器对正弦数输入的响应(频率响应)和阶跃输入的响应(阶跃响应)特性及性能指标。

1) 传感器的频率响应特性

将频率不同而幅值相等的正弦信号输入传感器,其输出正弦信号的幅值、相位与频率之间的关系称为频率响应特性。

设输入幅值为 X、角频率为 ω 的正弦量:

$$x = X \sin \omega t$$

则获得的输出量为:

$$y = Y \sin(\omega t + \varphi) \tag{1.24}$$

式中:Y,φ——分别为输出量的幅值和初相角。

将 x,y 的各阶导数代入动态模型表达式(1.3),可得:

$$\frac{Y(j\omega)}{X(j\omega)} = \frac{b_m (j_\omega)^m + b_{m-1} (j_\omega)^{m-1} + \cdots + b_1 (j_\omega) + b_0}{a_n (j_\omega)^n + a_{n-1} (j_\omega)^{n-1} + \cdots + a_1 (j_\omega) + a_0} \tag{1.25}$$

式(1.25)将传感器的动态响应从时域转换到频域,表示输出信号与输入信号之间的关系随着信号频率而变化的特性,故称为传感器的频率响应特性,简称频率特性或频响特性。其物理意义是:当正弦信号作用于传感器时,在稳定状态下的输出量与输入量之复数比。在形式上相当于将传递函数式(1.4)中的 s 置换成(jω)而得,因而又称为频率传递函数。其指数形式为:

$$\frac{Y(j\omega)}{X(j\omega)} = \frac{Y e^{j(\omega t + \varphi)}}{X e^{j\omega t}} = \frac{Y}{X} e^{j\varphi}$$

由此可得频率特性的模：

$$A(\omega) = \left| \frac{Y(\mathrm{j}\omega)}{X(\mathrm{j}\omega)} \right| = \frac{Y}{X} \mathrm{e}^{\mathrm{j}\varphi} \tag{1.26}$$

称为传感器的动态灵敏度（或增益）。$A(\omega)$ 表示输出、输入的幅值比随 ω 而变，故又称为幅频特性。

以 $\mathrm{Re}\left[\dfrac{Y(\mathrm{j}\omega)}{X(\mathrm{j}\omega)}\right]$ 和 $\mathrm{Im}\left[\dfrac{Y(\mathrm{j}\omega)}{X(\mathrm{j}\omega)}\right]$ 分别表示 $A(\omega)$ 的实部和虚部。频率待性的相位角

$$\varphi(\omega) = \arctan\left\{\frac{\mathrm{Im}\left[\dfrac{Y(\mathrm{j}\omega)}{X(\mathrm{j}\omega)}\right]}{\mathrm{Re}\left[\dfrac{Y(\mathrm{j}\omega)}{X(\mathrm{j}\omega)}\right]}\right\} \tag{1.27}$$

表示输出超前于输入的角度。对传感器而言，φ 通常为负值，即输出滞后于输入。$\varphi(\omega)$ 表示 φ 随 ω 而变，称为相频特性。

由于相频特性与幅频特性之间有一定的内在关系，因此表示传感器的频响特性及频域性能指标时主要用幅频特性。图1.9是典型的对数幅频特性曲线。工程上通常将 3 dB 所对应的频率范围作为频响范围（又称通频带，简称频带）。对于传感器，则常根据所需测量精度来确定正负分贝（dB）数，所对应的频率范围即为频响范围（或称工作频带）。

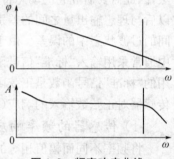

图 1.9　频率响应曲线

有些传感器技术指标中还给出相位误差，是指在频响范围内的最大相位移。

对于某些可以用二阶系统描述的传感器，有时用固有频率 ω_n 与阻尼比 ξ 表示频响特性。

2）传感器的阶跃响应特性

当给静止的传感器输入一个单位阶跃信号

$$u(t) = \begin{cases} 0, & t < 0 \\ 1, & t > 0 \end{cases} \tag{1.28}$$

时，其输出信号称为阶跃响应。衡量阶跃响应的指标如下：

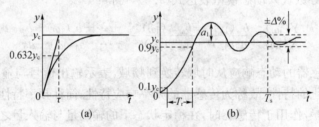

图 1.10　阶跃响应曲线

（1）时间常数 τ：传感器输出值上升到稳态位值 y_c 的 63.2% 所需的时间。

（2）上升时间 T：传感器输出值由稳态值的 10% 上升到 90% 所需的时间，但有时也规定其他百分数。

（3）响应时间 T_s：输出值达到允许误差范间±Δ%所经历的时间，或明确为"百分之 Δ 响应时间"。

（4）超调量 a_1：响应曲线第一次越过稳态值的峰高，$a_1 = y_{max} - y_c$，或用相对值 $a = [(y_{max} - y_c)]/y_c \times 100\%$ 表示。

（5）衰减率 φ：相邻 2 个波峰（或波谷）高度下降的百分数，$\varphi = [(a_n - a_{n+2})/a_n] \times 100\%$。

（6）稳态误差 e_{ss}：无限长时间后传感器的稳态输出值与目标值之间偏差 e_{ss} 的相对值，$e_{ss} = (\delta_{ss}/y_c) \times 100\%$。

3）传感器典型环节的动态响应

常见的传感器通常可以看成是零阶、一阶或二阶环节，或者是由上述环节组合而成的系统。因此，下面着重介绍最基本的零价、一阶、二阶环节的动态响应特性。

（1）零阶环节

零阶环节的微分方程和传递函数分别为：

$$y = \frac{b_0}{a_0}x = Sx \tag{1.29}$$

$$\frac{Y(s)}{X(s)} = \frac{b_0}{a_0} = S \tag{1.30}$$

式中：S——静态灵敏度。

可见，零阶环节的输入量无论随时间怎么变化，输出量的幅值总与输入量成确定的比例关系，但时间有所滞后。它是一种与频率无关的环节，故又称比例环节或无惯性环节。

实际应用中，许多高阶系统在变化缓慢、频率不变的情况下，都可以近似看做零阶环节。

（2）一阶环节

一阶环节的微分方程为：

$$a_1 \frac{dy}{dt} + a_0 y = b_0 x \tag{1.31}$$

令 $\tau = a_1/a_0$ 为时间常数，$S = b_0/a_0$ 为静态灵敏度，则式（1.31）变成：

$$(\tau s + 1) = Sx \tag{1.32}$$

传递函数和频率特性分别为：

$$\frac{Y(s)}{X(s)} = \frac{S}{\tau s + 1} \tag{1.33}$$

$$\frac{Y(j\omega)}{X(j\omega)} = \frac{S}{j\omega\tau + 1} \tag{1.34}$$

幅频特性和相频特性分别为：

$$A(\omega) = \frac{S}{\sqrt{(\omega\tau)^2 + 1}} \tag{1.35}$$

$$\varphi(\omega) = \arctan(-\omega\tau) \tag{1.36}$$

$A(\omega)$ 与 $\varphi(\omega)$ 如图 1.11 所示，图中坐标为对数坐标，称为伯德图。

为了使输出量不失真，要求 $A(\omega)$ 近似为常值，时间滞后 $\varphi(\omega)/\omega$ 也近似为常值。由式(1.35)、式(1.36)和图 1.11 可知，应满足 $\omega\tau \ll 1$。这时 $A(\omega) \approx S, \varphi(\omega) \approx -\omega\tau, \varphi(\omega)/\omega \approx -\tau$，即输出量相对于输入量的滞后与 ω 基本无关。

当输入阶跃函数为

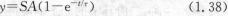

$$x = \begin{cases} 0 & (t<0) \\ A & (t>0) \end{cases} \tag{1.37}$$

时，一阶微分方程的解为：

图 1.11 一阶环节的伯德图

$$y = SA(1-e^{-t/\tau}) \tag{1.38}$$

其响应曲线如图 1.10(a)所示。

由图 1.10 可知，其相应时间为 T_s 的动态误差为：

$$e_d = \frac{SA-SA[SA(1-e^{T/\tau})]}{SA} = e^{-T/\tau} \tag{1.39}$$

当 $T_s = 3\tau$ 时，$e_d = 0.05$；$T_s = 5\tau$ 时，$e_d = 0.007$；$\tau = c/k$。可见，一阶环节输入阶跃信号后，在 $t > 5\tau$ 之后采样，可认为输出已经接近稳态，其动态误差可以忽略。

反之，若已知允许的稳态误差值，也可计算出所需的响应时间。

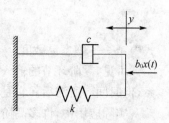

综上所述，一阶环节的动态响应特性主要取于时间常数 τ。τ 值小，阶跃响应迅速，相应的上截止频率高。τ 的大小表示惯性的大小，故一阶环节又称为惯性环节。图 1.12 是一阶环节实例。

图 1.12 一阶环节实例

(3) 二阶环节

二阶环节的微分方程为：

$$a_2\frac{d^2y}{dt^2} + a_1\frac{dy}{dt} + a_0y = b_0x \tag{1.40}$$

令 $S = b_0/a_0$ 为静态灵敏度，$\omega_n = \sqrt{a_0/a_2}$ 为固有频率，$\xi = a_1/(2\sqrt{a_0a_2})$ 为阻尼比，则式(1.39)可写成：

$$\left(\frac{1}{\omega_n^2}s^2 + \frac{2\xi}{\omega_n}s - 1\right)y = Sx \tag{1.41}$$

传递函数和频率响应分别为：

$$H(s) = \frac{Y(s)}{X(s)} = \frac{S}{\dfrac{s^2}{\omega_n^2} + \dfrac{2\xi}{\omega_n}s + 1} \tag{1.42}$$

$$\frac{Y(j\omega)}{X(j\omega)} = \frac{S}{1 - \left(\dfrac{\omega}{\omega_n}\right)^2 + j2\xi\dfrac{\omega}{\omega_n}} \tag{1.43}$$

幅颁特性和相频特性分别为：

$$A(\omega) = \frac{S}{\sqrt{[1-(\omega/\omega_n)^2]^2 + [2\xi\omega/\omega_n]^2}} \qquad (1.44)$$

$$\varphi(\omega) = -\arctan\frac{2\xi\omega/\omega_n}{1-(\omega/\omega_n)^2} \qquad (1.45)$$

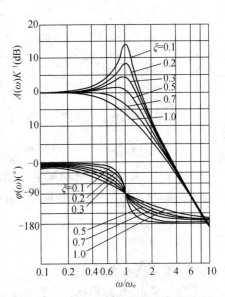

图 1.13 二阶环节的幅频特性与相频特性

二阶环节的幅频特性与相频特性如图 1.13 所示。由图可见，当 $\omega/\omega_n \ll 1$ 时，$A(\omega) \approx S$，$\varphi(\omega) \approx 0$，近似于零阶环节。要使频带加宽，关键是提高无阻尼固有频率 ω_n。当阻尼比 ξ 趋于 0 时，幅值比在固有频率附近 $(\omega/\omega_n) = 1$ 变化很大，系统发生谐振。为了避免这种情况，可增大 ξ 值，当 $\xi \geqslant 0.707$ 时，谐振就不会发生了。当 $\xi \approx 0.7$ 时，幅频特性的平坦段最宽，而且相频特性接近于一条斜直线。在检测复合周期振动时能保证有较宽的频响范围且幅值失真与相位失真均较小。$\xi \approx 0.7$ 称为最佳阻尼。

若对二阶环节输入一个阶跃信号，式(1.39)变成：

$$\left(\frac{1}{\omega_n^2}s^2 + \frac{2\xi}{\omega_n}s + 1\right)y = SA \qquad (1.46)$$

图 1.13 中，特征方程及其 2 个根分别为：

$$\frac{1}{\omega_n^2}s^2 + \frac{2\xi}{\omega_n}s + 1 = 0 \qquad (1.47)$$

$$\begin{cases} r_1 = (z - \xi + \sqrt{\xi^2 - 1})\omega_n \\ r_2 = (-\xi - \sqrt{\xi^2 - 1})\omega_n \end{cases} \qquad (1.48)$$

当 $\xi > 1$(过阻尼)时，

$$y = SA\left[1 - \frac{(\xi + \sqrt{\xi^2 - 1})}{2\sqrt{\xi^2 - 1}}e^{(-\xi + \sqrt{\xi^2 - 1})\omega_n t} + \frac{(\xi + \sqrt{\xi^2 - 1})}{2\sqrt{\xi^2 - 1}}e^{(-\xi - \sqrt{\xi^2 - 1})\omega_n t}\right] \qquad (1.49)$$

当 $\xi = 1$(临界阻尼)时，

$$y = SA[1 - (1 + \omega_n t)e^{-\omega_n t}] \qquad (1.50)$$

当 $\xi < 1$(欠阻尼)时，

$$y = SA\left[1 - \frac{e^{-\omega_n t}}{\sqrt{1 - \xi^2}}\sin(\sqrt{1 - \xi^2}\,\omega_n t + \varphi)\right] \qquad (1.51)$$

式中：$\varphi = \arctan\sqrt{1 - \xi^2}$——衰减振荡相位差。

将上述 3 种情况绘成曲线，可得图 1.14 所示二阶环节的阶跃响应曲线簇。由图可知，固有频率 ω_n 越高，则响应曲线上升越快，即响应速度高；反之，ω_n 越小，则响应速度低。而阻尼比 ξ 越大，则过冲现象减弱；$\xi \geqslant 1$ 时完全没有过冲，也不产生振荡。$\xi < 1$ 时，将产生衰减振荡，

可按式(1.35)由允许误差计算响应时间 T_s,或由 T_s 计算稳态误差 e_{ss}。为使接近稳态值的时间缩短,设计时常取 $\xi=0.6\sim0.8$。

当 $\xi=0$ 时,式(1.35)变成 $y=SA[1-\sin(\omega_n t+\varphi)]$,形成等幅振荡,这时振荡频率就是二阶环节的振动角频率 ω_n,称为固有频率。

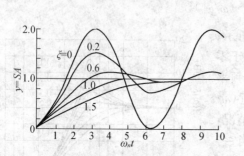

图 1.14　二阶环节的阶跃响应

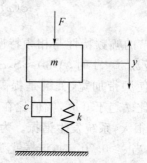

图 1.15　由二阶环节组成的机械系统

图 1.15 所示由弹簧 k、阻尼 c、质量块 m 组成的机械系统是二阶环节在传感器中的应用实例。在外力 F 作用下,其运动微分方程为:

$$m\frac{\mathrm{d}^2 y}{\mathrm{d}t^2}+c\frac{\mathrm{d}y}{\mathrm{d}t}+ky=F \tag{1.52}$$

上述分析对该系统完全适用。

必须指出:实际传感器往往比上述简化的数学模型复杂得多。在这种情况下,通常不能直接给出其微分方程,但可以通过实验方法获得响应曲线上的特征值来表示其动态响应。

对于近年来得到广泛重视和迅速发展的数字式传感器,其基本要求是不丢数,因此输入量变化的临界速度就成为衡量其动态响应特性的关键指标。故应从分析模拟环节的频率特性、细分电路的响应能力、逻辑部件的响应时间以及采样频率等诸方面着手,从中找出限制动态性能的薄弱环节来研究并改善其动态特性。

传感器的互换性是指它被同样的传感器替换时,不需要对其尺寸及参数进行调整,仍能保证误差不超过规定的范围。这个性能对使用者十分重要,对大规模生产过程测控用的传感器尤显必要,因为互换性可确保生产线很短的停产时间。

理论上,传感器的互换性可以通过控制制造工艺和材料性能来保证。实际上,高精度传感器很难做到。笔者曾对高精度电感式位移传感器进行过分析和试验,表明在现有制造工艺和材料性能的条件下无法达到所要求的互换性性能。

为了能互换,批量生产的传感器各项性能指标应完全一致。由于同一种传感器的制造工艺和所采用的材料是相同的,需要保证的通常仅是输出特性的一致性。传感器的零位通常可调,需要控制的指标就变成灵敏度 $\Delta y/\Delta x$(对线性传感器)或 $\mathrm{d}y/\mathrm{d}x$ (对非线性传感器)的一致性。因此,问题演变成对传感器灵敏度的控制。

可见,只要在构成传感器的任何环节中(视方便而定)设置一个调整灵敏度的环节,即可实现互换。就目前而言,在传感器的电系统中设置调整环节最为方便。例如,对电压输出型传感器,在输出端增加图 1.16 所示分压网络,通过调整 r_1 或 r_2 就能达到灵敏度的一致。笔者曾用这种方法,加上零位电压补偿电阻,对数十只电感式位移传感器进行调整,成功地实现了互换,精度达到±0.5％。由于元器件的微小型化,调整电路可安装在输出插头内。

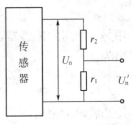

图 1.16　分压网络

需要指出的是,有些传感器由于激励源和后续电路的原因,还需要对输入、输出阻抗进行控制。对于 2 只或 2 只以上传感器并联使用时尤其要重视。因为输入量变化时,各传感器的输入、输出阻抗往往会产生不同的变化,引起输出值的附加变化,其值常常不可忽略。

由于传感器的类型五花八门,使用要求千差万别,要列出可用来全面衡量传感器质量优劣的统一指标极其困难。迄今为止,国内外还只采用罗列若干基本参数和比较重要的环境参数指标的方法来作为检验、使用和评价传感器的依据。

1.2.4　改善传感器性能的技术途径

1) 结构、材料与参数的合理选择

传感器种类繁多,各类传感器的结构、材料和参数选择的要求各不相同,将在后续各章中介绍。这里仅提出 2 个常被忽视的问题:被测信号的耦合和输出信号的传输。对于前者,设计者和制造者应该考虑并提供合适的耦合方式,或对它作出规定,以保证传感器在耦合被测信号时不会产生误差或误差可以忽略。例如接触式位移传感器,输出信号代表的是敏感轴(测杆)的位置,而不是所需要的被测物体上某一点的位置。为了二者一致,需要合适的耦合形式和器件(包括回弹式测头),来保证耦合没有间隙、连接后不会产生错动(或在容许范围之内)。对于输出信号的传输,应该按照信号的形式和大小选择电缆,以减少外界干扰的窜入或避免电缆噪声的产生;同时还必须重视电缆连接和固定的可靠,以及选择优良的连接插头。

由于传感器的性能指标包含的方面很广,企图使某一传感器各个指标都优良,不仅设计制造困难,而且在实用上也没有必要。应该根据实际需要和可能。确保主要指标,放宽对次要指标的要求,以得到高性价比。对从事传感器研究和生产的部门来说,应该逐步形成满足不同使用要求的系列产品,供用户选择;同时,随着使用要求的千变万化和新材料、新技术和信息处理技术的发展,不断开发出新产品以顺应市场的需求。

2) 差动技术

在使用中,通常要求传感器输出—输入关系成线性,但实际难以做到。如果输入量变化范围不大,而且线性项的方次不高时,可以用切线或割线来代替实际曲线的某一段,这种方法称为静态特性的线性化。如图 1.17 所示取 ab 段为测量范围,但这时原点不在 O 点,而在 c 点。因此,这种方法局限性很大。

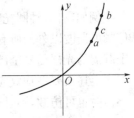

图 1.17　静态特性的线性化

人们注意到,在图 1.4 所示 4 种情况中,图(b)所示曲线中由于非线性项只存在奇次项,对称于坐标原点,且在原点附近的一定范围内存在近似线性段。在对多项式进行分析后,找到了一种切实可行的减小非线性的方法——差动技术。目前这种技术已广泛用于消除或减小由于结构原因引起的共模误差(如温度误差)上。其原理如下。

设有一传感器,其输出为:

$$y_1 = a_0 + a_1 x + a_2 x^2 + a_3 x^3 + a_4 x^4 + \cdots$$

用另一相同的传感器，但使其输入量符号相反（例如位移传感器使之反向移动），则它的输出为：

$$y_2 = a_0 - a_1 x + a_2 x^2 - a_3 x^3 + a_4 x^4 - \cdots$$

使二者输出相减，即

$$\Delta y = y_1 - y_2 = 2(a_1 x + a_3 x^3 + \cdots)$$

于是，总输出消除了零位输出和偶次非线性项，得到了对称于原点的相当宽的近似线性范围，减小了非线性，而且使灵敏度提高了 1 倍，抵消了共模误差。

差动技术不仅在电阻应变式、电感式、电容式等传感器中得到广泛应用，而且在机械、电子和检测等领域的应用也卓有成效。

3）平均技术

常用的平均技术有误差平均效应和数据平均处理。误差平均效应的原理是，利用 n 个传感器单元同时感受被测量，因而其输出将是这些单元输出的总和。假如将每一个单元可能带来的误差 δ_0 均看做随机误差，根据误差理论，总的误差将减小为：

$$\Delta = \pm \frac{\delta_0}{\sqrt{n}} \tag{1.53}$$

例如，$n = 10$ 时，误差减小为 31.6%；$n = 500$ 时，误差减小为 4.5%。

误差平均效应在容栅（见第 4 章）、光栅、感应同步器、编码器（见第 10 章）等栅状传感器中都取得明显的效果。在其他一些传感器中，误差平均效应对那些工艺性缺陷造成的误差同样起到弥补作用。

按照同样道理，如果将相同条件下的测量重复 n 次或进行 n 次采样，然后进行数据平均处理，随机误差也将减小至原来的 $1/\sqrt{n}$。因此，凡被测对象允许进行多次重复测量（或采样），都可采用上述方法减小随机误差。如果被测信号是已知周期的规则信号，则可以利用同步叠加平均法，即在时间轴上按信号的周期分段，并按相同的起始点进行 n 次叠加。同样，由于被测信号被放大 n 倍，干扰信号只放大了 $\sqrt{n}$ 倍，使信噪比得到提高，抑制了干扰。

例如，有一种圆光栅测角系统，采用圆周均布的 5 个光栅读数头读数，消除了 5 次和 5 次倍频的谐波以外的所有误差，测角精度达到 $0.2''$。有人进一步采用"全平均接收技术"，将整个圆周光栅信号全部接收进来，使误差进一步减小，测角精度进一步提高。

上述误差平均效应与数据平均处理的原理不仅在设计传感器时可以采用，而且在应用传感器时也可仿效，不过这时应将整个测量系统视作对象。

4）稳定性处理

传感器作为长期测量或反复使用的元件，其稳定性显得特别重要，其重要性甚至胜过精度指标，因为后者只要知道误差的规律就可以进行补偿或修正，前者则不然。

造成传感器性能不稳定的原因是：随着时间的推移或环境条件的变化，构成传感器的各种材料与元器件性能将发生变化。为了提高传感器性能的稳定性，应该对材料、元器件或传感器整体进行必要的稳定性处理，如结构材料的时效处理和冰冷处理，永磁材料的时间老化、温度老化、机械老化及交流稳磁处理,电器元件的老化与筛选等。

在使用传感器时,如果测量要求较高,必要时也应对附加的调整元件、后接电路的关键元器件进行老化处理。

5) 屏蔽、隔离与干扰抑制

传感器可以看成是一个复杂的输入系统,x 为被测量,y 为输出量,$u_1,u_2,\cdots,u_r$ 为传感器的内部变量,$v_1,v_2,\cdots,v_q$ 为环境变量。若仅取 y_1 与 x_1 相对应的关系,则有:

$$y_1 = f(x_r; u_1, u_2, \cdots, u_r; v_1, v_2, \cdots, v_q) \tag{1.54}$$

从上式可见,为了减小测量误差,应设法削弱或消除内部变量和环境变量的影响。其方法归纳起来有 3 个:一是设计传感器时采用合理的结构、材料和参数,以避免或减小内部变量的变化;二是减小传感器对环境变量的灵敏度或降低环境变量对传感器实际作用的功率;三是在后续信号处理环节中加以消除或抑制。

对于电磁干扰,可以采取屏蔽、隔离措施,也可以用滤波等方法抑制。但由于传感器常常是感受非电量的器件,故还应考虑与被测量有关的其他影响因素,如温度、湿度、机械振动、气压、声压、辐射、气流等。为此,常需采取相应的隔离措施(如隔热、密封、隔振、隔声、防辐射等);也可以采用积极的措施——控制环境变量以减小其影响。集成传感器在芯片上加设加热电路来减小温漂,力平衡式液浮加速度计利用电阻丝加热来维持液浮油的粘度为常值,从而使阻尼系数近似不变,都是积极控制环境变量的实例。当然,在被测量变换为电量后对干扰信号进行分离或抑制也是可供采用的方法。

6) 零示法、微差法与闭环技术

这些方法可供设计或应用传感器时用来消除或削弱系统误差。

零示法可消除指示仪表不准而造成的误差。采用这种方法时,被测量对指示仪表的作用与已知的标准量对它的作用相互平衡,使指示仪表示零,这时被测量就等于已知的标准量。机械天平是零示法的例子。零示法在传感器技术中应用的实例是平衡电桥。

微差法是在零示法的基础上发展起来的。由于零示法要求标准量与被测量完全相等,因而要求标准量连续可变,这往往不易做到。人们发现,如果标准量与被测量的差别减小到一定程度,那么由于它们相互抵消的作用就能使指示仪表的误差影响大大削弱,这就是微差法的原理。

设置被测量为 x,与它相近的标准量为 b,被测量与标准量之微差为 a(a 的数值可由指示仪表读出),则

$$x = b + a \tag{1.55}$$

$$\frac{\Delta x}{x} = \frac{\Delta b}{x} + \frac{\Delta a}{x} = \frac{\Delta b}{a+b} + \frac{a}{x} \frac{\Delta a}{a} \approx \frac{\Delta b}{b} + \frac{a}{x} \frac{\Delta a}{a} \tag{1.56}$$

可见,在采用微差法测量时,测量误差由标准量的相对误差 $\Delta b/b$ 和指示仪表的相对误差 $\Delta a/a$ 与相对微量 a/x 之积组成。由于 a/x 远小于 1,指示仪表误差的影响大大削弱,而 $\Delta b/b$ 一般很小,测量的相对误差可大为减小。这种方法由于不需要标准量连续可调,同时有可能在指示仪表上直接读出被测量的数值,因此得到广泛应用。几何量测量中广泛采用的用电感测微仪检测工件尺寸的方法,就是利用电感式位移传感器进行微差法测量的实例。用该方法测量时,标准量可由量块或标准工件提供,测量精度大大提高。

随着科学技术和生产的发展,要求测试系统具有宽的频率响应,大的动态范围,高的灵敏度、分辨力与精度,以及优良的稳定性、重复性和可靠性。开环测试系统往往不能满足要求,于是出现了在零示法基础上发展而成的闭环测试系统。这种系统采用电子技术和控制理论中的反馈技术,大大提高了性能。这种技术应用于传感器,即构成了带有反向传感器的闭环式传感器。

7) 补偿、校正与"有源化"

有时传感器或测试系统的系统误差的变化规律过于复杂,采取了一定的技术措施后仍难满足要求;或虽可满足要求,但因价格昂贵或技术过分复杂而无现实意义。这时,可以找出误差的方向和数值。采用修正的方法(包括修正曲线或公式)加以补偿或校正。例如,如果传感器存在非线性,可以先测出其特性曲线,然后加以校正;又如,存在温度误差,可在不同温度下进行多次测量,找出温度对测量值影响的规律,然后在实际测量时进行补偿。利用分压网络实现灵敏度归一化的方法也属于这个范畴。还有一些传感器,由于材料或制造工艺的原因,常常需要对某些参数进行补偿或调整,应变式传感器和压阻式传感器是这类传感器的典型代表。

随着电子元器件的微小型化,出现了一种将信号调理电路或其前置部分装入壳体内或置于附近的传感器,构成"有源传感器"。有人将这种做法称为传感器的"有源化"。显然,这里的"有源化"与前面所述的有源传感器具有不同的概念。由于接入了放大电路、输出信号增强,方便使用,又提高了信噪比,因而这种传感器更有利于信号的长线传输,传感器的精度也间接得到提高。同时,补偿、调整环节更容易设置,从而方便了传感器的补偿与调整。第3章所述的"直进-直出"型差动变压器和第6章所述的组合一体化压电加速度计都是传感器"有源化"的实例。

"有源化"的电路随着器件的发展经历了分立元件到集成电路的演变,其中以压阻式传感器为代表的利用集成电路工艺制造的传感器,由于工艺的兼容性而发展到将电路制作在敏感元件的片基上,构成全集成传感器。

计算机软硬件技术的发展进一步拓展了传感器校正的含义。利用微处理器和软件技术对传感器的输出特性进行修正已不为鲜见。采用较复杂的数学模型实现自动或半自动修正也已成功地应用在传感器的生产中。可以预见,补偿调整技术将伴随新器件、新技术的产生而不断更新。

8) 集成化、智能化与信息融合

集成化、智能化与信息融合的结果,将大大扩大传感器的功能,改善传感器的性能,提高性能价格比。

1.3　传感器的合理选用

传感器的原理与结构千差万别,品种与型号名目繁多。如何根据具体的测量目的、测量对象以及测量环境合理地选用传感器,这是自动测量与控制领域从事研究和开发的人员首先要解决的问题。传感器一旦确定,与之相配套的测量方法和测试系统及设备也就可以确定了。测量结果的成败,在很大程度上取决于传感器的选用是否合理。

1.3.1 合理选择传感器的基本原则与方法

合理选择传感器就是要根据实际需要与可能,做到有的放矢,物尽其用,达到实用、经济、安全、方便的效果。为此,必须对测量目的、测量对象、使用条件等诸方面有较全面的了解,这是考虑问题的前提。

1) 依据测量对象和使用条件确定传感器的类型

众所周知,同一传感器可用来分别测量多种被测量,而同一被测量又常有多种原理的传感器可供选用。在进行一项具体的测量工作之前,首先要分析并确定采用何种原理或类型的传感器更合适。这就需要对与传感器工作有关联的方方面面作一番调查研究。

(1) 要了解被测量的特点,如被测量的状态、性质以及测量的范围、幅值和频带,测量的速度、时间,精度要求,过载的幅度和出现频率等。

(2) 要了解使用的条件,这包含两个方面:一是现场环境条件,如温度、湿度、气压、能源、光照、尘污、振动、噪声、电磁场及辐射干扰等;二是现有基础条件,如财力(承受能力)、物力(配套设施)、人力(技术水平)等。

选择传感器所需考虑的方面和事项很多,实际中不可能也没有必要面面俱到,满足所有要求。设计者应从系统总体对传感器使用的目的、要求出发,综合分析主次,权衡利弊,抓住主要方面,突出重要事项优先考虑。在此基础上,明确选择传感器类型的具体问题:量程的大小和过载量;被测对象或位置对传感器重量和体积的要求;测量的方式是接触式还是非接触式;信号引出的方法是有线还是无线;传感器的来源和价位是国产、进口还是自行研制;等等。

经过上述分析和综合考虑后,就可确定所选用传感器的类型,然后进一步考虑所选传感器的主要性能指标。

2) 线性范围与量程

传感器的线性范围是指输出与输入成正比的范围。线性范围与量程和灵敏度密切相关。线性范围越宽,其量程越大。在此范围内传感器的灵敏度能保持定值,测量精度能得到保证。所以,传感器种类确定后,首先要看其量程是否满足要求,并在使用过程中考虑以下问题:

(1) 对非通用的测量系统(或设备),应使传感器尽可能处在最佳工作段(一般为满量程的2/3 以上处)。

(2) 估计到输入量可能发生突变时所需的过载量。

应当指出,线性度是一个相对的概念。具体使用中可以将非线性误差(及其他误差)满足测量要求的一定范围视作线性,这会给传感器的应用带来极大的方便。

3) 灵敏度

通常,在线性范围内希望传感器的灵敏度越高越好。因为灵敏度高,意味着被测量的微小变化对应着较大的输出,这有利于后续的信号处理。但是,灵敏度越高、外界混入噪声也越大,并会被放大系统放大,容易使测量系统进入非线性区,影响测量精度。因此,要求传感器应具有较高的信噪比,即不仅要求其本身噪声小,而且不易从外界引入噪声干扰。

还应注意,有些传感器的灵敏度是有方向性的。在这种情况下,如果被测量是单向量,则应选择在其他方向上灵敏度小的传感器;如果被测量是多维向量,则要求传感器的灵敏度越小越好。这个原则也适合其他能感受 2 种以上被测量的传感器。

4）精度

传感器是测量系统的首要环节，要求它能真实地反映被测量。因此，传感器的精度指标十分重要，往往也是决定传感器价格的关键因素，精度越高，价格越昂贵。所以，在考虑传感器的精度时，不必追求高精度，只要能满足测量要求就行。这样就可在多种可选传感器中选择性价比较高的传感器。

如果从事的测量任务旨在定性分析，则所选择的传感器应侧重于重复性精度要高，不必苛求绝对精度高；如果从事的测量任务是为了定量分析或控制，则所选择的传感器必须有精确的测量值。

5）频率响应特性

在进行动态测量时，总希望传感器能即时而不失真地响应被测量。传感器的频率响应特性决定了被测量的频率范围。传感器的频率响应范围宽，允许被测量的频率变化范围就宽，在此范围内，可保持不失真的测量条件。实际上，传感器的响应总有一定的延迟，希望延迟越短越好。对于开关量传感器，应使其响应时间短到满足被测量变化的要求，不能因响应慢而丢失被测信号而带来误差。对于线性传感器，应根据被测量的特点（稳态、瞬态、随机等）选择其响应特性。一般说来，通过机械系统耦合被测量的传感器，由于惯性较大，其固有频率较低，响应较馒；而直接通过电磁、光电系统耦合的传感器，其频响范围较宽，响应较快。但从成本、噪声等因素考虑，也不是频率响应范围越宽和速度越快就越好，而应因地制宜地确定。

6）稳定性

能保持性能长时间稳定不变的能力称为传感器的稳定性。影响稳定性的主要因素，除传感器本身材料、结构等因素外，主要是传感器的使用环境条件。因此，要提高传感器的稳定性，一方面，选择的传感器必须有较强的环境适应能力（如经稳定性处理的传感器）；另一方面，可采取适当的措施（提供恒环境条件或采用补偿技术），以减小环境对传感器的影响。

当传感器工作已超过过其稳定性指标所规定的使用期限后，再使用之前，必须更新进行校准，以确定传感器的性能是否变化和可否继续使用。对那些不能轻易更换或重新校准的特殊使用场合，所选传感器的稳定性要求更应严格。

当无法选到合适的传感器时，必须自行研制性能满足使用要求的传感器。

1.3.2　传感器的正确使用

如何在应用中确保传感器的工作性能并增强其适应性，很大程度上取决于对传感器的使用方法。高性能的传感器，如使用不当，也难以发挥其已有的性能，甚至会损坏；性能适中的传感器，在使用者手中能真正做到物尽其用，收到意想不到的功效。

传感器种类繁多，使用场合各异，不可能将各种传感器的使用方法一一列出。传感器作为一种精密仪器或器件，除了要遵循通常精密仪器或器件所需的常规使用守则外，还要特别注意以下使用事项：

（1）特别强调，在使用前要认真阅读所选用传感器的使用说明书，对其所要求的环境条件、事前准备、操作程序、安全事项、应急处理等内容，一定要熟悉掌握，做到心中有数。

（2）正确选择测试点并正确安装传感器十分重要，安装的失误，轻则影响测量精度，重则影响传感器的使用寿命甚至损坏。

（3）保证被测信号的有效、高效传输是传感器使用的关键之一。传感器与电源和测量仪器之间的传输电缆要符合规定,连接必须正确、可靠,一定要细致检查,确认无误。

(4) 传感器测量系统必须有良好的接地,并对电、磁场有效屏蔽,对声、光、机械等干扰具有抗干扰措施。

(5) 非接触式传感器必须在使用前在现场进行标定,否则将造成较大的测量误差。

对一些定量测试系统用的传感器,为保证精度的稳定性和可靠性,需要按规定作定期检验。

1.3.3 无合适传感器时可供选用时的对策(举例)

如因被测量较特殊或其他原因而无合适传感器可供选用时,除自行研制新传感器外,还可采用下列方法加以解决。

(1) 间接测量法

用振动传感器的输出来推测轴承磨损状况即为一例。这种方法的前提是充分试验以确定两者的相关性,一般适用于非定量或半定量测量场合。

(2) 理论计算法

例如将速度的测量分解成位移和时间的测量,通过计算求得速度。这种方法有赖于理论公式。

(3) 设置预转换环节,构成新传感器

将被测量通过预转换变成能用现有传感器测量的量。该方法需要知道预转换前后 2 个量的严格关系,或在组合成新传感器后进行标定。上海交通大学曾用 4 个灵敏杠杆加 4 个现有传感器构成 4 点测球传感器,成功测出 $R=7.15\,\mathrm{mm}$ 的球坑半径。

(4) 信息融合法

例如对气敏传感器、温度传感器及光电传感器的信息进行数据融合,可以判断是否会发生火警。又如海军舰船利用雷达、红外、激光等传感技术获取信息,通过信息融合提高对目标的识别能力。信息融合技术将使原先依靠单一传感器无法实现的组合测量成为现实,其应用前景广阔,

1.3.4 传感器的标定与校准

新研制或生产的传感器需对其技术性能进行全面的检定,经过一段时间储存或使用的传感器也需对其性能进行复测。通常,在明确输入—输出变换对应关系的前提下,利用某种标准量或标准器具对传感器的量值进行标度称为标定,将传感器在使用中或储存后进行的性能复测称为校准。由于标定与校准本质相同,本节以标定进行叙述。

标定的基本方法是:利用标准设备产生已知的非电量(如标准力、压力、位移等)作为输入量,输入待标定的传感器,然后将传感器的输出量与输入的标准量作比较,获得一系列校准数据或曲线。有时,输入的标准量是利用一标准传感器检测而得,这时的标定实质上是待标定传感器与标准传感器之间的比较。

传感器的标定系统一般由以下几部分组成:

(1) 被测非电量的标准发生器,如活塞式压力计、测力机、恒温源等。

(2) 被测非电量的标准测试系统,如标准压力传感器、标准力传感器、标准温度计等。

(3) 待标定传感器所配接的信号调节器和显示、记录器等,所配接的仪器亦作为标准测试

设备使用,其精度是已知的。

　　为了保证各种量值的准确一致,标定应按计量部门规定的检定规程和管理办法进行。工程测试所用传感器的标定应在与其使用条件相似的环境下进行。有时为获得较高的标定精度,可将传感器与配用的电缆、滤波器、放大器等测试系统一起标定。有些传感器在标定时还应十分注意规定的安装技术条件。

1) 传感器的静态标定

　　静态标定大多用于检测、测试传感器(或传感器系统)的静态特性指标,如静态灵敏度、非线性、回差、重复性等。

　　进行静态标定首先要建立静态标定系统。图 1.18 为应变式测力传感器静态标定系统。测力产生标准力,高精度稳压电源经精密电阻箱衰减后向传感器提供稳定的供电电压,其值由数字电压表读取,传感器的输出电压由另一数字电压表指示。

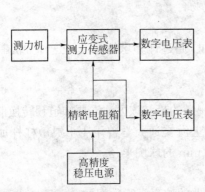

图 1.18　应变式测力传感器静态标定系统

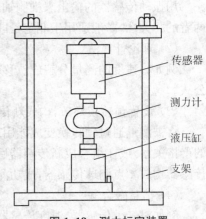

图 1.19　测力标定装置

　　由上述系统可知,静态标定系统的关键在于被测非电量的标准发生器(即测力机)及标准测试系统。测力机可以是由砝码产生标准力的基准测力机、杠杆式测力机或液压式测力机。图 1.19 是由液压缸产生侧力并由测力计或标准力传感器读取力值的标定装置。测力计读取力值的方式可用百分表读数、光学显微镜读数与激光干涉仪读数等。

　　以位移传感器为例,其标准位移的发生器视位移大小与精度要求的不同,可以是量块、微动台架、测长仪等。对于微小位移的标定,国内已研制成利用压电制动器通过激光干涉原理读数的微小位移标定系统,位移分辨力可达 nm 级。

2) 传感器的动态标定

　　动态标定主要用于检验、测试传感器(或传感器系统)的动态特性,如动态灵敏度、频率响应和固有频率等。

　　对传感器进行动态标定,需要输入一个标准激励信号。常用的标准激励信号分为 2 类:一是周期函数,如正弦波、三角波等,以正弦波为常用;二是瞬变函数,如阶跃波、半正弦波等,以阶跃波最为常用。

　　例如测振传感器的动态标定常采用振动台(通常为电磁振动台)产生简谐振动作传感器的输入量。图 1.20 为振幅测量法标定系统框图。振动的振幅由读数显微镜读得,振动频率由频率计指示。测得传感器的输出电量后,即可通过计算得到位移传感器、速度传感器、加速度传感器的动态灵敏度。若改变振动频率,设法保持振幅、速度或加速度幅值不变,可相应获得上述各种传感器的频率响应。笔者曾用类似系统对测振传感器进行动态标定。该系统采用量块棱边作为标记线,并利用与振动频率接近的闪光产生视觉差频来提高读数精度,用读数显微镜可读得峰—峰值为 μm 量级的振幅。利用激光干涉法测量振幅,将获得更高的标定精度。

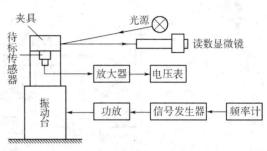

图 1.20　振幅测量法标定系统框图

　　上述振幅测量法称为绝对标定法,精皮较高,但所需设备复杂,标定不方便,故常用于高精度传感器与标准传感器的标定。工程上通常采用比较法进行标定,俗称背靠背法。图 1.21 示出了比较法的原理框图。灵敏度已知的标准传感器 1 与待标传感器 2 背靠背安装在振动台台面的中心位置上,同时感受相同的振动信号。这种方法可以用来标定加速度、速度或位移传感器。

　　利用上述标定系统采用逐点比较法还可以标定待标测振传感器的频率响应。方法是用手动调整使振动台输出的被测参量(如标定加速度传感器即为加速度)保持恒定,在整个频率范围内按对数等间隔或倍频程原则选取 10 个以上的频率点,逐点进行灵敏度标定,然后画出频响曲线。

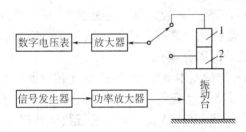

图 1.21　比较法标定原理

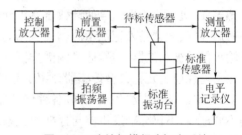

图 1.22　连续扫描频响标定系统

　　随着技术的进步,在上述方法的基础上,已发展成连续扫描法(见图 1.22)。其原理是将标准振动台与内装(或外加)的标准传感器组成闭环扫描系统,使待标传感器在连续扫描过程中承受一恒定被测量,并记下待标传感器的输出随频率变化的曲线。通常频响偏差以参考灵敏度为准,各点灵敏度相对于该灵敏度的偏差用分贝(dB)给出。显然,这种方法操作简便、效率很高。图 1.23 给出了一种加速度传感器的连续扫描频响标定系统。它由待标传感器回路和标准传感器—振动台回路组成。后者可以保证电磁振动台产生恒定加速度,扫描速度与记录仪走纸速度相对应,于是记录仪即绘出待标传感器的频响曲线。

　　有些高频传感器,若采用正弦激励法标定,要产生高频激励信号非常困难,因此不得不改用瞬变函数激励信号。

　　压力传感器的激波管法是采用瞬变函数激励信号进行动态标定的典型例子。激波管是一种阶跃压力波发生器(见图 1.23)。分为高压腔(又称压缩腔)和低压腔(又称膨胀室),中间用薄膜隔开,称为二室型。有时为了获得较高的激波压力,整个激波管被分为高、中、低 3 个压力段,称为三室型。下面介绍二室型激波管产生阶跃波的原理,以及用其标定压力传感器的过程。

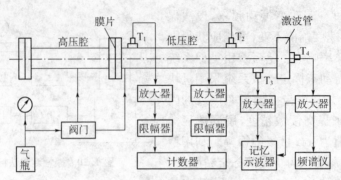

图 1.23　激波管法标定系统

当向高压腔充以高压气体,膜片突然破裂(超压自然破膜或用撞针击破)时,高压腔的气体突然挤向低压腔,形成速度很快的冲击波(激波)。传播过程中,波阵面到达处的气体压力、密度与温度都发生突变;波阵面未到处,气体不受波的扰动。波阵面过后,波阵面后面的气体温度、压力都比波阵面前高。由于激波波阵面很薄,气体压力由波前压力跃升到波后压力只需 $10^{-8} \sim 10^{-9}$ s,因此形成了理想的压力脉冲。

如图 1.23 所示,二室型微波管法标定系统由气源、激波管、测速和待标压力传感器及记录器 4 个部分组成。压缩空气经减压器、控制阀进入激波管高压腔,在一定压力下破膜后,入射激波经传感器 T_1 处,T_1 输出信号由放大器、限幅器加至电子计数器,开始计数。入射激波经传感器 T_2 处,T_2 输出信号使计数器停止计数,从而求得激波波速。触发传感器 T_3 感受激波信号后,经放大器送入记忆示波器输入端,启动示波器扫描。紧接着待标传感器 T_4 被激励,其输出信号被示波器记录,通过频谱分析仪获得传感器的固有频率。

上述仅通过几种典型传感器介绍了静态与动态标定的基本概念和方法。由于传感器种类繁多,标定设备与方法各不相同,各种传感器的标定项目也远不止上述几项。此外,随着技术的不断进步,不仅标准发生器与标准测试系统在不断改进,利用微型计算机进行数据处理、自动绘制特性曲线以及自动控制标定过程的系统也已在各种传感器的标定中出现。

习题与思考题

1.1 综述你所理解的传感器概念。

1.2 一个可供实用的传感器由哪几部分构成? 各部分的功用是什么? 试用框图示出你理解的传感器系统。

1.3 如果家用汽车采用超声波雷达,你认为需要由那几部分组成? 请画出方框图。

1.4 就传感器技术在未来社会中的地位、作用及其发展方向,谈谈自己的看法。

1.5 传感器静态特性的主要指标有哪些? 说明其含义。

1.6 计算传感器线性度的方法有哪几种? 有什么差别?

1.7 什么是传感器的静态特性和动态特性? 为什么要把传感器的特性分为静态特性和动态特性?

1.8 怎样评价传感器的综合静态性能和动态性能?

1.9 为什么要对传感器进行标定和校准? 举例说明传感器静态标定和动态标定的方法。

2 应变式传感器

2.1 电阻应变片的结构、原理和类型

电阻应变式传感器具有悠久的历史,是应用最广泛的传感器之一。将电阻应变片粘贴到各种弹性敏感元件上,可以构成电阻应变式传感器,对位移、加速度、力、力矩、压力等物理量进行测量。一般用于测量较大的压力。

2.1.1 电阻应变的效应与应变片结构

导体或半导体材料在受到拉力或压力等外界力作用时,会产生机械变形,同时,机械变形会引起导体阻值的变化。这种导体或半导体材料因变形而使其电阻值发生变化的现象称为电阻应变效应。

电阻丝式应变片的种类繁多,形式多种多样,但基本结构大体相同。图 2.1 为金属电阻丝式应变片基本结构。应变片包括以下几个部分:

(1) 网状敏感栅——高阻金属丝、金属箔;

(2) 基片——绝缘材料;

(3) 融合剂——化学试剂;

(4) 盖片——保护层;

(5) 引线——金属导线。

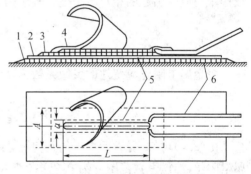

图 2.1 电阻丝应变片基本结构

1、2—粘合剂;2—基片;4—覆盖层;5—敏感栅;6—引线;

2.1.2 电阻应变片工作原理

金属电阻式应变片的基本原理基于电阻应变效应,即导体产生机械形变时它的电阻值发生变化。导体材料的电阻可表示为:

$$R=\frac{\rho l}{A}$$

当外力作用时,导体电阻率长度 l、截面积 A 都会发生变化,从而引起电阻 R 的变化,通过测量电阻值的变化,就可以检测出外界作用力的大小。

当电阻丝受到轴向拉力作用时(见图 2.2),若轴向拉长 Δl,径向缩短 ΔA,电阻率增加 $\Delta \rho$,电阻值 ΔR 的变化所引起的电阻的相对变化为:

$$\frac{\Delta R}{R}=\frac{\Delta l}{l}-\frac{\Delta A}{A}+\frac{\Delta \rho}{\rho} \tag{2.1}$$

轴向应变为:

$$\varepsilon = \frac{\Delta l}{l}$$

截面积相对变化量为：

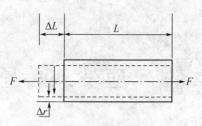

图 2.2　金属丝受力变形情况

$$\frac{\Delta A}{A} = \frac{2\Delta r}{r}$$

由材料力学相关知识可知，在弹性范围内金属的泊松系数为：

$$\mu = \frac{\Delta r / r}{\Delta l / l}$$

横向变形系数为：

$$\frac{\Delta r}{r} = -\mu \frac{\Delta l}{l}$$

将泊松系数与横向变形系数代入式(2.1) 得：

$$\frac{\Delta R}{R} = \frac{\Delta l}{l}(1+2\mu) + \frac{\Delta \rho}{\rho} = (1+2\mu)\varepsilon + \frac{\Delta \rho}{\rho} \qquad (2.2)$$

或用单位应变引起的相对电阻变化表示为：

$$\frac{\Delta R / R}{\varepsilon} = 1 + 2\mu + \frac{\Delta \rho / \rho}{\varepsilon} \qquad (2.3)$$

令金属电阻丝应变片的灵敏系数为：

$$S_0 = \frac{\Delta R / R}{\varepsilon} = 1 + 2\mu + \frac{\Delta \rho / \rho}{\varepsilon} \qquad (2.4)$$

由(2.4)可知，受力后材料的几何尺寸变化为$(1+2\mu)$，电阻率的变化为$(\Delta \rho / \rho)/\varepsilon$。对于金属电阻丝，泊松系数范围 μ 为 0.25～0.50(如钢的泊松系数 $\mu = 0.285$)，由于$(1+2\mu) \gg (\Delta \rho / \rho)/\varepsilon$，因此，金属电阻丝应变片的灵敏系数可近似为 $S_0 \approx 1+2\mu$，即 $S_0 \approx 1.5 \sim 2.0$。可见金属应变片灵敏系数 S_0 主要是由材料的几何尺寸决定的。

由于应力 $\sigma = E_\varepsilon$，所以应力正比于应变；又因为应变与电阻变化率成正比，即 $\varepsilon \propto \Delta R / R$，因此有 $\sigma \propto \Delta R / R$，即应力正比于电阻值的变化量。通过弹性元件可将位移、压力、振动等物理量的应力转换为应变进行测量，这就是应变式传感器测量应变的基本原理。

2.1.2　应变片的类型

常见的应变片分力金属电阻应变片和半导体应变片，见图 2.2。金属电阻应变片分为丝式和箔式 2 种。应变片分类方法很多。按材料可分为：金属式，体型(丝式、箔式)、薄膜型；半导体式，体型、薄膜型、扩散型、外延型、PK 结型。按结构可分为：单片、双片、特殊形状。按使用环境可分为：高温、低温、高压、磁场、水下。按制作工艺可分为：金属丝式，通常采用 40.025 mm 金属丝(康铜、镍铬合金、贵金属)做敏感栅；金属箔式，主要采用光刻腐蚀工艺、照相制版制作成厚 0.002～0.01 mm 的金属箔栅；金属薄膜式，用真空溅射或真空沉积技术，在绝缘基片上蒸镀几 nm 到几百 nm 金属电阻体膜制成。

(a)　　　　(b)　　　　(c)　　　　(d)　　　　(e)

图 2.3　各种形式的应变片

2.2　金属应变片的主要特性

应变片是一种更要的敏感元件,是应变和应力测量的主要传感器。如电子秤、压力计、加速度计、线位移装置常使用应变片做转换元件。这些应变式传感器的性能在很大程度上取决于应变片的性能。应变片的性能主要与以下特性有关。

2.2.1　灵敏系数

在 2.1.2 节中已用 S_0 表征了金属丝的电阻应变特性,但金属丝做成应变片后电阻应变特性与单根金属丝有所不同。应变片使用时通常是用黏合剂粘贴到试件(弹性元件)上,如图2.4所示。应变测量时,应变是通过胶层将试件上的应变传递到应变片敏感栅上,工艺上要求黏合层有较大的剪切弹性模量,并且粘贴工艺对传感器的精度起着关键作用。所以,实际应变片的灵敏系数应包括基片、黏合剂以及敏感栅的横向效应。实验证明,做成成品的应变片(或粘贴到试件上)以后,灵敏系数 S_0 必须用实验的方法重新标定。

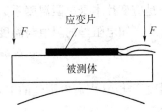

图 2.4　粘贴在试件上的应变片

实验按统一的标准,如受单向力(轴向)拉或压,试件材料为钢,泊松系数为 $\mu = 0.285$。因为应变片一旦粘贴在试件上就不再取下来,所以实际的做法是,取产品的 5% 进行测定,取其平均值作为产品的灵敏系数,称标称灵敏系数,就是产品包装盒上标注的灵敏系数。实验表明,应变片灵敏系数 S 小于电阻丝灵敏系数 S_0。如果实际应用条件与标定条件不同,使用时误差会很大,必须修正。

2.2.2　横向效应

由图 2.5 可见,应变片粘贴在基片上时,敏感栅由 N 条长度为 L 的直线和 $(N-1)$ 个圆弧部分组成。敏感栅受力时直线部分与圆弧部分状态不同,也就是说圆弧段的电阻变化小于沿轴向摆放的电阻丝电阻的变化,应变片实际变化的 ΔL 要比拉直了要小。

可见,直线电阻丝绕成敏感栅后,虽然长度相同,但应变不同,圆弧部分使灵敏度下降,这种现

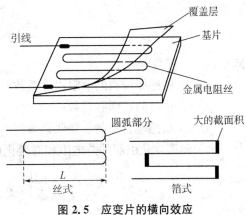

图 2.5　应变片的横向效应

象称为横向效应。敏感栅越窄、基长越长的应变片,横向效应越小。为减小因横向效应产生的测量误差,常采用箔式应变片。因为箔式应变片圆弧部分横截面积尺寸较大,横向效应较小。横向效应的大小常用横向灵敏度 S 的百分数表示,即

$$S = \frac{S_y}{S_x} \times 100\%$$

式中:S_y——纵向(轴向)灵敏系数,即纵向应变为 0 时单位轴向应变引起的电阻相对变化;

　　　S_x——横向灵敏系数,即横向应变为 0 时单位横向应变引起的电阻相对变化。

2.2.2　温度误差及补偿方法

讨论应变片特性时通常是以室温恒定为前提条件。在实际应用中,应变片工作的环境温度常常会发生变化,工作条件的改变影响其输出特性。这种单纯由温度变化引起的应变片电阻值变化的现象称为温度效应。

1) 温度误差及产生原因

应变片安装在自由膨胀的试件上,在没有外力作用下,如果环境温度变化,应变片的电阻也会变化,这种变化叠加在测量结果中,产生应变片温度误差。应变片温度误差来源有 2 个:一是应变片本身电阻温度系数 α_t;二是试件材料的线膨胀系数 β_t。

已知电阻丝的阻值与温度关系为:

$$R_t = R_0(1 + \alpha_t \Delta t) = R_0 + R_0 \alpha_t \Delta t$$

温度变化 Δt 引起电阻丝的电阻变化为:

$$\Delta R_t = R_t - R = R(\alpha_t \Delta t)$$

产生的电阻的相对变化为:

$$\left(\frac{\Delta R_t}{\Delta R_0}\right)_t = \alpha_t \Delta t$$

当试件材料的膨胀系数与电阻丝材料的线膨胀系数不同时,试件使应变片产生的附加形变造成电阻变化,产生的附加电阻相对变化为:

$$\left(\frac{\Delta R_t}{\Delta R_0}\right)_g = k(\beta_g - \beta_s)\Delta t$$

式中:k——常数;

　　　α_t——敏感栅材料的电阻温度系数;

　　　β_s——试件的线膨胀系数;

　　　β_g——敏感栅材料的线膨胀系数。

由于温度变化引起的总电阻相对变化可表示为:

$$\frac{\Delta R_t}{R_0} = \alpha_t \Delta t + k(\beta_g - \beta_s)\Delta t$$

折合到温度变化引起的总的应变量输出为:

$$\varepsilon_t = \frac{\Delta R_t / R_0}{k} = \frac{\alpha_t}{k} + (\beta_g - \beta_t) \Delta t \tag{2.5}$$

由式(2.5)可以清楚地看到,因环境改变引起的附加电阻变化造成的应变输出由2部分组成:一部分为敏感栅的电阻变化所造成的,大小为 $\alpha_t \Delta t$;另一部分为敏感栅与试件热膨胀不匹配所引起的,大小为 $(\beta_g - \beta_s) \Delta t$。这种变化与环境温度变化 Δt 有关,与应变片本身的性能参数 k、α_t、β_s 及试件参数 β_g 有关。

2)温度误差补偿方法

温度误差补偿的目的是消除由于温度变化引起的应变输出对测量应变的干扰,补偿方法常采用电桥线路补偿、自补偿、辅助测量补偿、热敏电阻补偿、计算机补偿等。

(1)温度自补偿法

温度自补偿法也称为应变片自补偿法,是利用温度补偿片进行补偿。温度补偿片是一种特制的、具有温度补偿作用的应变片,将其粘贴在被测试件上,当温度变化时,与产生的附加应变相互抵消,这种应变片称为自补偿片。由式(2.5)可知,要实现自补偿,必须满足下列条件:

$$\varepsilon_t = \frac{\alpha_t \Delta t}{k} + (\beta_g - \beta_s) \Delta t = 0$$

即

$$\alpha_t = -k(\beta_g - \beta_s)$$

通常,被测试件是给定的,即 k、β_s、β_g 是确定的,可选择合适的应变片敏感材料满足式(2.5),制作中通过改变栅丝的合金成分,控制温度系数 α_t,使其与 β_s、β_g 相抵消,达到自补偿的目的。

(2)桥路补偿法

桥路补偿是最常用的效果较好的补偿方法。桥路补偿法又称补偿片补偿法,应变片通常作为平衡电桥的一个臂来测量应变,如图2.6所示。在被测试件感受应变的位置上安装一个应变片 R_1,称工作片;在试件不受力的位置粘贴一个应变片 R_B,称补偿片,2个应变片安装靠近,完全处于同一温度场中。

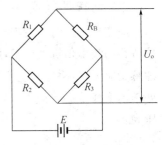

测量时,两者连接在相邻的电桥臂上,当温度变化时,电阻 R_1、R_B 都发生变化,当温度变化相同时,因材料相同、温度系数相同,因此温度引起的电阻变化相向,ΔR_1 与 ΔR_B 变化相等,使电桥输出 U_o 与温度无关。电桥输出 U_o 与桥臂参数的关系为:

图2.6 桥路补偿法

$$U_o = A(R_1 R_3 - R_B R_2)$$

式中:A——常数。

应变片不受力情况下调节电桥平衡可使输出为0。工作时按 $R_1 = R_2 = R_3 = R_B$ 取值,当温度变化时,$\Delta R_1 = \Delta R_B$,电桥仍处于平衡。当有应变时,R_1 有增量 ΔR_1,而补偿片 R_B 无变化,即 $\Delta R_B = 0$。电桥输出电压可表示为:

$$U_o = A((R_1 + \Delta R_1) R_3 - R_B R_2)$$

化简后得：

$$U_\circ = A\Delta R_1 R_3$$

可见，应变引起的电压输出与温度无关，补偿片起到了温度补偿作用。

2.3　电阻应变片测量电路

应变片阻值变化通常很小，常见应变片的阻值为 120 Ω、250 Ω。若灵敏系数 $S=2$，电阻为 120 Ω 的应变片，当 1 000 με（微应变）时，电阻变化仅 0.24 Ω。要将微小电阻变化测量出来，必须经过转换放大。工程中，用于测量应变变化的电桥电路通常有直流电桥和交流电桥 2 种。电桥电路的主要指标是桥路输出电压灵敏度、线性度和负载特性。

2.3.1　直流电桥工作原理

1）直流电桥的平衡条件

直流电桥电路如阁 2.7 所示，图中 E 为直流电源电压，R_1、R_2、R_3、R_4 为桥臂电阻，R_L 为负载电阻，$U_\circ$ 为输山电压。当负载 $R_L \to \infty$，视为开路时，电桥输出电压为：

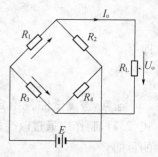

$$U_\circ = E\left(\frac{R_1}{R_1+R_2} - \frac{R_3}{R_3+R_4}\right) = E\frac{R_1R_4 - R_2R_3}{(R_1+R_2)(R_3+R_4)} \quad (2.6)$$

当电桥平衡时，$U_\circ = 0$，$I_\circ = 0$；则有 $R_1R_4 = R_2R_3$ 或 $R_1/R_2 = R_3/R_4$。说明，电桥要满足平衡条件，必须使其对臂积相等或邻臂比相等。

图 2.7　直流电桥

2）电压灵敏度

应变片工作时一般需要接入放大器进行放大。电桥接入放大器时，由于放大器输入阻抗比桥路的输出阻抗大得多，所以可将电桥视为开路。如果将应变片接人电桥的一个臂，当应变片感受应变时，阻值发生变化，使桥路电流输出 $I_\circ$ 发生变化，这时电桥输出电压 $U_\circ \neq 0$，电桥处于不平衡状态。设 R_1 为应变片，应变时 R_1 变化量为 ΔR_1，其他不变，这时不平衡输出电压为：

$$U_\circ = E\left(\frac{R_1+\Delta R_1}{R_1+\Delta R_1+R_2} - \frac{R_3}{R_3+R_4}\right) = E\frac{\Delta R_1 R_4}{(R_1+\Delta R_1+R_2)(R_3+R_4)} =$$
$$E\frac{(R_4/R_3)(\Delta R_1/R_1)}{(1+\Delta R_1/R_1+R_2/R_1)(1+R_4/R_3)} \quad (2.7)$$

设桥臂比为 $n=R_1/R_2$，由于 $\Delta R_1 \ll R_1$，为方便计算，忽略式(2.7)分母中的 $\Delta R_1/R_1$，并考虑电桥初始平衡条件 $R_1/R_2 = R_3/R_4$，则式(2.7)可写为：

$$U_\circ = E\frac{n}{(1+n)^2}\frac{\Delta R_1}{R_1} \quad (2.8)$$

电桥电压灵敏度定义为：

$$S_U = \frac{n}{(1+n)^2} E \qquad (2.9)$$

对上述结果分析如下：

(1) 电桥电压灵敏度 S_U 越大，应变变化相同情况下输出电压越大。

(2) 电桥电压灵敏度 S_U 与电桥供电电压 E 成正比，即 $S_U \propto E$，电桥供电电压 E 越高，电桥电压灵敏度 S_U 越高，但供电电压受到应变片允许功耗和电阻温度误差的限制，所以电源电压不能超过额定值以免损坏传感器。

(3) 电桥电压灵敏度 S_U 是桥臂比 n 的函数，即 $S_U(n)$，恰当选择 n 可以保证电桥有较高的电压灵敏度 S_U。当电桥电压 E 确定后，n 取什么值才能使 S_U 为最大呢？显然可由 $\frac{dS_U}{dn} = 1 - n^2/(1+n)^4 = 0$ 求得。

据此可知，$n=1$，同时 $R_1 = R_2 = R_3 = R_4 = R$（等臂电桥）时，电压灵敏度 S_U 为最大值。4 个桥臂相等时，桥路输出电压为：

$$U_o = \frac{E}{4} \frac{\Delta R_1}{R_1}$$

单臂工作片电压灵敏度为：

$$S_U = \frac{E}{4}$$

可见，当 E、$\Delta R_1/R_1$ 一定时，输出电压 U_o、电压灵敏度 S_U 是定值，并且与各桥臂电阻的阻值大小无关。

3) 非线性误差及其补偿

上述讨论电桥工作状态时是假设应变片参数变化很小，在求取电桥输出电压时忽略了分母中的 $\Delta R_1/R_2$ 项，而得到线性关系式的近似值。但一般情况下，如果应变片承受较大应变时，分母中的 $\Delta R_1/R_1$ 项就不能忽略，此时得到的输出特性是非线性的。将实际的非线性特性曲线与理想的特性曲线的偏差称为绝对非线性误差。下面计算非线性误差的值。

设理想情况下电桥输出电压为：

$$U_o = \frac{E}{4} \frac{\Delta R_1}{R_1}$$

实际情况下电桥输出电压应为：

$$U_o' = E \frac{\dfrac{\Delta R_1}{R_1} n}{\left(1 - n + \dfrac{\Delta R_1}{R_1}\right)(1+n)}$$

则非线性误差为：

$$\gamma_L = \frac{U_o - U_o'}{U_o} = \frac{\Delta R_1/R_1}{1 + n + \Delta R_1/R_1}$$

如果电桥是等臂电桥，即 $n=1$，则非线性误差为：

$$\gamma_L = \frac{\Delta R_1/(2R_1)}{1 + \Delta R_1/(2R_1)}$$

将分母按幂级数展开,略去高阶项,由上式可得到非线性误差的近似值:

$$\gamma_L \approx \frac{\Delta R_1}{2R_1}$$

可见,非线性误差与 $\Delta R_1/R_1$ 成正比。对于金属丝应变片,因为 ΔR 非常小,非线性误差可以忽略;而对于半导体应变片,灵敏系数比金属丝大得多,感受应变时 ΔR 很大,所以非线性误差不能忽略。对此,可用下面的例子加以说明。

【例 2.1】 一般应变片所承受的应变通常在 5 000 以下,现给出金属丝应变片和半导体应变片的电压灵敏度、电阻变化率和应变值,试计算和比较非线性误差。

解

(1) 对于金属丝应变片,$S=2$,$\Delta R/R = S\varepsilon = 0.01$,$\gamma_L = 0.5\%$。

(2) 对于半导体应变片,$S=130$,$\varepsilon = 0.001$,$\Delta R/R = 0.13$,$\gamma_L = 6\%$。

由例 2.1 可见,非线性误差有时是很显著的,必须予以减小或消除。为减小和克服非线性误差,常采用差动电桥电路形式。差动电桥是在试件上安装 2 个工作应变片,一个受拉应变、另一个受压应变,接在电桥的相邻 2 个臂称半桥差动电路,如图 2.8 所示。该电桥输出电压为:

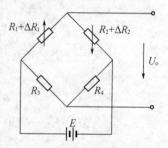

$$U_o = E\left(\frac{R_1 + \Delta R_1}{R_1 + \Delta R_1 + R_2 - \Delta R_2} - \frac{R_3}{R_3 + R_4}\right)$$

若电桥满足初始平衡条件,即 $R_1 = R_2 = R_3 = R_4 = R$,$\Delta R_1 = \Delta R_2 = \Delta R$,上式可化简为:

图 2.8 差动电桥

$$U_o = \frac{E}{2}\frac{\Delta R}{R}$$

半桥电压灵敏度为:

$$S_U = \frac{E}{2}$$

通过上述讨论可得如下结论:

(1) 差动半桥电路的输出电压 U_o 与电阻变化率 $\Delta R/R$ 是线性关系,半桥差动电路无非线性误差。

(2) 电压灵敏度 S_U 是单臂电桥的 2 倍。

(3) 电路具有温度补偿作用。

若将电桥的 4 个臂接入 4 个工作应变片,称为全桥差动电路,电路连接如图 2.9 所示。在试件上,2 个应变片受拉应变,另外 2 个应变片受压应变,构成全新差动电路。若电桥初始条件平衡,即 $R_1 = R_2 = R_3 = R_4 = R$,并且 $\Delta R_1 = \Delta R_2 = \Delta R_3 = \Delta R_4 - \Delta R$,则全桥差动电路输出电压为:

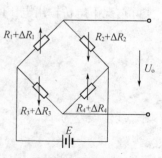

图 2.9 全桥电路

$$U_o = E\frac{\Delta R_1}{R_1}$$

全桥电压灵敏度为：

$$S_U = E$$

上述结果说明：全桥差动电路输出电压灵敏度不仅没有非线性误差，而且电压灵敏度为单臂电桥工作时的4倍，并具有温度补偿作用。

电路连接时应注意，应变片必须按对臂同性（受力方向相同符号）、邻臂异性（受力方向不同符号）原则连接。

2.3.2 交流电桥工作原理

直流电桥的优点是电源稳定、电路简单，是目前的主要测量电路；缺点是接入直流放大器电路比较复杂，存在零漂、工频干扰。实际应用中，应变电桥输出端通常会接入放大电路，电桥连接的放大器输入阻抗很高，比电桥的输出电阻大得多。此时要求电桥必须具有较高的电压灵敏度。由于直流放大器容易产生零漂，在某些情况下会采用交流放大器。

交流电桥也称不平衡电桥，采用交流供电，是利用电桥的输出电流或输出电压与桥路的各参数间关系进行工作的。交流电桥放大电路简单，无零漂，不受干扰，为特定传感器带来方便，但需专用的测量仪器或电路，不易取得高精度。

图2.10为差动交流电桥。图2.10(a)是半桥的一般形式，图2.10(b)为等效电路。

由于电桥电源U为交流电源，应变片引线分布电容C_1、C_2使得2个桥臂应变片呈现复阻抗特性，相当于2只应变片各并联了一个电容，则每一桥臂上复阻抗分别为：

$$\begin{cases} Z_1 = \dfrac{R_1}{1+j\omega R_1 C_1} \\[2mm] Z_2 = \dfrac{R_2}{1+j\omega R_2 C_2} \\[2mm] Z_3 = R_3 \\[1mm] Z_4 = R_4 \end{cases} \tag{2.10}$$

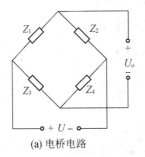
(a) 电桥电路

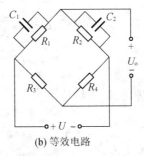
(b) 等效电路

图2.10 交流电桥电路

由交流电桥分析可得到输出电压特征方程为：

$$U_o = U\frac{Z_1 Z_4 - Z_2 Z_3}{(Z_1 + Z_2)(Z_3 + Z_4)}$$

满足电桥平衡条件时 $U_{\text{o}}=0$，则有：

$$Z_1Z_4-Z_2Z_3=0 \tag{2.11}$$

$$|Z_1||Z_4|=|Z_2||Z_3|,\phi_1+\phi_4=\phi_2+\phi_3$$

交流电桥需满足对臂复数的模之积相等、幅角之和相等。

令 $Z_1=Z_2=Z_3=Z_4=Z$，将式(2.10) 代入式(2.11)有：

$$\frac{R_1}{1+j\omega R_1C_1}R_4=\frac{R_2}{1+j\omega R_2C_2}R_3$$

整理得到：

$$\frac{R_3}{R_1}+j\omega R_3C_1=\frac{R_4}{R_2}+j\omega R_4C_2 \tag{2.12}$$

式(2.12)的实部、虚部分别相等，整理得到交流电桥的平衡条件为 $R_1R_4=R_2R_3$ 及 R_2C_2 $=R_1C_1$。交流电桥输出除需满足电阻平衡条件，还要满足电容平衡条件。为此，在桥路上除设有电阻平衡调节外，还设有电容平衡调节。电桥平衡调节电路如图 2.11 所示。交流电桥的输出电压为：

$$U_{\text{o}}=U\frac{(Z_4/Z_3)(\Delta Z_1/Z_1)}{(1+\Delta Z_1/Z_1+Z_2/Z_1)(1+Z_4/Z_3)}$$

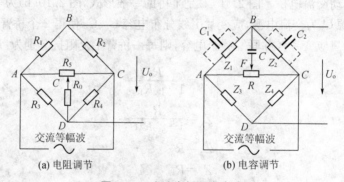

图 2.11　交流电桥平衡电路

已知 $Z_1=Z_2=Z_3=Z_4$，忽略 ΔZ，交流单桥输出可表示为：

$$U_{\text{o}}=\frac{1}{4}U\frac{\Delta Z_1}{Z_1}$$

与直流电桥同理，交流半桥输出为：

$$U_{\text{o}}=\frac{1}{2}U\frac{\Delta Z_1}{Z_1}$$

式中：

$$\Delta Z_1=\frac{\Delta R_1}{(1+j\omega R_1C_1)^2}$$

有应变时阻抗变化为：$Z_1=Z+\Delta Z,Z_2=Z+\Delta Z$，交流电桥输出可用复数表示为：

$$U_\circ = \frac{U}{2} \frac{1}{1-\omega^2 R^2 C^2} \frac{\Delta R}{R} - \mathrm{j} \frac{U}{2} \frac{\omega C}{1-\omega^2 R^2 C^2} \Delta R \qquad (2.12)$$

式(2.12)结果说明:

(1) 输出电压 $U_\circ$ 有 2 个分量,前一个分量的相位与输入电源电压 U 同相,称为同相分量;后一个分量的相位与电源电压 U 相位相差 $90°$,称为正交分量。

(2) 2 个分量均是 ΔR 的调幅正弦波,采用普通二极管检波电路无法检测出调制信号 ΔR,必须采用相敏检波电路;检波器只能检波出同相分量的调制信号,对正弦分量不起检波作用,只起到滤除作用。图 2.11(a)为电阻平衡电路,图 2.11(b)为电容平衡电路。

2.4 应变式传感器测量电路

2.4.1 电阻应变仪

电阻应变片是利用应变片直接测量应变的专用仪器。在科研和工业生产中常常需要研究机械设备构件或组件承受应变的状况,测量构件形变时的应变力。例如:在高压容器(高压气瓶、高压锅炉)生产过程中,必须采用应变测量方法检测耐压和变形时的压力;火炮生产需了解火炮发射时炮管形变;飞机、导弹研制时要在特殊的"风洞"实验场中模拟上万米高空状态下飞行时机身、机翼等各部件的形变情况;汽车制造需测试汽车底盘承压时的形变;等等。

电阻应变仪是将电桥的微小输出变化进行放大、记录和处理,从而得到待测应变值。电阻应变仪的具体组成及电路形式较多,但基本组成相似。工程中,按测量应变的频率可分为静态应变仪和动态应变仪,按应变频率又可细分为静态($5\ \mathrm{Hz}$)、静动态(几百 Hz)、动态($5\ \mathrm{kHz}$)、超动态(几十 kHz)。图 2.12 是交流电桥电阻应变仪原理框图,主要由电桥、振荡器、放大器、相敏检波器、滤波器、稳压电源、转换和显示电路组成。应变仪电路的各点输出电压波形如图 2.13 所示。

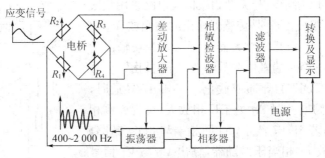

图 2.12 应变仪组成原理框图

(1) 电桥(半桥或全桥):用 $400\sim2\,000\ \mathrm{Hz}$ 高频正弦电压提供桥压。可以测量应变频率低于桥压频率的 10 倍,如桥压 $20\ \mathrm{kHz}$,可测量 $20\sim200\ \mathrm{Hz}$ 频率的应变力,电桥输出调幅调制波。

(2) 放大器:采用窄频带交流放大器,将电桥输出的调幅波进行放大,以满足相敏检波器的要求。

(3) 振荡器:产生等幅正弦波,提供电桥电压和相敏检波器的参考电压。振荡频率(载波)一般要求不低于被测信号频率的 $6\sim10$ 倍。

（4）相敏检波器：放大后的调幅波必须用检波器将它还原（解调）为被测应变信号波形。一般检波器只有单相电压（或电流）输出，不能区分双向信号，如果应变有拉应变和压应变，以中心（静止）位置为转折点，要求区分 2 个方向的应变时，可通过相敏检波电路区分双相信号。

（5）相移器：相敏检波器的参考信号与被测信号有严格的相位关系，由移相电路提供并实现。

（6）滤波器：相敏检波输出的被测信号是被低频应变信号调制的高频信号，除了被检测的低频信号外还有高频振荡信号，为了还原被检测的信号，必须用低通滤波器去掉高频分量，保留低频应变信号。

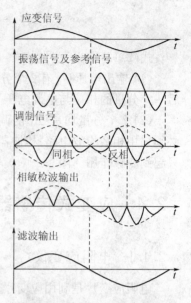

图 2.13　应变仪各点输出波形

2.4.2　相敏检波器

一般检波器只输出单向的电压或电流，当用于交流应变电桥时无法判断信号的相位，不能确定应变片处于"拉"或"压"的状态。传感器检测电路除测量信号的数值大小外，通常还应确定信号的相位，例如位移的方向、温度的正负、磁场的极性等。由于相敏检波器可以区分正负极性的双向信号，因此相敏检波器在传感器转换电路中广泛应用，下面进行简要介绍。

理想交流电桥处于平衡时输出为 0。以电阻应变片式传感器检测电桥为例，当有信号或偏离平衡时，电桥输出有 2 个分量，输出信号由式（2.12）可知，一个是与电源 V_E 同相的分量，称同相分量；另一个是与电源 V_E 相差 90° 的分量，称正交分量，2 个分量都是 ΔR 调幅的正弦波。这里相敏检波器有 2 个作用：一是只对同相信号检波；二是识别调制信号的正负。相敏检波器的电路形式较多，下面介绍一种开关型相敏检波电路。

开关型相敏检波电路适用于调制信号频率较高的情况，电路原理图如图 2.14 所示。开关型相敏检波电路采用集成运算放大器 A_1、A_2 组成。V_1 是传感器输出的调幅波，V_2 为输入正弦参考信号，A_1 为开环放大器，在 V_6 端变换输出为矩形波，二极管 VD 将 V_7 端嵌位在零电平以下，并由该信号控制结型场效应管 3DJ7 的导通或截止。在 3DJ7 导通时，相当于 A_2 同相端接地，这时 A_2 处于反相放大，可视为倒相器，V_1 信号被反向；若 3DT7 截止，A_2 同相端与 3DJ7 断路，这时 A_2 处于同相放大，相当于跟随器，输出 V_3 与 V_1 信号同向，据此可起到相敏检波的作用。

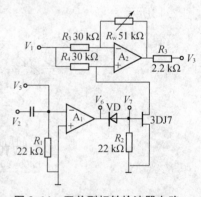

图 2.14　开关型相敏检波器电路

相敏检波器工作原理可用图 2.15 所示的各点波形具体说明。V_1 是放大器输入信号，V_2 是相敏检波参考信号，V_3 是相敏检波器输出信号。图 2.14 电路工作原理如下。

（1）相敏检波器输入信号 V_1 与参考信号 V_2 同相，V_2 为正半周时如图 2.15（a）所示，V_2 由 A_1 反相后输出方波，V_6 为负，二极管 VD 导通，3DJ7 截止，A_2 相当于跟随器。相敏检波器输出 V_3 跟随 V_1。当 V_2 为负半周时，VD 截止，3DJ7 饱和导通，这时放大器 A_2 相当于倒相器,V_3 输出与 V_1 输入相位相反。此时若相敏检波器输出正极性脉动波,经低通滤波后,可获得正的最大输出。

(2) 相敏检波器输入信号 V_1 与参考信号 V_2 反相,如图 2.15(b)所示,这时相敏检波器输出 V_3 为负极性脉动波,经低通滤波后,输出端可获得负的最大值。

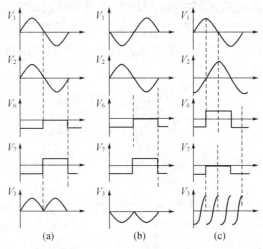

图 2.15　相敏检波器各点波形

(3) 相敏检波器输入信号 V_1 与参考信号 V_2 相差 90°时,如图入 2.15(c)所示,这时相敏检波器输出 V_3 经低通滤波后,输出为 0 或最小。

根据上述原理,通常在调整时按照输入信号的极性调整相位,使参考信号尽可能与其完全同相或反相,从而得到正、负极性的检波波形,使低通滤波器输出为正、负最大值。

2.5　应变式传感器的应用

2.5.1　力传感器(测力与称重)

载荷和力传感器是工业测量中使用较多的一种传感器,传感器量程从几克到几百吨。测力传感器主要作为各种电子秤和材料试验的测力元件,或用于发动机的推动力测试、水坝坝体承载状况的监测等。

力传感器按弹性元件的种类分为柱式、梁式、环式、轮辐式。下面分别给予介绍。

1) 柱式力传感器

柱式力传感器如图 2.16 所示,分别为实心(杆式)、空心(筒式),其结构是在圆筒或圆柱上按一定方式粘贴应变片,圆柱(筒)在外力作用下产生形变。对于实心圆柱,因外力作用产生的比变 ε 为:

$$\varepsilon = \frac{\Delta l}{l} = \frac{\sigma}{E} = \frac{F}{AE}$$

式中:l——弹性元件长度;

Δl——长度的变化量;

　　A——弹性元件横截面积；

　　F——外力；

　　σ——应力，$\sigma=F/A$；

　　E——弹性模量。

　　由上式可知，减小横截面积 A 可提高应力与应变的变换灵敏度，但 A 越小，则抗弯能力越差，易产生横向干扰。为了解决这一矛盾，力传感器的弹性元件多采用空心圆筒。空心圆筒在同样横截面积情况下，横向刚度更大。弹性元件的高度 H 对传感器的精度和动态特性有影响，试验研究结果建议采用下列公式：

$$H \geqslant \begin{cases} 2D+L & \text{实心圆柱} \\ D-\dfrac{d}{L} & \text{空心圆柱} \end{cases}$$

式中：H、D、L 分别为圆柱的高、外径、应变片基长。目前我国 BLR 型、BHR 型荷重传感器都采用空心圆柱，量程为 $0.1\sim100$ t。

　　火箭发动机承受载荷试验台架多用空心结构。柱式弹性元件上应变片的粘贴和桥路连接如图 2.17 所示，原则是应尽可能地清除偏心、弯矩影响。一般应变片均匀贴在圆柱表面中间部分，R_1 与 R_3、R_2 与 R_4 串联摆放在两对臂内。当有偏心应力时，一方受拉另一方受压，产生相反变化，可减小弯矩的影响。横向粘贴的应变片为温度补偿片，并且 $R_5=R_6=R_7=R_8$，有提高灵敏度的作用。

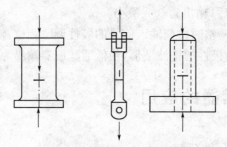

图 2.16　柱式测力传感器

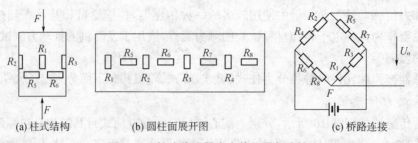

(a) 柱式结构　　　　　　(b) 圆柱面展开图　　　　　　(c) 桥路连接

图 2.17　柱式传感器应变片位置与连接

2) 悬臂梁式力传感器

　　悬臂梁式力传感器是一种高精度、性能优良、结构简单的称重测力传感器，最小可以测量几十克，最大可以测量几十吨的质量，精度可达 0.02% 满量程。采用弹性梁和应变片作转换元件，当力作用在弹性元件（梁）上时，弹性元件（梁）与应变片一起变形使应变片的电阻值变化，应变电桥输出与力成正比的电压信号。悬臂梁主要有 2 种形式：等截面梁、等强度梁。结构特征为弹性元件一端固定,力作用在自由端,所以称悬臂梁。

(1) 等截面梁

等截面梁的特点是悬臂梁的横截面积处处相等,结构如图 2.18(a)所示。当外力 F 作用在梁的自由端时,固定端产生的应变最大,粘贴在应变片处的应变为:

$$\varepsilon = \frac{6FL_0}{bh^2E}$$

式中:L_0——梁上应变片至自由端距离;

　　　　b——梁的宽度;

　　　　h——梁的厚度。

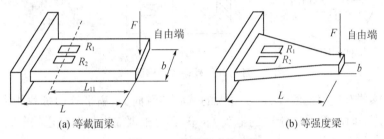

(a) 等截面梁　　　　　　　　　　　　　(b) 等强度梁

图 2.18　悬臂梁式传感器

等截面梁测力时因为应变片的应变大小与力作用的距离有关,所以应变片应贴在距固定端较近的表面,顺梁的长度方向上下各粘贴 2 个应变片,4 个应变片组成全桥。上面 2 个受压时下面 2 个受拉,应变大小相等,极性相反,其电桥输出灵敏度是单臂电桥的 4 倍。这种称重传感器适用于测量 500 kg 以下荷重。

(2) 等强度梁

等强度梁结构如图 2.18(b)所示。悬臂梁长度方向的截面积按一定规律变化,是一种特殊形式的悬臂梁。当力 F 作用在自由端时,距作用点任何截面上应力相等,应变片的应变大小为:

$$\varepsilon = \frac{6FL}{bh^2E}$$

有力作用时,梁表面整个长度上产生大小相等的应变,所以等强度梁对应变片粘贴在什么位置要求不高。

另外,除等截面梁、等强度梁外,梁的形式还有很多,如平行双孔梁、工字梁、S 形拉力梁等。图 2.19 分别为环式梁、双孔梁和 S 形拉力梁结构形式。

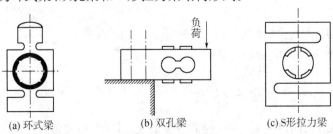

(a) 环式梁　　　　　　　　(b) 双孔梁　　　　　　　　(c) S形拉力梁

图 2.19　梁式传感器

3) 轮辐式测力传感器（剪切力）

轮辐式传感器结构如图 2.20 所示，主要出 5 个部分组成：轮轴、轮圈、轮辐条、受拉应变片、受压应变片。轮辐条可以是 4 根或 8 根成对称形状，轮轴由顶端的钢球传递重力，圆球的压头有自动定位的功能。当外力 F 作用在轮轴上端和轮圈下面时，矩形轮辐条产生平行四边形变形，轮辐条对角线力向产生 $45°$ 的线应变。将应变片按 $\pm45°$ 角方向粘贴，8 个应变片分别粘贴在 4 个轮辐条的正反两面，组成全桥。

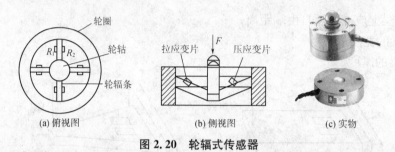

(a) 俯视图　　　　　　　　(b) 侧视图　　　　　　　　(c) 实物

图 2.20　轮辐式传感器

轮辐式传感器有良好的线性，可承受大的偏心和侧向力，扁平外形抗载能力大，广泛用于矿山、料厂、仓库、车站，测量行走中的拖车、卡车，还可根据输出数据对超载车辆报警。

2.5.2　膜片式压力传感器

膜片式传感器主要用于测量管道内部的压力，内燃机燃气的压力、压差、喷射力，发动机和导弹试验中脉动压力以反各个领域的流体压力。这类传感器的弹性敏感元件是一个圆形的金属膜片，结构如图 2.21 所示，金属元件的膜片周边被固定，当膜片一面受压力 p 作用时，膜片的另一面有径向应变 ε_r 和切向应变 ε_τ，应变值分别为：

$$\varepsilon_r = \frac{3p}{8Eh^2}(1-\mu^2)(r^2-3x^2)$$

$$\varepsilon_\tau = \frac{3p}{8Eh^2}(1-\mu^2)(r^2-x^2)$$

式中：r——膜片半径；

　　　h——膜片厚度；

　　　x——任意点离圆心距离；

　　　E——膜片弹性模量；

　　　μ——泊松比。

膜片式传感器应变变化特性如图 2.21 所示。在膜片中心处，$x=0$，ε_r 与 ε_τ 都达到正的最大值，这时切向应变和径向应变相等，即

$$\varepsilon_{r\max} = \varepsilon_{\tau\max} = \frac{3p(1-\mu^2)}{8Eh^2}r^2$$

在膜片边缘 $x=r$ 处，切向应变 $\varepsilon_\tau=0$。径向应变 ε_r 达到负的最大值，即

$$\varepsilon_{r\max} = -\frac{3p(1-\mu^2)}{4Eh^2}r^2 = -2\varepsilon_{\tau\max}$$

由上式可找到径向应变 $\varepsilon_r = 0$ 的位置,应在距圆心 $x = r/\sqrt{3} \approx 0.58r$ 的圆环附近。

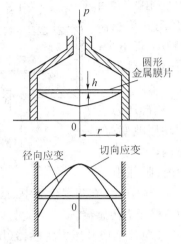

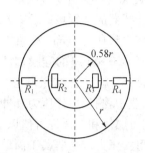

图 2.21　膜片式压力传感器结构原理　　　图 2.22　应变片粘贴位置

　　实际传感器则根据应力分布粘贴 4 个应变片,如图 2.22 所示。2 个贴在正的最大区域(R_2、R_3),2 个贴在负的最大区域(R_1、R_4),就是粘贴在 $\varepsilon_r = 0$ 的内外两侧。R_1、R_4 测量径向应变 ε_r(负),R_2、R_3 测量切向应变 ε_r(正),4 个应变片组成全桥。这类传感器一般可测量 $10^5 \sim 10^6$ Pa 的压力。

2.5.3　应变式加速度传感器

　　应变式加速度传感器基本结构如图 2.23 所示,主要由悬臂梁、应变片、质量块、机座外壳组成。悬臂梁(等强度梁)自由端固定质量块,壳体内充满硅油,产生必要的阻尼。基本工作原理是:当壳体与被测物体一起作加速度运动时,悬臂梁在质量块的惯性作用下作反方向运动,使梁体发生形变,粘贴在梁上的应变片阻值发生变化。通过测量阻值的变化求出待测物体的加速度。

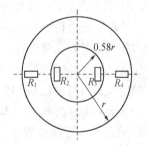

图 2.23　应变式加速度传感器

　　已知加速度为 $a = F/m$,物体运动的加速度与质量块有相同的加速度,物体运动的加速度 a 与它上面产生的惯性力 F 成正比,与物体质量成反比,惯性力的大小可由悬臂梁上的应变片阻值变化测量,电阻变化引起电桥不平衡输出。梁的上下可各粘贴 2 个应变片,组成全桥。应变片式加速度传感器不适用于测量较高频率的振动冲击,常用于低频振动测量,一般为 $10 \sim 60$ Hz。

2.5.4　压阻式传感器

　　压阻式传感器与金属膜片式传感器测量原理相同,只是使用的材料和工艺不同。如扩散硅压力传感器,整体结构如图2.24所示,由硅杯、硅膜片组成,利用集成电路工艺,设置 4 个相等的电阻,构成应变电桥。膜片两边有 2 个压力腔,分别为低压腔和高压腔,低压腔与大气相通,高压腔与被测系统相连接。当两边存在压差时,就有压力作用在膜片上,膜片上各点的应力分布与金属膜片式传感器相同。

压阻式传感器的灵敏度比金属应变片大 50~100 倍,有时无需放大,可直接测量。但是,半导体元件对温度变化敏感,因此在很大程度上限制了半导体应变片的应用。压阻式传感器优点是:频率响应高,工作频率可达 1.5 MHz;体积小、耗电少;灵敏度高,精度好,可测量到 0.1% 的精确度;无运动部件。压阻式传感器缺点主要是温度特性差,工艺较复杂。

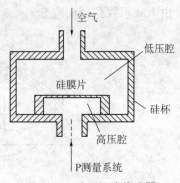

图 2.24　硅压阻式传感器

压阻式传感器应用领域广泛。在航空工业中,用硅压力传感器测量机翼气流压力分布,发动机进气口处的动压畸变;在生物医学中,将 10 μm 厚的硅膜片注射到生物体内,可做体内压力测量,插入心脏导管内测量心血管,以及颅内、眼球内压力;在兵器工业中,测量爆炸压力和冲击波以及枪炮腔内压力;在防爆检测中,压阻式传感器所需电流小,在可燃体和气体许可值以下,是理想的防爆压力传感器。

普通压阻式压力传感器属于简单传感器,近年来单片集成硅压力传感器(Integrated Silicon Pressure,ISP)进入市场,ISP 内部除传感器单元外,增加了信号调理、温度补偿、压力修正等电路。MPX2100/4100A/5700 系列集成硅压力传感器,由美国 Motorola 公司生产,适合测量管道中绝对压力(MAP)。MPX2100、MPX5100、MPX4100、MPX5700 压力传感器内部结构、工作原理基本相同,主要区别是测量范围、封装形式不同。测量范围如下:MPX2100、MPX5100 为 0~100 kPa,MPX4100 为 15~115 kPa,MPX5700 为 0~700 kPa;电源电压范围为 +4.85—5.26 V;温度补偿范围为 -40~+125 ℃。

MPX 压力传感器封装形式与引脚如图 2.25 所示。热塑壳内部有密封真空塞,提供参考压力,当垂直方向受到压力时,将检测压力 p 与真空压力 p_0 相比较,输出电压正比于绝对压力,输出特性曲线如图 2.26 所示。输出电压与绝对压力的关系曲线在 20~10^5 kPa 范围成正比关系,超出范围后 U_o 基本不随压力 p 变化。

MPX5100 的典型应用电路如图 2.27 所示。V_S 为 +5 V 供电,C_1、C_2 为退耦电容,传感器 ISP 输出电压直接接发光二极管(LED)显示驱动电路 LM2914 的输入,LED 条状图形显示器配刻度尺,根据发光段长度或位数确定被测压力大小。R_{P1} 可调节 LM2914 输入电压,控制测量范围;R_{P2} 调节 LM2914 内部比较器的比较电压,改变检测灵敏度。

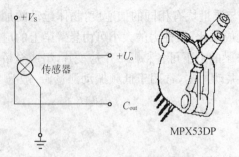

图 2.25　MPX 压力传感器引脚与装封

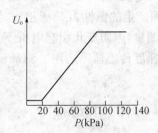

图 2.26　MPX 压力传感器输出特性

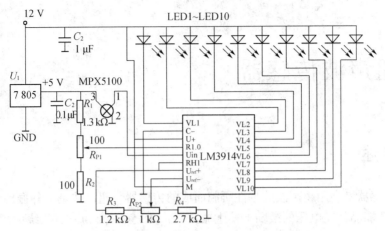

图 2.27　MPX5100 压力传感器检测电路原理

习题与思考题

2.1 何为电阻应变效应？怎样利用这种效应制成应变片？

2.2 什么是应变片的灵敏系数，它与电阻丝的灵敏系数有何不同？为什么？

2.3 用应变片测量时，为什么必须采取温度补偿措施？

2.4 金属应变片与半导体应变片在工作原理上有何不同？半导体应变片灵敏系数范围是多少，金属应变片灵敏系数范围是多少？为什么有这种差别？半导体应变片的最大缺点是什么？

2.5 一应变片的电阻 $R = 120\ \Omega$，灵敏系数 $S = 2.05$，用作应变为 $800\ \mu m/m$ 的传感元件。
① 求 ΔR 和 $\Delta R/R$；② 若电源电压 $U = 2\ V$，求初始平衡时惠斯登电桥的输出电比 U_0。

2.6 已知：有 4 个性能完全相同的金属丝应变片(应变灵敏系数 $S = 2$)，将其粘贴在梁式测力弹性元件上，如图 2.28 所示。在距梁端 l_0 处应变计算公式为：

$$\varepsilon = \frac{6Fl_0}{Eh^2b}$$

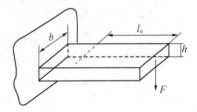

图 2.28　习题 2.6 用图

设力 $F = 100\ N$，$l_0 = 100\ mm$，$h = 5\ mm$，$b = 20\ mm$，$E = 2 \times 10^5\ N/mm^2$。求：① 说明是一种什么形式的梁，在梁式测力弹性元件距梁端 l_0 处画出 4 个应变片粘贴位置，并画出相应的测量桥路原理图；② 求出各应变片电阻相对受化量；③ 当桥胳电源电压为 6 V 时，负载电阻为无穷大，求桥路输出电压 U_0 是多少？

3 超声波传感器

3.1 概述

超声波传感器是利用超声波的特性研制而成的传感器。超声波是一种振动频率高于声波的机械波,由换能晶片在电压的激励下发生振动而产生,频率高、波长短、绕射现象小,特别是方向性好,能够成为射线而定向传播。超声波对液体、固体的穿透能力很强,尤其是在阳光不透明的固体中,它可穿透几十米的深度。超声波碰到杂质或分界面会产生显著反射形成回波,碰到活动物体能产生多普勒效应。因此,超声波检测广泛应用于工业、国防、生物医学等方面。

以超声波作为检测手段,必须产生超声波和接收超声波。完成这种功能的装置就是超声波传感器,习惯上称为超声换能器,或者超声探头。

超声探头主要由压电晶片组成,既可以发射超声波,也可以接收超声波。小功率超声探头大多用做探测。具有许多不同的结构,可分直探头(纵波)、斜探头(横波)、表面波探头(表面波)、兰姆波探头(兰姆波)、双探头(一个探头反射、另一个探头接收)等。

超声探头的核心是其塑料外套或者金属外套中的一块压电晶片。构成晶片的材料可以有许多种。晶片的大小如直径和厚度也各不相同,因此,每个探头的性能不同,使用前必须了解它的性能。

超声波传感器的主要性能指标如下:

(1) 工作频率。即压电晶片的共振频率。当加到超声波传感器两端的交流电压的频率与晶片的共振频率相等时,输出的能量最大,灵敏度也最高。

(2) 工作温度。由于压电材料的居里点一般比较高,特别是诊断用超声波探头使用功率较小,所以工作温度比较低,可以长时间工作而不失效。医疗用超声探头的温度比较高,需要单独的制冷设备。

(3) 灵敏度。主要取决于制造晶片本身。机电耦合系数大,灵敏度高;反之,灵敏度低。

超声波传感技术应用在生产实践的不同方面,而医学应用是其最主要的应用之一。下面以医学为例子说明超声波传感技术的应用。超声波在医学上的应用主要是诊断疾病,它已经成为临床医学中不可缺少的诊断方法。超声波诊断的优点是:对受检者无痛苦、无损害、方法简便、显像清晰、诊断的准确率高等。因而推广容易,受到医务工作者和患者的欢迎。超声波诊断可以基于不同的医学原理,其中有代表性的一种 A 型方法,是利用超声波的反射,当超声波在人体组织中传播遇到两层声阻抗不同的介质界面时,在该界面产生反射回声。每遇到一个反射面时,回声在示波器的屏幕上显示出来,而两个界面的阻抗差值也决定了回声振幅的高低。

在工业方面,超声波的典型应用是对金属的无损探伤和超声波测厚。过去,许多技术因为无法探测到物体组织内部而受到阻碍,超声波传感技术的出现改变了这种状况。当然,更多的超声波传感器是固定地安装在不同的装置上,"悄无声息"地探测人们所需要的信号。在未来的应用中,超声波将与信息技术、新材料技术结合,将出现更多的智能化、高灵敏度的超声波传感器。

3.2 超声波及其物理性质

3.2.1 超声波的波型及传播速度

超声波属于声音的类别之一,属于机械波。声波是指人耳能感受到的一种纵波,其频率范围为 16 Hz~20 kHz。声波的频率低于 16 Hz 时称为次声波,高于 20 kHz 时称为超声波。

超声波具有独特的物理性质,从而具有广泛的应用。超声波的主要物理性质如下:

(1) 超声波可在气体、液体、固体、固熔体等介质中有效传播。

(2) 超声波可传递很强的能量。

(3) 超声波会产生反射、干涉、叠加和共振现象。

(4) 超声波在液体介质中传播时,可在界面上产生强烈的冲击和空化现象。

振动在弹性介质内的传播称为波动,简称波。其频率范围为 $(16 \sim 2) \times 10^4$ Hz。能为人耳所闻的机械波,称为声波。低于 16 Hz 的机械波,称为次声波;高于 2×10^4 Hz 的机械波,称为超声波,如图 6.1 所示。频率在 $3 \times 10^8 \sim 3 \times 10^{11}$ Hz 之间的波,称为微波。

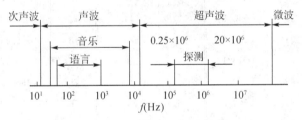

图 3.1 声波的频率界限

当超声波由一种介质入射到另一种介质时,由于在 2 种介质中传播速度不同,在介质界面上会产生反射、折射和波型转换等现象。

声源在介质中施力方向与波在介质中传播方向的不同,声波的波型也不同。通常有以下几种:

(1) 纵波:质点振动方向与波的传播方向一致的波,能在固体、液体和气体介质中传播。

(2) 横波:质点振动方向垂直于传播方向的波,只能在固体介质中传播。

(3) 表面波:质点的振动介于横波与纵波之间,沿着介质表面传播,其振幅随深度增加而迅速衰减的波,只在固体的表面传播。

超声波的传播速度与介质密度和弹性特性有关。超声波在气体和液体中传播时,由于不存在剪切应力,所以仅有纵波的传播,其传播速度 c 为:

$$c = \sqrt{\frac{1}{\rho B_a}} \tag{3.1}$$

式中:ρ——介质的密度;

B_a——绝对压缩系数。

上述 ρ、B_a 都是温度的函数,使超声波在介质中的传播速度随温度的变化而变化。表 3.1 为蒸馏水在 0~100 ℃时声速随温度变化的数值。

表 3.1　0~100 ℃范围内蒸馏水声速随温度的变化

温度 (℃)	声速 (m/s)	温度 (℃)	声速 (m/s)	温度 (℃)	声速 (m/s)	温度 (℃)	声速 (m/s)	温度 (℃)	声速 (m/s)
0	1 402.74	20	1 482.66	40	1 529.18	60	1 551.30	80	1 554.81
1	1 407.71	21	1 485.69	41	1 530.80	61	1 551.88	81	1 554.57
2	1 412.57	22	1 488.63	42	1 532.37	62	1 552.42	82	1 554.30
3	1 417.32	23	1 491.50	43	1 533.88	63	1 552.91	83	1 553.98
4	1 421.96	24	1 494.29	44	1 535.33	64	1 553.35	84	1 553.63
5	1 426.50	25	1 497.00	45	1 536.82	65	1 553.76	85	1 553.25
6	1 430.92	26	1 499.64	46	1 538.06	66	1 554.11	86	1 552.82
7	1 435.24	27	1 502.20	47	1 539.34	67	1 554.43	87	1 552.37
8	1 439.46	28	1 504.67	48	1 540.57	68	1 554.70	88	1 551.88
9	1 443.58	29	1 507.10	49	1 541.74	69	1 554.93	89	1 551.35
10	1 447.59	30	1 509.44	50	1 542.87	70	1 555.12	90	1 550.79
11	1 451.51	31	1 511.71	51	1 543.93	71	1 555.27	91	1 550.20
12	1 455.34	32	1 513.91	52	1 544.95	72	1 555.37	92	1 549.58
13	1 459.07	33	1 516.05	53	1 545.92	73	1 555.44	93	1 548.92
14	1 492.70	34	1 518.12	54	1 546.83	74	1 555.47	94	1 548.23
15	1 466.25	35	1 520.12	55	1 547.70	75	1 555.45	95	1 547.50
16	1 469.70	36	1 522.06	56	1 548.51	76	1 555.70	93	1 546.75
17	1 473.07	37	1 523.93	57	1 549.28	77	1 555.31	97	1 545.96
18	1 476.35	38	1 526.74	58	1 550.00	78	1 555.18	98	1 545.14
19	1 479.55	39	1 527.49	59	1 550.68	79	1 555.02	99	1 544.29
								100	1 543.41

从表 3.1 可见,蒸馏水温度在 0~100 ℃范围内,声速随温度的变化而变化,在 74 ℃时达到最大值,大于 74 ℃后,声速随温度的增加而减小。此外,水质、压强也会引起声速的变化。

在固体中,纵波、横波及其表面波三者的声速有一定的关系,通常可认为横波声速为纵波的一半,表面波声速为横波声速的 90%。气体中纵波声速为 344 m/s,液体中纵波声速为 900~1 900 m/s。

3.2.2　超声波的反射和折射

超声波的反射和折射与光线的反射和折射有些类似,声波从一种介质传播到另一种介质,在两个介质的分界面上,一部分声波被反射,另一部分透射过界面,在另一种介质内部继续传播。这 2 种情况称为声波的反射和折射,如图 3.2 所示。

由物理学知,当波在界面上产生反射时,入射角 α 的正弦与反射角 α' 的正弦之比等于波速之比。当波在界面处产生折射时,入射角 α 的正弦与折射角 β 的正弦之比,等于入射波在第一介质中的波速 c_1 与折射波在第二介质中的波速 c_2 之比,即

$$\frac{\sin \alpha}{\sin \beta}=\frac{c_1}{c_2} \qquad (3.2)$$

声波的反射系数和透射系数可分别由以下 2 式求得:

$$R=\frac{I_r}{I_0}=\left[\frac{\cos \beta}{\cos \alpha}-\frac{\rho_2 c_2}{\rho_1 c_1}\right]^2 \qquad (3.3)$$

$$T=\frac{I_t}{I_0}=\frac{4\rho_1 c_1 \rho_2 c_2 \cos^2 \alpha}{(\rho_1 c_1 \cos \beta+\rho_2 c_2)^2} \qquad (3.4)$$

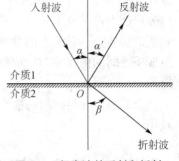

图 3.2 超声波的反射和折射

式中:I_0、I_r、I_t——分别为入射波、反射波、透射波的声强;

α、β——分别为声波的入射角和折射角;

$\rho_1 c_1$、$\rho_2 c_2$——分别为 2 个介质的声阻抗,其中 c_1 和 c_2 分别为反射波和折射波的速度。

当超声波垂直入射界面,即 $\alpha=\beta=0$ 时,有

$$R=\left(\frac{1-\dfrac{\rho_2 c_2}{\rho_1 c_1}}{1+\dfrac{\rho_2 c_2}{\rho_1 c_1}}\right)^2 \qquad (3.5)$$

$$T=\frac{4\rho_1 c_1 \rho_2 c_2}{(\rho_1 c_1+\rho_2 c_2)^2} \qquad (3.6)$$

由式(3.5)和式(3.6)可知,若 $\rho_2 c_2 \approx \rho_1 c_1$,则反射系数 $R \approx 0$,透射系数 $T \approx 1$,此时声波几乎没有反射,全部从第一介质透射入第二介质;若 $\rho_2 c_2 \gg \rho_1 c_1$,反射系数 $R \approx 1$,则声波在界面上几乎全反射,透射极少。同理,当 $\rho_1 c_1 \gg \rho_2 c_2$ 时,反射系数 $R \approx 1$,声波在界面上几乎全反射。例如:在 20 ℃水温时,水的特性阻抗为 $\rho_1 c_1=1.48\times 106$ kg/(m² · s),空气的特性阻抗为 $\rho_2 c_2=0.000\,429\times 106$ kg/(m² · s),$\rho_1 c_1 \gg \rho_2 c_2$,故超声波从水介质中传播至水汽界面时,将发生全反射。

3.2.3 超声波的衰减

声波在介质中传播时,随着传播距离的增加,能量逐渐衰减,其衰减的程度与声波的扩散、散射及吸收等因素有关。其声压和声强的衰减规律为:

$$P_x=P_0 e^{-\alpha x} \qquad (3.7)$$

$$I_x=I_0 e^{-2\alpha x} \qquad (3.8)$$

式中:P_x、I_x——距声源 x 处的声压和声强;

x——声波与声源间的距离;

α——衰减系数,单位为 Np/cm。

声波在介质中传播时,能量的衰减决定于声波的扩散、散射和吸收。在理想介质中,声波的衰减仅来自于声波的扩散,即随声波传播距离增加而引起声能的减弱。散射衰减是指超声

波在介质中传播时,固体介质中的颗粒界面或流体介质中的悬浮粒子使声波产生散射,其中一部分声能不再沿原来传播方向运动,而形成散射。散射衰减与散射粒子的形状、尺寸、数量、介质的性质与散射粒子的性质有关。吸收衰减是由于介质粘滞性,使超声波在介质中传播时造成质点间的内摩擦,从而使一部分声能转换为热能,通过热传导进行热交换,导致声能的损耗。

衰减系数 α 与物质的性质关系密切,空气中的衰减系数 α 最大,钢材、水中的衰减系数 α 较小。

3.3　超声波传感器的结构

利用超声波在超声场中的物理特性和各种效应研制的装置称为超声波换能器、探测器或传感器。

超声探头按其工作原理可分为压电式、磁致伸缩式、电磁式等,其中以压电式最为常用。压电式超声探头常用的材料是压电晶体和压电陶瓷,这种传感器统称为压电式超声探头。它是利用压电材料的压电效应工作的:逆压电效应将高频电振动转换成高频机械振动,从而产生超声波,可作为发射探头;而正压电效应是将超声振动波转换成电信号,可作为接收探头。

超声探头结构如图 3.3 所示,主要由压电晶片、吸收块(阻尼块)、保护膜、引线等组成。压电晶片多为圆板形,厚度为 δ。超声波频率 f 与其厚度 δ 成反比。压电晶片的两面镀有银层,用做导电的极板。吸收块的作用是降低晶片的机械品质,吸收声能量。如果没有吸收块,当激励的电脉冲信号停止时,晶片将会继续振荡,加长超声波的脉冲宽度,使分辨率变差。

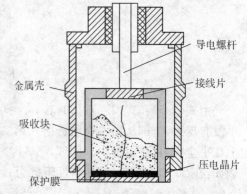

图 3.3　压电式超声波传感器结构

3.4　超声波传感器的应用

3.4.1　超声波物位传感器

超声波物位传感器是利用超声波在两种介质的分界面上的反射特性而制成的。如果从发射超声脉冲开始,到接收换能器接收到反射波为止的这个时间间隔为已知,就可以求出分界面的位置。利用这种方法可以对物位进行测量。根据发射和接收换能器的功能,传感器可分为单换能器和双换能器。单换能器的传感器发射和接收超声波使用同一个换能器,而双换能器的传感器发射和接收各由一个换能器担任。

图 3.4 给出了几种超声波物位传感器的结构示意图。超声波发射和接收换能器可设置在液体介质中,让超声波在液体介质中传播,如图 3.4(a)所示。由于超声波在液体中衰减比较小,所以即使发射的超声脉冲幅度较小也可以传播。超声波发射和接收换能器也可以安装在液面的上方,让超声波在空气中传播,如图 3.4(b)所示。这种方式便于安装和维修,但超声波在空气中的衰减比较大。图 3.4(c)为超声波传感器实物图。

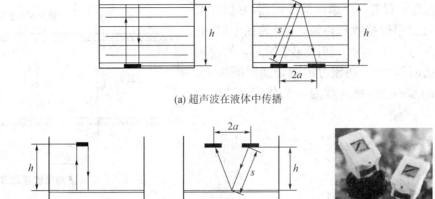

(a) 超声波在液体中传播

(b) 超声波在空气中传播　　　(c) 超声波传感器实物图

图 3.4　几种超声波物位传感器的结构原理示意图

对于单换能器来说，超声波从发射器到液面，又从液面反射到换能器的时间为：

$$t = \frac{2h}{c} \tag{3.9}$$

$$h = \frac{ct}{2} \tag{3.10}$$

式中：h——换能器距液面的距离；

c——超声波在介质中传播的速度。

对于如图 3.4 所示双换能器，超声波从发射到接收经过的路程为 $2s$，而

$$s = \frac{ct}{2} \tag{3.11}$$

因此，液位高度为：

$$h = \sqrt{s^2 - a^2} \tag{3.12}$$

式中：s——超声波从反射点到换能器的距离；

a——两换能器间距之半。

从以上公式中可以看出，只要测得超声波脉冲从发射到接收的时间间隔，便可以求得待测的物位。

超声波物位传感器具有精度高和使用寿命长的特点，但若液体中有气泡或液面发生波动，便会产生较大的误差。在一般使用条件下，它的测量误差为 $\pm 0.1\%$，检测物位的范围为 $10^{-2} \sim 10^{4}$ m。

3.4.2　超声波流量传感器

超声波流量传感器的测定方法很多样，如传播速度变化法、波速移动法、多卜勒效应法、流动听声法等。目前应用较广的主要是超声波传播时间差法。

超声波在流体中传播时，在静止流体和流动流体中的传播速度不同，利用这一特点可以求

出流体的速度,再根据管道流体的截面积,便可确定流体的流量。

如果在流体中设置 2 个超声波传感器,它们既可以发射超声波又可以接收超声波,一个装在上游,另一个装在下游,其距离为 L,如图 3.5 所示。如设顺流方向的传播时间为 t_1,逆流方向的传播时间为 t_2,流体静止时的超声波传播速度为 c,流体流动速度为 v,则

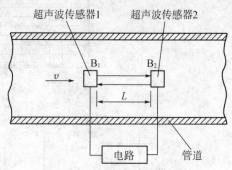

图 3.5 超声波测量流量原理

$$t_1 = \frac{L}{c+v} \tag{3.13}$$

$$t_2 = \frac{L}{c-v} \tag{3.14}$$

一般来说,流体的流速远小于超声波在流体中的传播速度,因此超声波传播时间差为:

$$\Delta t = t_2 - t_1 = \frac{2Lv}{c^2 - v^2} \tag{3.15}$$

由于 $c \gg v$,从上式便可得到流体的流速,即

$$v = \frac{c^2}{2L} \Delta t \tag{3.16}$$

由图 3.6 可看出,此时超声波的传输时间将由下式确定:

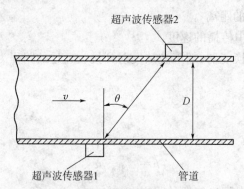

图 3.6 超声波传感器安装位置

$$t_1 = \frac{\frac{D}{\cos\theta}}{c + v\sin\theta} \tag{3.17}$$

$$t_2 = \frac{\frac{D}{\cos\theta}}{c - v\sin\theta} \tag{3.18}$$

超声波流量传感器具有不阻碍流体流动的特点,可测的流体种类很多,不论是非导电的流体、高粘度的流体,还是浆状流体,只要能传输超声波的流体都可以进行测量。超声波流量计可用来对自来水、工业用水、农业用水等进行测量,还适用于下水道、农业灌渠、河流等流速的测量。

习题与思考题

3.1 超声波有哪些主要物理性质？

3.2 叙述超声波传感器的工作原理和主要应用。

3.3 超声波传感器探头一般采用什么材料？

3.4 简述车用超声波传感器。

4 电容式传感器

电容式传感器是将被测物理量转换为电容变化的一种转换装置,实际上就是一个具有可变参数的电容器。电容式传感器不但广泛用于位移、振动、角度、加速度等机械量的精密测量,而且可以用于压力、压差、液值、成分含量等方面的测量。

4.1 基本工作原理

电容式传感器的基本工作原理可用如图 4.1 所示的平行板电容为例加以说明。如果不考虑平行板电容器非均匀电场引起的边缘效应,其电容值 C 为:

$$C = \frac{\varepsilon A}{l} = \frac{\varepsilon_r \varepsilon_0 A}{l} \tag{4.1}$$

式中:A——极板间相互覆盖面积;

$\quad l$——极板间距离;

$\quad \varepsilon$——极板间介质的介电常数;

$\quad \varepsilon_0$——真空介电常数,$\varepsilon_0 = 8.85 \times 10^{-12} \text{F/m}$;

$\quad \varepsilon_r$——极板间介质的相对介电常数,对于空气介质,$\varepsilon_r \approx 1$。

由式(4.1) 可见,电容量 C 是 A, ε, l 的函数。如果保持其中 2 个参数不变,只改变其中 1 个参数,就可把该参数的变化转换为电容量的变化。

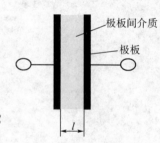

图 4.1 平行板电容器

4.2 电容式传感器的类型

4.2.1 变极距型电容式传感器

变极距型电容式传感器的结构如图 4.2 所示。此时 ε 和 A 为常数,定极板固定不动,当动极板随被测量变化而移动时,使两极板间距离 l 变化,从而使电容量发生变化。

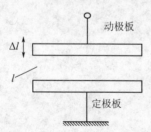

图 4.2 变极距型电容式传感器

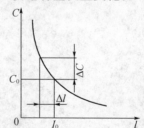

图 4.3 C-l 特性曲线

由式(4.1)可知,电容量 C 与极板间距离 l 的关系不是直线关系,而是如图 4.3 所示的双曲线关系。

设动极板未动时极板间距离为 l_0,初始电容量为 C_0,则当间距 l_0 减少 Δl 时,电容量为:

$$C_1 = \frac{\varepsilon A}{l_0 - \Delta l} = \frac{\varepsilon A}{l_0\left(1 - \frac{\Delta l}{l_0}\right)} = C_0 \frac{1}{1 - \frac{\Delta l}{l_0}} \tag{4.2}$$

将式(4.2)按级数展开,略去高次项,并令电容变化量 $\Delta C = C_1 - C_0$,当 $\Delta l \ll l_0$ 时,整理得:

$$\frac{\Delta C}{C_0} \approx \frac{\Delta l}{l_0} \tag{4.3}$$

式(4.3)表明,在 $\Delta l \ll l_0$ 的条件下,电容变化量与极板间距离变化量 Δl 呈近似线性关系。所以变极距型电容式传感器往往是设计成 Δl 在极小的范围内变化。

单一变极距型电容式传感器的非线性误差为:

$$\gamma_1 = \frac{\left|\left(\frac{\Delta l}{l_0}\right)^2\right|}{\left|\frac{\Delta l}{l_0}\right|} \times 100\% = \left|\frac{\Delta l}{l_0}\right| \times 100\% \tag{4.4}$$

灵敏度为:

$$S = \left|\frac{\Delta C}{\Delta l}\right| = \frac{\varepsilon A}{l_0^2} \tag{4.5}$$

由此可见,灵敏度与 l_0 的平方成反比,极距越小,灵敏度越高。

一般电容式传感器的起始电容为 $20\sim30$ pF,极板间距离在 $25\sim200$ μm 的范围内,最大位移应该小于间距的 $1/10$。

在实际应用中,为了提高传感器的灵敏度和克服某些外界因素(例如电源电压、环境温度等)对测量的影响,常常把传感器做成差动的形式,其原理如图 4.4 所示。该传感器采用 3 块极板,其中中间一块极板为动极板 1,两边为定极板 2。当动极板移动 Δl 后,C_1 和 C_2 呈差动变化,即其中一个电容量增大,而另一个电容量则相应减小,这样可以消除外界因素所造成的测量误差。

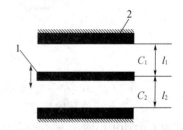

图 4.4 差动式电容传感器结构原理

对应的电容量分别为:

$$C_1 = \frac{\varepsilon A}{l_0 - \Delta l} = \frac{\varepsilon A}{l_0}\left[\frac{1}{1 - \frac{\Delta l}{l_0}}\right] = C_0\left[\frac{1}{1 - \frac{\Delta l}{l_0}}\right]$$

$$C_2 = \frac{\varepsilon A}{l + \Delta l} = \frac{\varepsilon A}{l_0}\left[\frac{1}{1 + \frac{\Delta l}{l_0}}\right] = C_0\left[\frac{1}{1 + \frac{\Delta l}{l_0}}\right]$$

若位移量 Δl 很小,且 $\Delta l \ll l_0$ 时,令电容变化量 $\Delta C = C_1 - C_0$,则有:

$$\frac{\Delta C}{C_0} \approx 2 \frac{\Delta l}{l_0} \tag{4.6}$$

从式(4.6)可知,电容的变化量与位移近似呈线性关系。

差动电容式传感器的非线性误差为:

$$\gamma_2 = \frac{\left| 2\left(\frac{\Delta l}{l_0}\right)^3 \right|}{\left| 2\left(\frac{\Delta l}{l_0}\right) \right|} \times 100\% = \left| \left(\frac{\Delta l}{l_0}\right) \right| \times 100\% \tag{4.7}$$

灵敏度为:

$$S = \frac{\Delta C}{\Delta l} = 2\frac{C_0}{l_0} = 2\frac{\varepsilon A}{l_0^2} \tag{4.8}$$

由以上分析可知,差动式电容传感器与非差动式传感器相比,其输出量和灵敏度均提高了1倍,非线性得到改善,且工作温度性能好。

4.2.2　变面积型电容式传感器

设板间距和介电常数为常数,而平板电容器的面积为变量的传感器称为变面积型电容传感器。这种传感器可以用来测量直线位移和角位移,其结构如图 4.5 所示。其中极板 1 为动极板,可以左右移动,极板 2 为定极板,固定不动,3 为外圆筒,固定不动,4 为内圆柱。

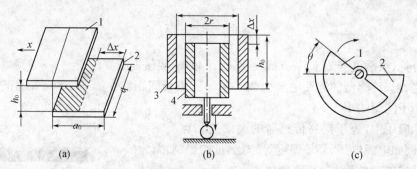

图 4.5　变面积型电容式传感器结构原理

1) 平板式直线位移电容传感器

平板式直线位移电容传感器的结构如图 4.5(a)所示。极板初始覆盖面积为 $A = a_0 b$,当宽度为 b 的动板沿箭头 x 方向移动 Δx 时,覆盖面积变化,电容量也随之变化。若初始电容值为 C_0,忽略边缘效应时,电容的变化量为:

$$\Delta C = \frac{\varepsilon b}{l_0} \Delta x = C_0 \frac{\Delta x}{a_0} \tag{4.9}$$

其灵敏度系数为:

$$S_C = \frac{\Delta C}{\Delta x} = \frac{\varepsilon b}{l_0} = 常数 \tag{4.10}$$

2) 圆柱式直线位移电容传感器

圆柱式直线位移电容传感器的结构如图 4.5(b)所示。外圆筒 3 不动,内圆柱 4 在外圆筒内作上、下直线运动。忽略边缘效应影响时,圆柱式电容器的电容量为:

$$C_0 = \frac{2\pi\varepsilon h_0}{\ln\dfrac{R}{r}} \qquad (4.11)$$

式中:h_0——外圆柱筒与内圆柱重叠部分长度;

　　R——外圆柱筒内径;

　　r——内圆柱外径。

内圆柱沿轴线移动 Δx 时,电容的变化量为:

$$\Delta C = \frac{2\pi\varepsilon \Delta x}{\ln\dfrac{R}{r}} = C_0\frac{\Delta x}{h_0} \qquad (4.12)$$

其灵敏度系数为:

$$S_C = \frac{\Delta C}{\Delta x} = \frac{2\pi\varepsilon}{\ln\dfrac{R}{r}} = 常数 \qquad (4.13)$$

3) 角位移式电容传感器

角位移式电容传感器的结构如图 4.5(c)所示。定极板 2 的轴由被测物体带动而旋转一个角位移 θ 时,两极板的遮盖面积 A 就减小,因而电容量也随之减小。两半圆重合时的初始电容值为:

$$C_0 = \frac{\varepsilon A}{l_0} = \frac{\varepsilon \pi r^2}{2 l_0} \qquad (4.14)$$

定极板转过 $\Delta\theta$ 时,电容的变化量为:

$$\Delta C = C_0\frac{\Delta\theta}{\pi} \qquad (4.15)$$

其灵敏度系数为:

$$S_C = \frac{\Delta C}{\Delta\theta} = \frac{C_0}{\pi} = 常数 \qquad (4.16)$$

综合上述分析,变面积型电容传感器不论被测量是线位移还是角位移,忽略边缘效应时,位移与输出电容都为线性关系,传感器灵敏度系数为常数。

4.2.3 变介质型电容式传感器

变介质型电容式传感器的结构如图 4.6 所示。在固定极板间加入空气以外的其他被测固体介质,当介质变化时,电容量也随之变化。因此,变介质型电

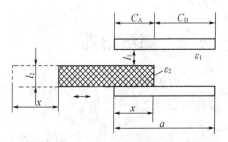

图 4.6 变介质型电容传感器的结构原理

容传感器可广泛应用于厚度、位移、温度、湿度和容量等的测量。下面以位移测量为例介绍其工作原理。

在图 4.6 中,厚度为 l_2 的介质(介电常数为 ε_2) 在电容器中移动时,电容器中介质的介电常数(总值)改变,使电容量改变,于是可用来对位移 x 进行测量。$C_0 = C_A + C_B$,$l = l_1 + l_2$,在无介质 ε_2 时有:

$$C_0 = \frac{\varepsilon_1 ba}{l} \tag{4.17}$$

式中:ε_1——空气的介电常数;

    b——极板的宽度:

    a——极板的长度:

    l——极板的间隙。

当介质 ε_2 移进电容器中 x 长度时,有:

$$\begin{cases} C_A = \dfrac{bx}{\dfrac{l_1}{\varepsilon_1} + \dfrac{l_2}{\varepsilon_2}} \\ C_B = b(a-x)\dfrac{1}{\dfrac{l}{\varepsilon_1}} \end{cases} \tag{4.18}$$

电容量为:

$$C = C_0(1 + \alpha x) \tag{4.19}$$

式中:

$$\alpha = \frac{1}{a}\left[\frac{l}{l_1 + \dfrac{\varepsilon_1}{\varepsilon_2}l_2} - 1\right]$$

为常数,电容量 C 与位移量 x 呈线性关系。

其灵敏度系数为:

$$S_C = \frac{\Delta C}{\Delta x} = \alpha C_0 \tag{4.20}$$

上述结论均忽略了边缘效应。实际上,由于存在边缘效应,会产生非线性,并使灵敏度下降。

4.3 测量电路

电容式传感器有多种测量输出电路。借助于各种信号调节电路,传感器把微小的电容增量转换成与之成正比的电压、电流或频率输出。

4.3.1 交流电桥(调幅电路)

如图 4.7 所示,C_1 和 C_2 以差动的形式接入相邻 2 个桥臂,另外 2 个桥臂可以是电阻、电容或电感,也可以是变压器的 2 个次级线圈。图 4.7(a)中所示 Z_1 与 Z_2 是耦合电感。这种电桥的灵敏度和稳定性较高,且寄生电容影响小,简化了电路屏蔽和接地,适合于高频工作,已广泛使用,如图 4.7(b)所示。另外 2 个桥臂为次级线路,使用元件少,桥路内阻小,应用较多。现以图 4.7(b)为例说明被测量与输出电压 U_o 的关系。本交流电桥输出电压 U_o 的频率按频率不变的原则,与电源电压 E 频率相同。输出电压的幅值与被测量成正比,这种电路又称调幅电路。

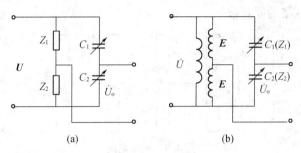

图 4.7　交流电桥

当交流电桥处于平衡位置时,电容传感器初始电容量 C_1 与 C_2 相等,$Z_1=Z_2$,两者容抗相等(忽路电容器内阻)。电容传感器工作在平衡位置附近,有电容变化量输出时,$C_1'=\dfrac{\varepsilon A}{l_0+\Delta l}$,$C_2'=\dfrac{\varepsilon A}{l_0-\Delta l}$,$C_1\neq C_2$,$Z_1\neq Z_2$,则传感器工作时输出电压为:

$$U_o = E\frac{\Delta l}{l_0} \tag{4.21}$$

可见,电桥输出电压除与被测量变化 Δl 有关外.还与电桥电源电压有关,要求电源电压采取稳幅和稳频措施。因电桥输出电压幅值小,输出阻抗高(MΩ 级),其后必须接高输入阻抗放大器才能工作。

4.3.2　运算放大器式电路

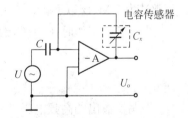

图 4.8　运算式放大器式电路原理

如图 4.8 所示为运算放大器式电路原理,是将电容式传感器作为电路的反馈元件接入运算放大器。图中 U 为交流电源电压,C 为固定电容,C_x 为传感器电容,U_o 为输出电压。

由运算放大器工作原理可知,在开环放大倍数为 $-G$ 和输入阻抗较大的情况下,有:

$$U_o = -\frac{Cl}{\varepsilon A}U \tag{4.22}$$

式中,负号表示输出电压 U_o 与电源电压 U 相位相反。上述电路要求电源电压稳定,固定电容量稳定,并要求放大倍数与输入阻抗足够大。

4.3.3　调频电路

调频电路是把电容传感器作为振荡器电路的一部分,当被测量变化而使电容量发生变化时,能使振荡频率发生相应的变化。由于振荡器的频率受电容传感器的电容调制,故称为调频电路。但伴随频率的改变,振荡器输出幅值也往往要改变。为克服后者,在振荡器之后再加入限幅环节。虽然可将此频率作为测量系统的输出量,用以判断被测量的大小,但这时系统是非线性的,而且不易校正。因此,在系统之后可再加入鉴频器,用以补偿其他部分的非线性,使整个测量系统线性化,并将频率信号转换为电压或电流等模拟量,输出至放大器进行放大。如果欲得到数字量,再进行模数转换等处理,将信号转换成数字信号,便于数字显示或数字控制等。图 4.48 所示为调频电路的原理框图。

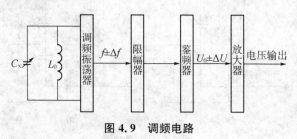

图 4.9　调频电路

图 4.9 中调频振荡器的频率 f 可由下式决定:

$$f = \frac{1}{2\pi \sqrt{L_0 C_x}}\qquad\qquad(4.23)$$

式中:L_0——振荡回路的电感;

$\quad C_x$——电容式传感器的总电容。

在电容式传感器尚未工作时,则 $C_x = C_0$,即为传感器的初始电容值,此时振荡器的频率为一常数 f_0:

$$f_0 = \frac{1}{2\pi \sqrt{L_0 C_0}}\qquad\qquad(4.24)$$

f_0 常选为 1 MHz 以上。

当传感器工作时,$C_x = C_0 \pm \Delta C$,ΔC 为电容变化量,则谐振频率的相应变化量为 Δf,即:

$$f_0 \pm \Delta f = \frac{1}{2\pi \sqrt{L_0 (C_0 \pm \Delta C)}}\qquad\qquad(4.25)$$

振荡器输出的高频电压是一个受被测信号调制的调频波,其频率由式(4.25)决定。在调频电路中,Δf_{max} 值实际上可决定整个测试系统灵敏度。

调频电路的特点是灵敏度高,可以测量 0.01 pF 甚至更小的电容变化量。另外,其调频电路抗干扰能力强,能获得高电平的直流信号,也可获得数字信号输出。调频电路的缺点是振荡频率受温度变化和电缆分布电容影响较大。

4.4　电容式传感器的应用

随着新工艺、新材料问世,特别是电子技术的发展,使得电容式传感器越来越广泛地得到应用。电容式传感器可用来测量直线位移、角位移、振动振幅(可测至 0.05 μm 的微小振幅),

尤其适合测量高频振动振幅、精密轴系回转精度、加速度等机械量,还可用来测量压力、差压力、液位、料面、粮食中的水分含量、非金属材料的徐层、油膜厚度,以及电介质的湿度、密度、厚度等。在检测和控制系统中也常常用来作为位置信号发生器。当测量金属表面状况、距离尺寸、振动振幅时,往往采用单电极式变极距型电容传感器。这时被测物体是电容器的一个电极,另一个电极则在传感器内。下面简要介绍几种电容传感器的应用。

4.4.1　位移的测量

图 4.10 所示为变面积型电容位移传感器的结构图,测杆 1 随着被测物体的位移而移动,带动动极板 2 上下移动,从而改变动极板与 2 个定极板 3 之间的极板面积.使电容量发生变化,测力弹簧 4 保证活动极板处于中心位置。测力弹簧为了跟随运动,调节螺母 5 用来调节位移传感器的零点。由于传感器采用了变面积差功形式,因而线性度较好、测量范围宽、分辨率高,可用在要求测量精度高的场合。

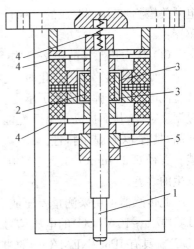

图 4.10　变面积型电容位移传感器结构

4.4.2　电容式压力传感器

利用电容式传感器测量液(气)体压力是当前压力测量的一种主流方式,也是一种比较新的方法,其优点是温度稳定性好、耗电少。电容式压力传感器的核心是利用被测压力的变化,推动敏感电容的可动极板产生位移,并将该位移转换为电容的变化。再利用适当的转换输出电路,将电容变化值转换为与其相关的电流或电压信号输出,最好使电流成电压信号与极板位移或直接与被测压入变化成正比。

在纺纱工艺流程中,纤维的传输依靠气压完成的,所以为了保证工艺流程顺利进行,必须对压力进行检测。下面就多仓混棉机使用的电容式压力传感器介绍电容式压力传感器的原理、安装与使用。

1) 电容式压力传感器的工作原理

电容式压力传感器是利用检测电容的方法测量压力,具有灵敏度高、测量精度高、测量范围大、可靠耐用等特点。图 4.11 所示为由金属膜 1(固定电极)和测员膜 2(动电极)组成的差动式电容压力传感器,另有基座 3,玻璃层 4。其工作原理为:当 2 个波纹隔离膜片 5 外的压力相等时,即 $\Delta P = P_2 - P_1 = 0$,测量膜与左右固定电极 6 间距相同,$C_1 = C_2 = C_0$。当 $P_1 \neq P_2$,测量膜片产生形变,相应有 $C_1 = C_0 - \Delta C$,$C_2 = C_0 + \Delta C_0$。被测压力与膜片间电容的相对变化量成正比,只要通道适当的电容检测电路即可获得被测压力值。由于电容式压力传感器的测量电路是将反映被测压力的电容量转换成电压、电流等电参数,因而常用各种形式的

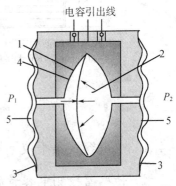

图 4.11　电容式压力传感器结构

交流电桥与电感形成谐振式频率电路,以及对电容进行充放电的各种脉冲电路。同时,常在测量电路中增加反馈回路或采用双层屏蔽电缆等传输技术来改善非线性和减少漏电流,以提高测量精度。

　　2)电容式压力传感器的安装与使用

　　多仓混棉机的换仓控制是通过压力传感器检测棉仓压力是否超过设定值和是否满仓(光电开关检测)来协调完成的。棉仓压力的检测采用美国西特(Setra)公司生产的267型压力传感器:

　　(1)压力传感器的规格参数:Setra 267系列微差压传感器由不锈钢膜片与固定电极构成一个可变电容器。压力变化时,电容值发化变化,其独特的检测电路将电容值的变化转化为线性直流电信号。弹性膜片可承受70 kPa过压(正向/负向均可)而不会损坏。此传感器已进行过温度补偿,从而提高了温度性能和长期稳定性。Setra 267型LCD(发光二极管)是单量程产品,具有LCD显示特性。267型LCD可选配一个静态探头,以便于在管道上快捷简单安装。直径6.35 mm(1/4英寸)的压力探头由合金铝制成,并且采用阻尼技术.以减少压力损耗产生的误差。

　　此传感器可用来测量差压或表压(静态),并将信号转换为成比例的电信号,输出0~5 V(DC)或0~10 V(DC)的电压信号或4~20 mA的电流信号。激励电压为24 V(AC)或24 V(DC)。具有IP65/NEMA—4防护等级。测量范围最小可达0~25 Pa,最大为0~7 500 Pa,在温室下精度为±1%满量程,温度补偿范围为5~65 ℃,通过温度补偿电路,使温度影响小于±0.06%满量程/℃。

　　(2)压力传感器的安装与使用:压力传感器的外形尺寸和外形如图4.51(a)和(b)所示。安装非常方便,直接用螺钉固定即可。气压接口是4.76 mm(3/16英寸)的塔头,用6.35 mm(1/4英寸)的软管与其相连,左边是高压侧,右边是低压侧。输出信号为模拟量信号,可以输出到PLC(可编程逻辑控制器)或控制柜进行处理,以对换仓进行控制。

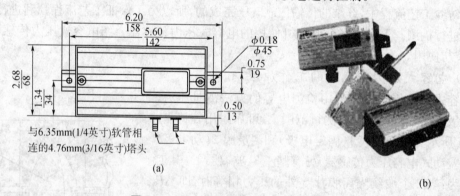

(a)

(b)

图4.12　压力传感器的外形尺寸和外形

4.4.3　电容式条干仪

　　1)传感器检测电容量的变化与所填入纤维量之间的关系

　　设平行板电容器的极板面积为A,两极板间距离为D,极板高度为a,按不同尺寸构成不同的测量槽,见图4.13(a)。

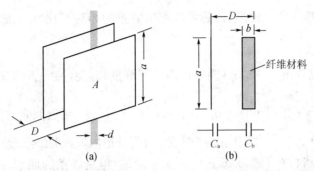

图 4.13　平行板电容器及填充纤维后的等效电容

被测纱条通过测量槽,设纱条致密直径为 d,则填入槽内的纤维条体积为 $\frac{\pi d^2}{4}a$,纤维的填充率 η 为:

$$\eta = \frac{\text{填入槽内纤维的体积}}{\text{测量槽空间的体积}} = \frac{\frac{\pi d^2}{4}a}{DA} = \frac{\pi d^2 a}{4DA} \tag{4.26}$$

理想情况下,填入两平行板间的圆形纱条可等效成面积为 A,厚度为 b 的长方体,如图 4.13(b)所示为填充纤维后的等效电容示意图,两者体积相等,即 $\frac{\pi d^2}{4}a = Ab$。

填有纱条的平行板电容 C 可等效成由介质为空气的电容 C_a 与介质为纤维材料的电容 C_f 相串联,如图 4.13(b)所示。

$$\frac{1}{C} = \frac{1}{C_a} + \frac{1}{C_f} \tag{4.27}$$

式中: $C = \frac{\varepsilon A}{D}$, ε 为极板间介质既含空电又含纤维材料时的相对介电常数;

$C_a = \frac{\varepsilon_a A}{D-b}$, ε_a 为空气的相对介电常数, $\varepsilon_a \approx 1$;

$C_f = \frac{\varepsilon_f A}{b}$, ε_f 为纤维材料的相对介电常数。

将上列各关系代入式(4.27)并整理得:

$$\varepsilon = \frac{1}{\eta} \frac{\varepsilon_f}{1 + \varepsilon_f \left(\frac{1}{\eta} - 1\right)} \tag{4.28}$$

当无纱条即介质全为空气时,平行极板间的电容为 $C_0 = \frac{\varepsilon_a A}{D} \approx \frac{A}{D}$,填入纱条后平行极板间的电容为 $C = \frac{\varepsilon A}{D} \approx \frac{A}{D}$,则:

$$\frac{\Delta C}{C_0} = \frac{C - C_0}{C_0} = \varepsilon - 1 = \frac{\varepsilon_f - 1}{1 + \varepsilon_f \left(\frac{1}{\eta} - 1\right)} \tag{4.29}$$

$\dfrac{\Delta C}{C_0}$ 表示将纱条放人测量槽后,传感器检测电容量的相对变化率。按式(4.29)绘出的曲线如图 4.14 所示。

由式(4.29)可以看出,$\dfrac{\Delta C}{C_0}$ 与 η(测量槽内的纤维量)有关,另一方面又与纤维材料的相对介电常数 ε_f 有关。当 η 相当小时(一般小于 0.01),式(4.29) 可近似表达为 $\dfrac{\Delta C}{C_0} \approx \dfrac{\varepsilon_f - 1}{\varepsilon_f}\eta$,即电容传感器的电容增量 ΔC 与 η 成正比,亦即 ΔC 与测量槽内填入的纤维量成正比。

对一定的纤维原料,在干燥状态下其 ε_f 是一定的,但受纱条的回潮率和环境的相对湿度影响较大。从图 4.14 可以看出,在 $\eta < 0.10$ 及相应的 ε_f(例如 $\varepsilon_f = 13$)情况下,$\dfrac{\Delta C}{C_0}$ 的变化呈近似线性关系,η 越小,$\dfrac{\Delta C}{C_0}$ 随 ε_f 的变化曲线越平缓,即受 ε_f 的影响越小。

2)测量电路

电容式条干仪测量电路的核心是一个高频电桥,由 L_{10}、L_{20}、C_{10}、C 及高频振荡源组成。检测电容 C 构成电桥的一臂,如图 4.15 所示。

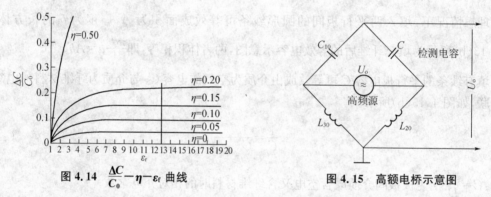

图 4.14　$\dfrac{\Delta C}{C_0} - \eta - \varepsilon_f$ 曲线　　　　　　图 4.15　高额电桥示意图

纱条从检测电容的测量槽中通过,其粗细变化(反映线密度起伏变化)使槽内纤维的填充率 η 变化,相应导致检测电容量的变化,再经高频电桥转换成电压信号的变化。电桥在高频状态下工作可减弱回潮率对纤维材料的影响,有利于保持纤维的相对介电常数的稳定。在相对湿度 65% 条件下,不同纤维材料的 ε_f 约在 4～28 范围内。

当无纱条时,$C = C_0$,电桥平衡,输出电压 $U_o = 0$;加入纱条后 $C = C_0 + \Delta C$,电桥失去平衡,输出电压 U_o 为:

$$U_o \approx k_1 \Delta C \left(\dfrac{\varepsilon_f - 1}{\varepsilon_f}\right)\eta \tag{4.30}$$

式中:k_1——由电桥参数决定的常数。

从该式可看出,在 η 保持相当小的前提下,传感器输出电压 U_o 近似与测量槽内填充的纤维量成正比,从而实现了由非电量到电量的线性转换。

3)检测范围

从上述对检测原理的分析得知 η 取值不可过大,否则将导致传感器的输出电压与纱条中的纤维含量不能保持线性关系,而使分析结果出现较大误差。但 η 值也不能过小,否则将导致传感器输出电平太小，信号噪声比恶化，也会使分析不准确。为此，仪器设置了 5 个测量槽以实现不同线密度的纱条，使之保持工作在合适的 η 值状态。

目前所用的纤维（棉、毛、丝、麻、粘胶纤维、化学纤维等）的纱条密度在 $0.75\sim1.5$ g/cm^3 范围，根据不同的纱条密度、纱条的线密度，按下式可算出纱条的致密直径 d(mm)：

$$d=\sqrt{\frac{0.004T_t}{\pi\rho}} \tag{4.31}$$

式中：T_t——纱条线密度(T)；

　　　ρ——纱条密度(g/cm^3)。

由此可估算各测量槽的 η 值的实际控制值不超出 0.10，从而保证了电容传感器有良好的线性转换特性。

习题与思考题

4.1 说明电容式传感器的基本工作原理及其分类。

4.2 电容式传感器的测量电路有哪几种，它们的主要特点是什么？

4.3 说明电容式压力传感器的工作原理及使用注意事项。

4.4 绘出用电容式传感器构成的粮食水分含量检测仪简图，并说明它的工作原理。

4.5 设计一个利用电容式传感器进行油箱油量测量的系统，画出原理图，并说明。

5 电感式传感器

5.1 自感式电感传感器

5.1.1 工作原理

变气隙式传感器的结构原理如图 5.1(a)所示,主要由线圈、铁心及衔铁等组成。在铁心与衔铁之间有空气隙 δ,线圈匝数为 N,每匝线圈产生的磁通为 Φ。传感器工作时,衔铁与被测物体连接,当被测物移动时,气隙厚度 δ 发生变化,气隙的磁阻发生相应的变化,从而导致电感的变化,就可以确定被测量的位移大小。

根据电磁感应定律,当线圈通以电流 i 时,产生磁通,其大小与电流成正比,即

$$L=\frac{N\Phi}{i}$$

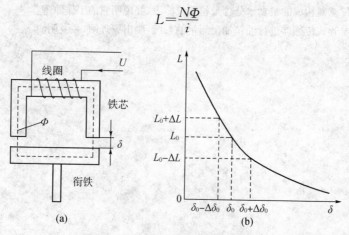

图 5.1　变隙式传感器及其输出特性

对于变隙式电感传感器,如果空气隙 δ 较小,若忽略磁路铁损,根据磁路的欧姆定律,则磁路总磁阻 R_m 为:

$$R_{m}=\frac{l}{\mu A}+\frac{2\delta}{\mu_0 A_0} \tag{5.1}$$

式中:l——导磁体(铁心)的长度(m);

μ——铁心导磁率(H/m);

A——铁心导磁横截面积(m^2);

δ——空气隙长度(m);

μ_0——空气导磁率,$\mu_0=4\pi\times10^{-7}$(H/m);

A_0——空气隙横截面积(m^2)。

因为一般导磁体的磁阻与空气隙磁阻相比是很小的,计算时可以忽略不计,则:

$$R_m \approx \frac{2\delta}{\mu_0 S_0}$$

因此,自感 L 为:

$$L = \frac{N^2 \mu_0 A_0}{2\delta} \tag{5.2}$$

5.1.2 变气隙式自感传感器的输出特性

当衔铁处于初始位置时,初始电感量 L_0 为:

$$L_0 = \frac{N^2 \mu_0 A_0}{2\delta_0}$$

表明自感 L 与空气隙 δ 成反比,而与变气隙导磁截面积 A_0 成正比。当固定 A_0 不变,变化 δ 时,L 与 δ 呈非线性(双曲线)关系,如图 5.1(b)所示。

当衔铁下移 $\Delta\delta$ 时,传感器气隙增大 $\Delta\delta$,电感量变化为 ΔL_1,

$$\Delta L_1 = L - L_0 = \frac{N^2 \mu_0 A_0}{2(\delta_0 + \Delta\delta)} - \frac{N^2 \mu_0 A_0}{2\delta_0} =$$

$$\frac{N^2 \mu_0 A_0}{2\delta_0}\left(\frac{2\delta_0}{2\delta_0 + 2\Delta\delta} - 1\right) = L_0 \frac{-\Delta\delta}{\delta_0 + \Delta\delta}$$

电感量的相对变化为:

$$\frac{\Delta L_1}{L_0} = \frac{\Delta\delta}{\delta_0 - \Delta\delta} = \left(\frac{1}{1 - \dfrac{\Delta\delta}{\delta_0}}\right)\left(\frac{\Delta\delta}{\delta_0}\right)$$

当 $\Delta\delta/\delta_0 < 1$,可将上式展开成泰勒级数形式:

$$\frac{\Delta L_1}{L_0} = -\frac{\Delta\delta}{\delta_0} + \left(\frac{\Delta\delta}{\delta_0}\right)^2 - \left(\frac{\Delta\delta}{\delta_0}\right)^3 + \cdots \tag{5.3}$$

同理,当衔铁上移 $\Delta\delta$ 时,电感量变化为 ΔL_2,

$$\Delta L = L - L_0 = L_0 \frac{\Delta\delta}{\delta_0 - \Delta\delta}$$

电感量的相对变化为:

$$\frac{\Delta L_2}{L_0} = -\frac{\Delta\delta}{\delta_0 + \Delta\delta} = \left(\frac{1}{1 + \dfrac{\Delta\delta}{\delta_0}}\right)\left(-\frac{\Delta\delta}{\delta_0}\right)$$

同样展开成泰勒级数形式:

$$\frac{\Delta L_2}{L_0} = \frac{\Delta\delta}{\delta_0} + \left(\frac{\Delta\delta}{\delta_0}\right)^2 + \left(\frac{\Delta\delta}{\delta_0}\right)^3 + \cdots \tag{5.4}$$

忽略式(5.3)或式(5.4)中二次项以上的高次项,可得:

$$\frac{\Delta L}{L_0} = \pm \frac{\Delta \delta}{\delta_0}$$

传感器的灵敏度为：

$$S = \left| \frac{\Delta L}{\Delta \delta} \right| = \left| \frac{L_0}{\delta_0} \right|$$

由上式可见,变隙式电感传感器的测量范围与灵敏度及线性度相矛盾。线圈电感与气隙长度的关系为非线性关系,非线性度随气隙变化量的增大而增大,只有当 $\Delta \delta$ 占很小时,忽略高次项的存在,可得近似的线性关系(这里未考虑漏磁的影响)。所以,单边变间隙式电感传感器存在线性度要求与测量范围要求的矛盾。

电感 L 与气隙长度的关系如图 5.1(b) 所示。它是一条双曲线,所以非线性是较严重的。为了得到一定的线性度,一般取 $\Delta \delta / \delta = 0.1 \sim 0.2$。

为了解决这一矛盾,通常采用差动变隙式电感传感器。差动变隙式电感传感器要求上、下两铁心和线圈的几何尺寸与电气参数完全对称,衔铁通过导杆与被测物相连,当被测物上下移动时,衔铁也偏离对称位置上下移动,使一边间隙增大,而另一边减小,2 个回路的磁阻发生大小相等、方向相反的变化,一个线圈的电感增加,另一个则减少,形成差动形式。2 个线圈电感的总变化量为：

$$\frac{\Delta L}{L_0} = 2 \left[\frac{\Delta \delta}{\delta_0} + \left(\frac{\Delta \delta}{\delta_0} \right)^3 + \left(\frac{\Delta \delta}{\delta_0} \right)^5 + \cdots \right] \tag{5.5}$$

忽略高次项,其电感的变化量为：

$$\frac{\Delta L}{L} = 2 \frac{\Delta \delta}{\delta_0} \tag{5.6}$$

可见,差动变隙式电感传感器的灵敏度比单边式增加了近 1 倍,而且其非线性误差比单边式小得多。所以,实用中经常采用差动式结构。差动变隙式电感传感器的线性工作范围一般取 $\Delta \delta / \delta = 0.3 \sim 0.4$。

5.1.3　变面积式电感传感器

如果变隙式电感传感器的气隙长度不变,铁心与衔铁之间相对覆盖面积随被测量的变化而改变,从而导致线圈的电感量发生变化,这种形式称为变面积式电感传感器,其结构示意图如图 5.2 所示。

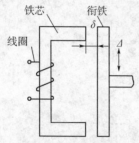

图 5.2　变面积式电感传感器结构

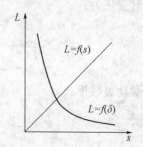

图 5.3　变面积式电感传感器特性曲线

通过分析可知,线圈电感量 L 与气隙厚度呈非线性关系,但与磁通截面积 s 却成正比,是一种线性关系。特性曲线如图 5.3 所示。

5.1.4 螺管式电感传感器

图 5.4 所示为螺管式电感传感器的结构示意图。当活动衔铁随被测物移动时,线圈磁力线路径上的磁阻发生变化,线圈电感量也因此而变化。线圈电感量的大小与衔铁插入线圈的深度有关。

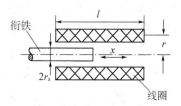

图 5.4 螺管式电感传感器结构

设线圈长度为 l、线圈的平均半径为 r、线圈的匝数为 N、衔铁进入线圈的长度为 l_a、衔铁的半径为 r_a、铁心的有效磁导率为 μ_m。试验与理论证明,若忽略次要因素,且满足 $l \gg r$,则线圈的电感量 L 与衔铁进入线圈的长度 l_a 的关系可表示为:

$$L = \frac{4\pi^2 N^2}{l^2}\left[lr^2 + (\mu_m - 1)\, l_a r_a^2\right] \tag{5.7}$$

通过以上 3 种形式的电感传感器的分析,可以得出以下结论:

(1) 变间隙式灵敏度较高,但非线性误差较大,自由行程较小,且制作装配比较困难。

(2) 变面积式灵敏度较前者小,但线度较好,量程较大,使用比较广泛。

(3) 螺管式灵敏度较低,测量误差小,但量程大且结构简单,易于制作和批量生产,是使用越来越广的一种电感式传感器。

5.1.5 差动式电感传感器

在实际使用中,常采用 2 个相同的传感器线圈共用一个衔铁,构成差动式电感传感器,这样可以提高传感器的灵敏度,减小测量误差。

图 5.5 所示是变间隙式、变面积式及螺管式 3 种类型的差动式电感传感器。

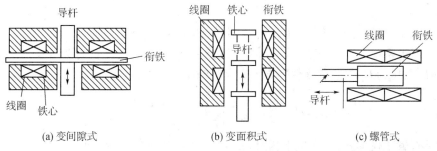

(a) 变间隙式　　　　　　　(b) 变面积式　　　　　　　(c) 螺管式

图 5.5 差动式电感传感器

差动式电感传感器的结构要求 2 个导磁体的几何尺寸及材料完全相同,两个线圈的电气参数和几何尺寸完全相同。

差动式结构除了可以改善线性度、提高灵敏度外,对温度变化和电源频率变化等影响也可以进行补偿,从而减少了外界影响造成的误差。

5.1.6　电感式传感器的测量电路

交流电桥是电感式传感器的主要测量电路,它的作用是将线圈电感的变化转换成电桥电路的电压或电流输出。交流电桥多采用双臂工作形式。通常将传感器作为电桥的 2 个工作臂,电桥的平衡臂可以是纯电阻,也可以是变压器的二次侧绕组或紧耦合电感线圈。图5.6所示是交流电桥的几种常用形式。

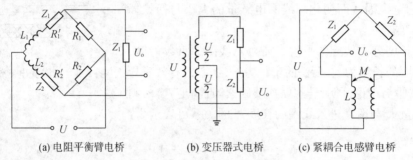

(a) 电阻平衡臂电桥　　　　　(b) 变压器式电桥　　　　(c) 紧耦合电感臂电桥

图 5.6　交流电桥的几种形式

1) 电阻平衡臂电桥

电阻平衡臂电桥如图 5.6(a)所示。Z_1、Z_2 为传感器阻抗,$Z_1 = R'_1 = L_1$,$Z_2 = R'_2 + L_2$,Z_L 为负载阻抗。由 $R'_1 = R'_2 = R'$;$L_1 = L_2 = L$,则有 $Z_1 = Z_2 = Z = R' + j\omega L$,另有 $R_1 = R_2 = R_0$。由于电轿工作臂是差动形式,则在工作时,$Z_1 = Z + \Delta Z$ 和 $Z_2 = Z - \Delta Z$,当 $Z_L \to \infty$ 时,电桥的输出电压为:

$$U_o = \frac{Z_1}{Z_1 + Z}U - \frac{R_1}{R_1 + R_2}U = \frac{Z_1 \times 2R - R(Z_1 + Z_2)}{(Z_1 + Z_2)}U = \frac{U}{2}\frac{\Delta Z}{Z}$$

当 $\omega L \gg R'$ 时,上式可近似为:

$$U_o \approx \frac{U}{2}\frac{\Delta L}{L}$$

由上式可以看出,交流电桥的输出电压与传感器电感的相对变化量成正比。

变压器式电桥如图 5.6(b)所示。Z_1、Z_2 为传感器阻抗,它的平衡臂为变压器的 2 个二次侧绕组,输出电压为 $U_o/2$。当负载阻抗无穷大时输出电压 U_o 为:

$$U_o = Z_2 I - \frac{U}{2} = \frac{U}{Z_1 + Z_2}Z_2 - \frac{U}{2} = \frac{U}{2}\frac{Z_2 - Z_1}{Z_1 + Z_2}$$

由于是双臂工作形式,当衔铁下移时,$Z_1 = Z - \Delta Z$,$Z_2 = Z + \Delta Z$,则有:

$$U_o = \frac{U}{2}\frac{\Delta Z}{Z}$$

同理,当衔铁上移时,则有:

$$U_o = -\frac{U}{2}\frac{\Delta Z}{Z} \tag{5.8}$$

由上式可见,输出电压反映了传感器线圈阻抗的变化,由于是交流信号,还要经过适当电路处理才能判别衔铁位移的大小及方向。

图 5.7 所示是一个带相敏整流的交流电桥。差动电感式传感器的 2 个线圈作为交流电桥相邻的 2 个工作臂,指示仪表是中心为零刻度的直流电压表或数字电压表。

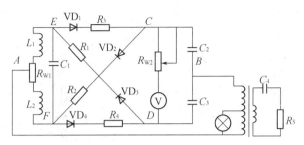

图 5.7　带相敏整流的交流电桥

设差动电感传感器的线圈阻抗分别为 Z_1 和 Z_2。当衔铁处于中间位置时,$Z_1 = Z_2 = Z$,电桥处于平衡状态,C 点电位等于 D 点地位,电表指示为 0。

当衔铁上移,上部线圈阻抗增大,$Z_1 = Z + \Delta Z$,则下部线圈阻抗减小,$Z_2 = Z - \Delta Z$。如果输入交流电压为正半周,则 A 点电位为正,B 点电位为负,二极管 VD_1、VD_4 导通,VD_2、VD_3 截止。在 A—E—C—B 支路中,C 点电位由于 Z_1 增大而比平衡时的 C 点电位降低;而在 A—F—D—B 支路中,D 点电位由于 Z_2 降低而比平衡时 D 点的电位增高,所以 D 点电位高于 C 点电位,直流电压表正向偏转。

如果输入交流电压为负半周,A 点电位为负,B 点电位为正,二极管 VD_2、VD_3 导通,VD_1、VD_4 截止,则在 A—F—C—B 支路中,C 点电位由于 Z_2 减小而比平衡时降低(平衡输入电压若为负半周,即 B 点电位为正,A 点电位为负,C 点相对于 B 点为负电位,Z_2 减小时,C 点电位更低);而在 A—E—D—B 支路中,D 点电位由于 Z_1 的增加而比平衡时的电位增高,所以仍然是 D 点电位高于 C 点电位,电压表正向偏转。

同样可以得出结果:当衔铁下移时,电压表总是反向偏转,输出为负。

可见,采用带相敏整流的交流电桥,输出信号既能反映位移大小,又能反映位移的方向。

2)紧耦合电感臂电桥

图 5.6(c)以差动电感传感器的 2 个线圈作为电桥工作臂,而紧耦合的 2 个电感作为固定桥臂组成电桥电路。采用这种测量电路可以消除与电感臂并联的分布电容对输出信号的影响,使电桥平衡稳定,另外简化了接地和屏蔽电路。

5.2　互感式电感传感器

互感式电感传感器是利用线圈的互感作用将被测非电量变化转换为感应电动势的变化。互感电感传感器根据变压器的原理制成,有初级绕组和次级绕组,初级绕组、次级绕组的耦合能随衔铁的移动而变化,即绕组间的互感随被测位移的改变而变化。由于在使用时 2 个结构尺寸和参数完全相同的次级绕组采用反向串接,以差动方式输出,所以这种传感器又称为差动变压器式电感传感器,通常简称为差动变压器。

5.2.1　变隙式差动变压器

1）工作原理

变隙式差动变压器的结构如图 5.8 所示。

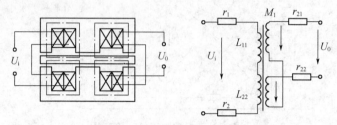

图 5.8　变隙式差动变压器

初级绕组作为差动变压器激励用,相当于变压器的原边,而次级绕组相当于变压器的副边。当初级线圈加以适当频率的电压激励 U_1 时,在 2 个次级线圈中就会产生感应电动势 E_{21} 和 E_{22}。初始状态时,衔铁处于中间位置,即两边气隙相同,2 个次级线圈的互感相等。即 $M_1 = M_2$,由于 2 个次级线圈结构相同,磁路对称,所以 2 个次级线圈产生的感应电动势相同,即有 $E_{21} = E_{22}$,当次级线圈接成反向串联,则传感器的输出为 $U_o = E_{21} - E_{22} = 0$。

当衔铁偏离中间位置时,两边的气隙不相等,这样 2 个次级线圈的互感 M_1 和 M_2 发生变化,即 $M_1 \neq M_2$,从而产生的感应电动势也不再相同,即 $E_{21} \neq E_{22}$,$U_o \neq 0$,即差动变压器有电压输出,此电压的大小与极性反映被测物位移的大小与方向。

2）输出特性

设初级、次级线圈的匝数分别为 W_1、W_2,初级线圈电阻为 R,当有气隙时,传感器的磁回路中的总磁阻近似值为 R_a,U_r 为初级线圈激励电压,在初始状态时,初级线路圈电感为:

$$L_{11} = L_{12} = \frac{W_1^2}{R_a}$$

初始时,初级线圈的阻抗分别为:

$$Z_{11} = R_1 + j\omega L_{11}$$
$$Z_{12} = R_1 + j\omega L_{12}$$

此时初级线圈的电流为:

$$I_1 = \frac{U_r}{2(R + j\omega L)}$$

当气隙变化 $\Delta\delta$ 时,2 个初级线圈的电感分别为:

$$L_{11} = \frac{W^2 \mu_0 A}{\delta - \Delta\delta}$$

$$L_{12} = \frac{W^2 \mu_0 A}{\delta + \Delta\delta}$$

次级线圈的输出电压 U_o 为 2 个线圈感应电势之差,

$$U_o = E_{21} - E_{22}$$

而感应电势分别为：

$$E_{21} = -j\omega M_1 I_1$$
$$E_{22} = -j\omega M_2 I_1$$

式中，M_1 及 M_2 为初级与次级之间的互感系数，其值分别为：

$$M_1 = \frac{W_2 \Phi_1}{I_1} = \frac{W_1 W_2 \mu_0 A}{\delta - \Delta\delta}$$
$$M_2 = \frac{W_2 \Phi_2}{I_1} = \frac{W_1 W_2 \mu_0 A}{\delta + \Delta\delta}$$

式中，Φ_1、Φ_2 分别为上、下 2 个磁系统中的磁通，

$$\Phi_1 = \frac{I_1 W_1}{R_{x1}}$$

$$\Phi_2 = \frac{I_1 W}{R_{x2}}$$

代入上式得：

$$U_o = -j\omega(M_1 - M_2) I_1 = -j\omega I_1 W_1 W_2 \mu_0 S \left(\frac{2\Delta\delta}{\delta^2 - \Delta\delta^2} \right)$$

忽略 $\Delta\delta^2$，整理上式得：

$$U_o = -j\omega I_1 \frac{W_2}{W_1} \frac{2\Delta\delta}{\delta^2} \left(W_1^2 \mu_0 S \right) = -j\omega L_{11} I_1 \frac{W_2}{W_1} \frac{2\Delta\delta}{\delta^2}$$

将 $I_1 = \dfrac{U_r}{2(R + j\omega L_{11})}$ 代入整理得：

$$U_o = -j\omega L_{11} \frac{W_2}{W_1} \frac{2\Delta\delta}{\delta} \frac{U_r}{2(R + j\omega L_{11})}$$

当 $W \gg R$ 时，

$$U_o = -\frac{W_2}{W_1} \frac{\Delta\delta}{\delta} U_r$$

上式表明输出电压与衔铁位移量成正比。负号表示：当衔铁向上移动时，$\Delta\delta$ 为正，输出电压与输入电压反相（相位差 $180°$）；当衔铁向下移动时，$\Delta\delta$ 为负，输出与输入同相。

传感器的灵敏度为：

$$S = \frac{U_r}{\Delta\delta} = \frac{W_2}{W_1} \frac{U_r}{\delta_0} \tag{5.9}$$

5.2.2 螺管式差动变压器

1)工作原理

螺管式差动变压器根据初、次级排列不同有二节式、三节式、四节式和五节式等形式。三节式的零点电位较小,二节式比三节式灵敏度高、线性范围大,四节式和五节式都是为改善传感器线性度采用的方法。图 5.9 画出了上述差动变压器线圈各种排列形式。

差动变压器工作在理想情况下(忽略涡流损耗、磁滞损耗和分布电容等影响)的等效电路如图 5.10 所示。图中,U_1 为一次绕组激励电压,M_1、M_2 分别为一次绕组与 2 个二次绕组间的电感,L_1、R_1 分别为一次绕组的电感和有效电阻,L_{21}、L_{22} 分别为 2 个一次绕组的电感,R_{21}、R_{22} 分别为 2 个二次绕组的有效电阻。

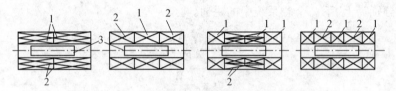

图 5.9　差动变压器线圈各种排列形式

1—初级线圈;2—次级线圈

对于差动变压器,当衔铁处于中间位置时,2 个二次绕组互感相同,因而由一次侧激励引起的感应电动势相同。由于 2 个二次绕组反向串接,所以差动输出电动势为 0。

当衔铁移向二次绕组 L_{21} 一边,这时互感 M_1 大,M_2 小,因而二次绕组 L_{21} 内感应电动势大于二次绕组 L_{22} 内感应电动势,这时差动输出电动势不为 0。在传感器的量程内,衔铁移动越大,差动输出电动势就越大。

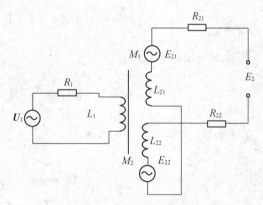

同样,当衔铁向二次绕组 L_{22} 一边移动,差动输出电动势仍不为 0,但由于移动方向改变,所以输出电动势反相。

图 5.10　差动变压器的等效电路

因此,通过差动变压器输出电动势的大小和相位可以知道衔铁位移量的大小和方向。

2)输出特性

由图 5.10 可以看出一次绕组的电流为:

$$I_1 = \frac{U_1}{R_1 + j\omega L_1}$$

二次绕组感应电动势为:

$$E_{21} = -j\omega M_1 I_1$$
$$E_{22} = -j\omega M_2 I_1$$

由于二次绕组反向串接,所以输出总电动势为:

$$\boldsymbol{E}_2 = -\mathrm{j}\omega(M_1 - M_2)\frac{\boldsymbol{U}_1}{R_1 + \mathrm{j}\omega L_1}$$

其有效值为：

$$E_2 = \frac{\omega(M_1 - M_2)U_1}{\sqrt{R_1^2 + (\omega L_1)^2}}$$

　　差动变压器的输出特性曲线如图 5.11 所示。图中，
E_{21}、E_{22} 分别为 2 个二次绕组的输出感应电动势，E_2 为差动
输出电动势，x 表示衔铁偏离中心位置的距离。其中 E_2 的
实线表示理想的输出特性，虚线表示实际输出特性。E_0 为
零点残余电动势，这是由于差动变压器制作上的不对称以及
铁心位置等因素所造成的。

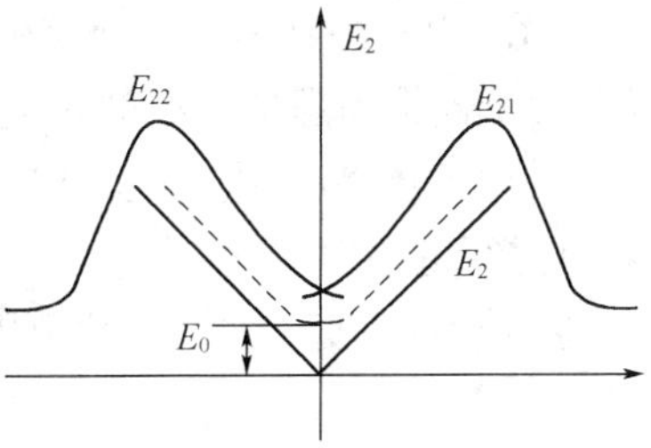

　　3）零点残余电压

图 5.11　差动变压器输出特性曲线

　　当差动变压器的衔铁处于中间位置时，理想条件下其输
出电压为 0。但实际上，使用桥式电路时，在零点仍有一个微小的电压存在，称为零点残余
电压。

　　产生零点残余电压的原因主要有以下几种：

　　(1) 差动变压器的 2 个线圈的电气参数及导磁体的几何尺寸不完全对称。

　　(2) 线圈的分布电容不对称。

　　(3) 电源电压中含有高次谐被。

　　(4) 传感器工作在磁化曲线的非线姓段。

　　零点残余电压的存在，使得传感器的输出特性在零点附近不灵敏，给测量带来误差，此值
的大小是衡量差动变压器性能好坏的重要指标。

　　为了减小零点残余电压，可采取以下方法：

　　(1) 尽可能保证传感器几何尺寸、线圈电气参数及磁通 Φ 的对称。磁性材料要经过处理，
消除内部的残余电压，使其性能均匀稳定。

　　(2) 选用合适的测量电路，例如采用相敏整流电路，既可判别衔铁移动方向，又可改善输
出特性，减小零点残余电压。

　　(3) 采用补偿电路减小零点残余电压，如图 5.12 所示是几种减小零点残余电压的补偿电
路。在差动变压器二次侧串、并联适当数值的电阻、电容元件，调整这些元件的值可使零点残
余电压减小。

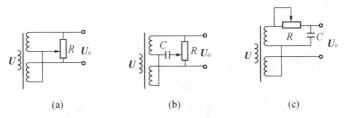

图 5.12　减小零点残余电压电路

4）差动交压器测量电路

（1）差动整流电路

差动变压器的整流电路如图 5.13 所示。传感器的空载输出电压等于 2 个次级线圈感应电动势之差，即 $E_2 = E_{21} - E_{22}$。

如图 5.13 所示，把 2 个次级电压分别整流后，以它们的差为输出端，这样，不必考虑次级电压的相位和零点残余电压。

图 5.13（a）、（b）用于连接低阻抗负载的场合，是电流输出型差动整流电路。图 5.13（c）、（d）用于连接高阻抗负载的场合，是电压输出型差动整流电路。差动整流后的输出电压的线性度与不经整流的次级输出电压的线性度有些不同，当二次线圈阻抗高、负载电阻小、接入电容器进行滤波时，其输出线性的变化倾向是：当铁心位移大时，线性灵敏度增加，利用这一特性就能够使差动变压器的线性范围扩展。

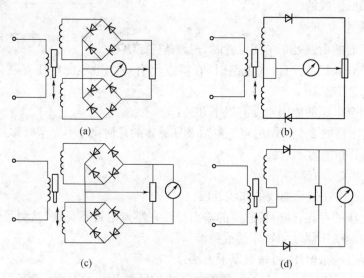

图 5.13　差动整流电路

（2）差动相敏检波电路

图 5.14 所示是差动相敏检波电路的一种形式。相敏检波电路要求比较电压与差动变压器二次侧输出电压的频率相同，相位相同或相反。另外，还要求比较电压的幅值尽可能大，一般情况下，其幅值应为信号电压的 3～5 倍。

5）应用

差动变压器式传感器的应用非常广泛，常用于测量振动、厚度、应变、压力和加速度等各种物理量。

图 5.15 所示是差动变压器式加速度传感器结构原理和测量电路方框图。用于测定振动物体的频率和振幅时，其激磁频率必须是振动频率的 10 倍以上，这样可

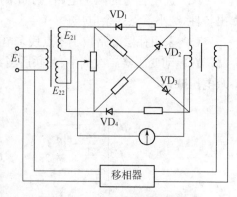

图 5.14　差动相敏检波电路

以得到精确的测量结果。可测量的振幅范围为 0.1～5 mm，振动频率一般为 0～150 Hz。

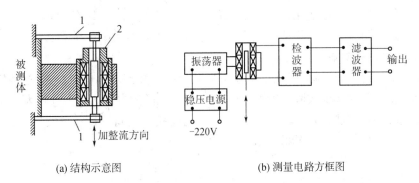

(a) 结构示意图 (b) 测量电路方框图

图 5.15　差动变压器式加速度传感器

1—弹性支承;2—差动变压器

将差动变压器和弹性敏感元件(膜片、膜盒和弹簧管等)相结合,可以组成各种形式的压力传感器。图 5.16 所示是微压力变送器的结构示意图,在被测压力为 0 时,膜盒在初始位置状态,此时固接在膜盒中心的衔铁位于差动变压器线圈的中间位置,因而输出电压为 0。当被测压力由接头 1 传入膜盒 2 时,其自由端产生一正比于被测压力的位移,并带动衔铁 6 在差动变压器线圈 5 中移动,从而使差动变压器输出电压。经相敏检波、滤波后,其输出电压可反映被测压力的数值。

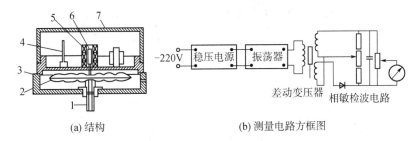

(a) 结构 (b) 测量电路方框图

图 5.16　微压力变送器

1—接头;2—膜盒;3—底座;4—线路板;5—差动变压器线圈;6—衔铁;7—罩壳

微压力变送器测量电路包括直流稳压电源、振荡器、相敏检波和指示等部分,由于差动变压器输出电压比较大,所以线路中不需用放大器。

5.3　电涡流式传感器

电涡流式传感器是利用电涡流效应进行工作的。其结构简单、灵敏度高、频响范围宽和不受油污等介质的影响,并能进行非接触测量,适用范围广。目前,这种传感器已广泛用来测量位移、振动、厚度、转速、温度、硬度等参数,以及用于无损探伤领域。

5.3.1　工作原理

如图 5.17 所示,有一通以交变电流 I_1 的传感器线圈。由于电流 I_1 的存在,线圈周围就产生一个交变磁场 H_1。若被测导体置于该磁场范围内,导体内便产生电涡流 I_2,I_2 也将产生一个新磁场 H_2,H_2 与 H_1 场方向相反,力图削弱原磁场 H_1,从而导致线圈的电感、阻抗和品质因数发生变化。这些参数变化与导体的几何形状、电导率、磁导率、线圈的几何参数、电流的频率以及线圈到被测导体间的距离 x 有关。如果控制上述参数中一个参数使其改变,其余皆不变,就能构成测量该参数的传感器。

为分析方便,将被测导体上形成的电涡流等效为一个短路环的电流。这样,线圈与被测导体便等效为相互耦合的 2 个线圈,如图 5.18 所示。设线圈的电阻为 R_1,电感为 L_1,阻抗为 $Z_1 = R_1 + j\omega L_1$;短路环的电阻为 R_2,电感为 L_2;线图与短路环之间的互感系数为 M,M 随它们之间的距离 x 减小而增大;加在线圈两端的激励电压为 U_1。

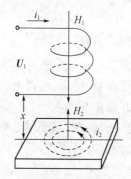

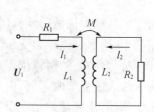

图 5.17　电涡流式传感器的基本原理　　　　　　图 5.18　等效电路

根据基尔霍夫电压定律,可列出电压平衡方程组:

$$\begin{cases} R_1\boldsymbol{I}_1 + j\omega L_1\boldsymbol{I}_1 - j\omega_i\boldsymbol{I}_2 = \boldsymbol{U}_1 \\ -j\omega M\boldsymbol{I}_1 + R_2\boldsymbol{I}_2 + j\omega L_2\boldsymbol{I}_2 = 0 \end{cases}$$

解得:

$$\boldsymbol{I}_1 = \cfrac{\boldsymbol{U}_1}{R_1 + \cfrac{\omega_2 M^2}{R_2^2 + (\omega L_2)^2}R^2 + j\omega\left[L_1 - \cfrac{\omega^2 M^2}{R_2^2 + (\omega L_2)^2}L^2\right]}$$

$$\boldsymbol{I}_2 = j\omega\cfrac{M\boldsymbol{I}_1}{R_2 + \omega L_2} = \cfrac{M\omega^2 L_2\boldsymbol{I}_1 + j\omega M R_2\boldsymbol{I}_1}{R_2^2 + (\omega L_2)^2}$$

由此可求得线圈受金属导体涡流影响后的等效阻抗为:

$$Z = R_1 + R_2\frac{\omega^2 M^2}{R_2^2 + (\omega L_2)^2} + j\omega\left[L_1 - L_2\frac{\omega^2 M^2}{R_2^2 + (\omega L_2)^2}\right] \qquad (5.10)$$

线圈的等效电感为:

$$L = L_1 - L_2\frac{\omega^2 M^2}{R_2^2 + (\omega L_2)^2} \qquad (5.11)$$

由式(5.10)可见,由于涡流的影响,线圈阻抗的实数部分增大,虚数部分减小,因此线圈的品质因数 Q 下降。阻抗由 Z_1 变为 Z,常称其变化部分为反射阻抗。由式(5.10)可得:

$$Q = \cfrac{Q_0\left(1 - \cfrac{L_2\omega^2 M^2}{L_1 Z_2^2}\right)}{1 + \cfrac{R_2\omega^2 M^2}{R_1 Z_2^2}} \qquad (5.12)$$

式中:Q_0——无涡流影响时线圈的 Q 值,$Q_0 = \dfrac{\omega L_1}{R_1}$;

Z_2——短路环的阻抗,$Z_2 = \sqrt{R_2^2 + \omega^2 L_2^2}$。

Q 值的下降是由涡流损耗所引起的,并与金属材料的导电性和距离 x 直接有关。当金属导体是磁性材料时,影响 Q 值的还有磁滞损耗与磁性材料对等效电感的作用。在这种情况下,线圈与磁性材料所构成磁路的等效磁导率 μ_e 的变化将影响 L。当距离 x 减小时,由于 μ_e 增大而使式(5.11)中的 L_1 变大。

由式(5.10)~式(5.12)可知,金属导体系统的阻抗、电感和品质因数都是该系统互感系数平方的函数。而互感系数又是距离 x 的非线性函数,因此,当构成电涡流式位移传感器时,$Z = f_1(x)$、$L = f_2(x)$、$Q = f_3(x)$ 都是非线性函数。但在一定范围内,可以将这些函数近似地用一线性函数来表示,于是在该范围内通过测量 Z、L 或 Q 的变化就可以线性地获得位移的变化。

5.3.2 测量电路

根据电涡流式传感器的工作原理,其测量电路有 3 种:谐振电路、电桥电路与 Q 值测量电路。这里主要介绍谐振电路。目前所用的谐振电路有 3 种类型:定频调幅式、变频调幅式与调频式。

1)定频调幅电路

图 5.19 所示为定频调幅电路原理框图。图中 L 为传感器线圈电感,与电容 C 组成并联谐振回路,晶体振荡器提供高频激励信号。在无被测导体时,LC 并联谐振回路调谐在晶体振荡器频率一致的谐振状态,这时回路阻抗最大,回路压降最大(图 5.20 中的 U_0)。

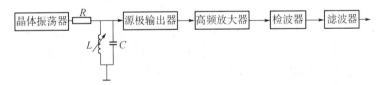

图 5.19 定频调幅电路框图

当传感器接近被测导体时,损耗功率增大,回路失谐,输出电压相应变小。这样,在一定范围内,输出电压幅值与间隙(位移)成近似线性关系。由于输出电压的频率 f_0 始终恒定,因此称定频调幅式。

LC 回路谐振频率的偏移如图 5.20 所示。当被测导体为软磁材料时,由于 L 增大而使谐振频率下降(向左偏移)。当被测导体为非软磁材料时则反之(向右偏移)。这种电路采用石英晶体振荡器,旨在获得高稳定度频率的高频激励信号,以保证稳定的输出。因为振荡频率若变化 1%,一般将引起输出电压 10% 的漂移。图 5.19 中 R 为耦合电阻,用来减小传感器对振荡器的影响,并作为恒流源的内阻。R 的大小直接影响灵敏度:R 大则灵敏度低,R 小则灵敏度高,但 R 过小时,由于对振荡器起旁路作用,也会

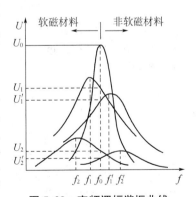

图 5.20 定频调幅谐振曲线

使灵敏度降低。

谐振回路的输出电压为高频载波信号,信号较小,因此设有高频放大、检波和滤波等环节,使输出信号便于传输与测量。源极输出器是为减小振荡器的负载而加。

2) 变频调幅电路

定频调幅电路虽然有很多优点,并获得广泛应用,但电路较复杂,装调较困难,线性范围也不够宽。因此,人们又研究了一种变频调幅电路,这种电路的基本原理是将传感器线圈直接接入电容三点式振荡回路。当导体接近传感器线圈时,由于涡流效应的作用,振荡器输出电压的幅度和频率都发生变化,利用振荡幅度的变化来检测线圈与导体间的位移变化,而对频率变化不予理会。变频调幅电路的谐振曲线如图 5.21 所示。无被测导体时,振荡回路的 Q 值最高,振荡电压幅值最大,振荡频率为 f_0。当有金属导体接近线圈时,涡

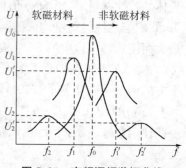

图 5.21　变频调幅谐振曲线

流效应使回路 Q 值降低,谐振曲线变钝,振荡幅度降低,振荡频率也发生变化。当被测导体为软磁材料时,由于磁效应的作用,谐振频率降低,曲线左移;当被测导体为非软磁材料时,谐振频率升高,曲线右移。所不同的是,振荡器输出电压不是各谐振曲线与 f_0 的交点,而是各谐振曲线峰点的连线。

这种电路除结构简单、成本较低外,还具有灵敏度高和线性范围宽等优点,因此常被监控等场合采用。必须指出,该电路用于被测导体为软磁材料时,虽由于磁效应的作用使灵敏度有所下降,但磁效应对涡流效应的作用相当于在振荡器中加入负反馈,因而能获得很宽的线性范围。所以,如果配用涡流板进行测量,应选用软磁材料。

3) 调频电路

调频电路与变频调幅电路一样,将传感器线圈接入电容三点式振荡回路,所不同的是,它以振荡频率的变化作为输出信号。如欲以电压作为输出信号,则应后接鉴频器。这种电路的关键是提高振荡器的频率稳定度。通常可以从环境温度变化、电缆电容变化及负载影响 3 方面考虑。

提高谐振回路元件本身的稳定性也是提高频率稳定度的一个措施。为此,传感器线圈 L 可采用热绕工艺烧制在低膨胀系数材料的骨架上,并配以高稳定的云母电容或具有适当负温度系数的电容(进行温度补偿)作为谐振电容 C。此外,提高传感器探头的灵敏度也能提高仪器的相对稳定性。

5.3.3　电涡流式传感器的应用

1) 测位移

电涡流式传感器的主要用途之一是测量金属件的静态或动态位移,最大量程达数百毫米,分辨率为 0.1%。目前电涡流位移传感器的分辨力最高已做到 $0.05~\mu\mathrm{m}$(量程 $0\sim15~\mu\mathrm{m}$)。凡是可转换为位移量的参数,都可用电涡流式传感器测量,如机器转轴的轴向窜动、金属材料的热膨胀系数、钢水池液位、纱线张力和流体压力等。

如图 5.22 所示为用电涡流式传感器构成的液位监控系统。通过浮子与杠杆带动涡流板上下位移,由电涡流式传感器发出信号控制电动泵的开启而使液位保持一定。

图 5.22　液位监控系统

1—涡流板;2—电涡流式传感器;3—浮子

2) 测厚度

电涡流式传感器也可用于厚度测量。测板厚时,金属板材厚度的变化相当于线圈与金属表面间距离的改变,根据输出电压的变化即可知线圈与金属表面间距离的变化,即板厚的变化。如图5.23 所示,为克服金属板移动过程中上下波动及带材不够平整的影响,常在板材上下两侧对称放置 2 个特性相同的传感器 L_1 与 L_2,距离为 D。由图可知,板厚 $d=D-(x_1+x_2)$。工作时,2 个传感器分别测得 x_1 和 x_2。板厚不变时,(x_1+x_2) 为常值;板厚改变时,代表板厚偏差的(x_1+x_2) 所反映的输出电压发生变化。测量不同厚度的板材时,可通过调节距离 D 来改变板厚设定值,并使偏差指示为 0。这时,被测板厚即板厚设定值与偏差指示值的代数和。

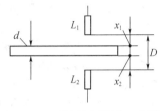

图 5.23　测金属板厚度示意图

除上述非接触式测板厚外,利用电涡流式传感器还可制成金属镀层厚度测量仪、接触式金属或非金属板厚测量仪;利用 2 个传感器沿转轴轴向排布,可测得各测点转轴的瞬时振幅值,从而作出转轴振型图;利用 2 个传感器沿转轴径向垂直安装,可测得转轴轴心轨迹;在被测金属旋转体上开槽或作成齿轮状,利用电涡流传感器可测出该旋转体的旋转频率或转速;电涡流传感器还可用做接近开关、金属零件计数、尺寸或表面粗糙度检测等。

电涡流传感器测位移,由于测量范围宽,反应速度快,可实现非接触测量,常用于在线检测。

3) 测温度

在较小的温度范围内,导体的电阻率与温度的关系为:

$$\rho_1 = \rho_0 [1 + a(t_1 - t_0)] \tag{5.13}$$

式中:ρ_1、ρ_0——温度 t_1、t_0 时的电阻率;

a——在给定温度范围内的电阻温度系数。

若保持电涡流式传感器的机、电、磁各参数不变,使传感器的输出只随被测导体电阻率而变,就可测得温度的变化。上述原理可用来测量液体、气体介质温度或金属材料的表面温度,适合于低温到常温的测量。

图 5.24 所示为一种测量液体或气体介质温度的电涡流式传感器。它的优点是不受金属表面涂料、油和水等介质的影响,可实现非接触测量,反应快。目前已制成热惯性时间常数仅 1 ms 的电涡流温度计。

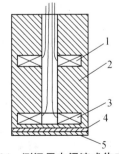

图 5.24　测温用电涡流式传感器

1—补偿线圈;2—管架;3—测量线圈;
4—隔热衬垫;5—温度敏感元件

　　除上述应用外,电涡流式传感器还可利用磁导率与硬度有关的特性实现非接触式硬度连续测量;利用裂纹引起导体电阻率和磁导率等变化的综合影响,进行金属表面裂纹及焊缝的无损探伤等。

习题与思考题

5.1　电感式传感器的特点是什么?

5.2　简述自感式传感器的组成、工作原理和基本特性。

5.3　简述变隙式差动变压器的组成、工作原理和输出特性。

4.4　简述螺管式差动变压器的工作原理和输出特性。

5.5　说明三节式螺管型差动变压器式传感器工作原理,并画出等效电路图。

5.6　什么是零点残余电压? 零点残余电压产生的原因是什么? 减小零点残余电压的方法有哪些?

5.7　什么是涡流效应? 简述电涡流式传感器的工作原理。

5.8　电涡流传感器可以进行哪些非电量参数测量?

5.9　简述调频式测量电路的原理。

6 压电式传感器

压电式传感器是以具有压电效应的压电器件为核心组成的传感器。由于压电效应具有自发电和可逆性,因此压电器件是一种典型的双向无源传感器件。基于这一特性,压电器件已被广泛应用于超声、通信、宇航、雷达和引爆等领域,并与激光、红外、微声等技术相结合,将成为发展新技术和高科技的重要器件。

6.1 压电效应及材料

6.1.1 压电效应

从物理学可知,一些离子型晶体的电介质(如石英、酒石酸钾钠、钛酸钡等)不仅在电场力作用下而且在机械力作用下都会产生极化现象。

(1) 在这些电介质的一定方向上施加机械力而产生变形时,就会引起其内部正负电荷中心相对转移而产生电的极化,从而导致其 2 个相对表面(极化面)上出现符号相反的束缚电荷 Q[如图 6.1(a)所示],且其电位移 D(在 MKS 单位制中即电荷密度 σ)与外应力张量 T 成正比:

$$D=dT \text{ 或 } \sigma=dT \tag{6.1}$$

式中:d——压电常数矩阵。

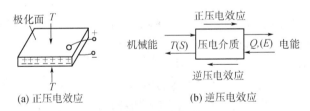

(a) 正压电效应 (b) 逆压电效应

图 6.1 压电效应

当外力消失,又恢复不带电原状;当外力变向,电荷极性随之而变。这种现象称为正压电效应,或简称压电效应。

(2) 若对上述电介质施加电场作用时,同样会引起电介质内部正负电荷中心的相对位移而导致电介质产生变形,且其应变 S 与外电场强度 E 成正比:

$$S=d^{\mathrm{T}}E$$

式中:d^{T}——逆压电常数矩阵(上标 T 表示转置矩阵)。

这种现象称为逆压电效应,或称电致伸缩。

可见,具有压电性的电介质(称压电材料),能实现机电能量的相互转换,如图 6.1(b)所示。

6.1.2　压电材料

压电材料的主要特性参数有：

（1）压电常数

是衡量材料压电效应强弱的参数，直接关系到压电器件输出的灵敏度。

（2）弹性常数

压电材料的弹件常数决定压电器件的固有频率和动态特性。

（3）介电常数

对于一定形状、尺寸的压电器件，其固有电容与介电常数有关，而固有电容又影响压电传感器的频率下限。

（4）机电耦合系数

定义为：在压电效应中转换输出的能量（如电能）与输入的能量（如机械能）之比的平方根。它是衡量压电材料机电能量转换效率的一个重要参数。

（5）电阻

压电材料的绝缘电阻将减少电荷泄漏，从而改善压电传感器的低频特性。

（6）居里点

即压电材料开始丧失压电性的温度。

迄今为止出现的压电材料可分为三大类：一是压电晶体（单晶），包括压电石英晶体和其他压电单晶；二是压电陶瓷（多晶半导体）；三是新型压电材料，其中包括压电半导体和有机高分子材料 2 种。

在传感器技术中，目前国内外普遍应用的是压电单晶中的石英晶体和压电多晶中的钛酸钡与锆钛酸铅系列压电陶瓷。摘要介绍如下。

1）压电晶体

由晶体学可知，无对称中心的晶体，通常具有压电性。具有压电性的单晶体统称为压电晶体。石英晶体是最典型和常用的压电品体。

（1）石英晶体（SiO_2）

石英晶体有天然和人工之分。目前传感器中使用的均是以居里点为 573 ℃、晶体结构为六角晶系的 α-石英。其外形如图 6.2 所示，呈六角棱柱体。它由 m、R、r、s、x 共 5 组 30 个晶面组成。

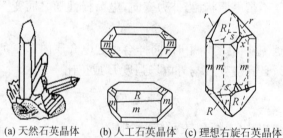

(a) 天然石英晶体　(b) 人工石英晶体　(c) 理想右旋石英晶体

图 6.2　石英晶体的外形

m—柱面；R—大棱面；r—小棱面；s—棱界面；x—棱角面

在讨论晶体结构时,常采用对称晶轴坐标 $abcd$,其中 c 轴与晶体上下晶锥顶点连线重合,如图 6.3 所示(此图为左旋石英晶体,它与右旋石英晶体的结构成镜像对称,压电效应极性相反)。在讨论晶体机电特性时,采用 xyz 右手直角坐标较方便,并统一规定:x 轴与 a(或 b,c)轴重合,称为电轴,它穿过六棱状的棱线,在垂直于此轴的面上压电效应最强;y 轴垂直 m 面,称为机轴,在电场的作用下,沿该轴方向的机械变形最明显;z 轴与 c 轴重合,称为光轴,也称直线轴,光线沿该轴通过石英晶体时,无折射,沿 z 轴方向上没有压电效应。

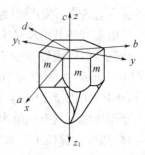

图 6.3 理想右旋石英晶体坐标系

压电石英的主要性能特点是:① 压电常数小,其时间和温度稳定性极好,常温下几乎不变,在 $20 \sim 200\,^\circ\mathrm{C}$ 范围内其温度变化率仅为 $0.016\%/^\circ\mathrm{C}$;② 机械强度和品质因数高,许用应力高达 $(6.8 \sim 9.8) \times 10^7$ Pa,且刚度大,固有频率高,动态特性好;③ 居里点 $573\,^\circ\mathrm{C}$ 无热释电性,且绝缘性、重复性均好。天然石英的上述性能尤佳。因此,它们常用于精度和稳定性要求高的场合和制作标准传感器。

其他压电单晶在压电晶体中除天然和人工石英晶体外,锂盐类压电和铁电单晶材料近年来已在传感器技术中得到广泛应用,其中以铌酸锂为典型代表。从结构看,它是一种多畴单晶,必须通过极化处理后才能成为单畴单晶,从而呈现出类似单晶体的特点。它的时间稳定性好,居里点高达 1 200 ℃,在高温、强辐射条件下仍具有良好的压电性,且机械性能、如机电耦合系数、介电常数、频率常数等均保持不变。此外,它还具有良好的光电、声光效应,因此在光电、微声和激光等器件方面都有重要应用。不足之处是质地脆、抗机械和热冲击性差。

(2) 压电陶瓷

压电陶瓷是一种经极化处理后的人工多晶铁电体。所谓"多晶",它是由无数细微的单晶组成;所谓"铁电体",它具有类似铁磁材料磁性的"电畴"结构。每个单晶形成一个单个电畴,无数单晶电畴的无规则排列,致使原始的压电陶瓷呈现各向同性而不具有压电性[见图 6.4(a)]。要使之具有压电性,必须作极化处理,即在一定温度下对其施加强直流电场,迫使电畴趋向外电场方向做规则排列[见图 6.4(b)];极化电场去除后、趋向电畴基本保持不变,形成很强的剩余极化,从而呈现出压电性[见图 6.4(c)]。

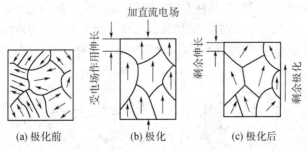

图 6.4 BaTiO₃ 压电陶瓷的极化

压电陶瓷的特点是:压电常数大,灵敏度高;制造工艺成熟,可通过合理配方和掺杂等人工控制来达到所要求的性能;成型工艺性好,成本低廉,有利于广泛应用。压电陶瓷除有压电性外,还具有热释电性,因此可制作热电传感器件,用于红外探测器中。但作压电器件应用时,这会给压电传感器造成热干扰,降低稳定性。所以,对高稳定性的传感器,压电陶瓷的应用受到限制。

压电陶瓷按其组成基本元素多少可分为一元系、二元系、三元系和四元系等。

传感器中应用较多的有:二元系中的钛酸钡 $BaTiO_3$ 和锆钛酸铅系列 $PbTiO_3$ 和 $PbZrO_3$ (PZT);三元系中的铌镁酸铅 $Pb(Mg_{1/3}、Nb_{2/3})O_3$ -钛酸铅 $PbTiO_3$ -锆钛酸铅 $PbZrO_3$ (PMN)。另外,还有专门制造耐高温、高压和电击穿性能的铌锰酸铅系、镁谛酸铅,锑逆酸铅等。

新型压电材料有压电半导体和有机高分子压电材料 2 种。1968 年以来出现了多种压电半导体,如硫化锌(ZnS)、碲化镉(CdTe)、氧化锌(ZnO)、硫化镉(CdS)、碲化锌(ZnTe)和砷化稼(GaAs)等。这些材料的显著特点是:既具有压电特性,又具有半导体特性。因此既可用其压电性研制传感器,又可用其半导体特性制作电子器件;也可以两者结合,集元件与电路于一体,研制成新型集成压电传感器系统。

有机高分子压电材料有 2 类。一类是某些合成高分子聚合物,经延展拉伸和电极化后具有压电性的高分子压电薄膜,如聚氟乙烯(PVF)、聚偏二氟乙烯(PVF_2)、聚氯乙烯(PVC)、聚二甲基-L-谷氨酸脂(PMG)和尼龙 11 等。这些材料的独特优点是质轻柔软,抗拉强度较高,蠕变小、耐冲击,体电阻达 $10^2 \ \Omega \cdot m$,击穿强度为 $150 \sim 200 \ kV/mm$,声阻抗近于水和生物体含水组织,热释电性和热稳定件好,且便于批生产和大面积使用,可制成大面积阵列传感器乃至人工皮肤。另一类是高分子化合物如 PVF_2 小掺杂压电陶瓷 PZT 或 $BaTiO_3$ 粉末制成的高分子压电薄膜。这种复合压电材料同样既保持了高分子压电薄膜的柔软性,又具有较高的压电性和机电耦合系数。

6.2　压电方程及压电常数

压电方程是对压电元件压电效应的数学描述。它是压电传感器原理、设计和应用技术的理论基础。具有压电性的压电材料,通常都是各向异性的。由压电材料取不同方向的切片(切型)做成的压电元件,其机电特性(弹性性质、介电性质、压电性质和热电性质等)也各不相同。因此,下面以石英晶体为例进行讨论。

6.2.1　石英晶片的切型及符号

所谓切型,就是在晶体坐标中取某种方位的切割,如图 6.5 所示。图 6.5(b)为在左旋石英晶体坐标团图(图 6.5(a))中对应 x 方向切割成长、宽、厚分别为 l、w、t 的六面体晶片—x 切片。由于不同方向的切片(切型)其物理性质不同,因此必须用一定的符号来表明不同的切型。

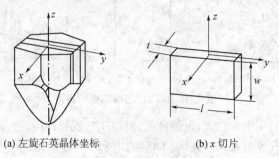

(a) 左旋石英晶体坐标　　　　　　(b) x 切片

图 6.5　石英晶体切片

切型的表示目前有互相对应的两种方法:习惯符号表示法和 IRE(国际无线电工程协会)法。

IRE 法是一种以厚度取向为切型的表示法,由晶体坐标 x、y、z,切片尺寸 t、l、w 和旋转度角 ϕ、θ、φ(逆时针为正,s 顺时针为负)组合而成(有时还附注晶片尺寸值)。

例如:切型$(xy/tw)40°/30°/15°$;$t=0.80\pm0.01$ mm;$l=40.0\pm0.1$ mm;$w=9.03\pm0.03$ mm。其中:前 2 位字母 xy 表示晶片的原始方位,x 表示厚度 t 方向,y 表示长度 l 方向。如不作旋转切型,xy(即 X0°)就构成了 X 切型[见图 6.6(a)]。

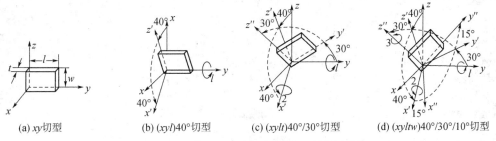

(a) xy切型　　(b) $(xyl)40°$切型　　(c) $(xylt)40°/30°$切型　　(d) $(xyltw)40°/30°/10°$切型

图 6.6　$(xyltw)40°/30°/15°$切型的形成

以原始力位为基础,依次分别绕 l,t,w 棱边逆时针方向相应旋转 $40°,30°,15°$[见图 6.6(b)~(d)]。

实际应用中,时常用 2 种符号结合表示切型。如 AC$(yxl)30°$,DT$(yxl)-52°$,NT$(xytl5)°/-50°$等。

6.2.2　压电方程及压电常数矩阵

前已提及,压电方程是压电效应的数学描述,它反映了压电介质的力学行为与电学行为之间的相互作用(即机电转换)的规律。为简明起见,我们的分析基于如下前提:讨论正压电效应时,暂不考虑外界附加电场的作用;讨论逆压电效应时,暂不考虑外界附加力场的作用;并忽略磁和温度场的影响。

图 6.7　x0°切型石英晶片

首先必须指出,石英晶体的压电效应式(6.1)只适用于各向同性的电介质材料。对于各向异性的压电材料,方程必须能反映出材料机电特性的方向性。因此,式(6.1)应表示为矢量矩阵形式。

设有一如图 6.5(b)中 X0°切型的正六面体左旋石英晶片,在直角坐标系内的力-电作用状况如图 6.7 所示。图中:T_1、T_2、T_3 分别为沿 x、y、z 向的正应力分量(压应力为负),T_4、T_5、T_6 分别为绕 x、y、z 轴的切应力分量(顺时针方向为负);σ_1、σ_2、σ_3 分别为在 x、y、z 面上的电荷密度(或电位移 D)。因此,各向异性的石英晶片,其单一压电效应可用下式表示:

$$\sigma_{ij}=d_{ij}T_j \tag{6.3}$$

式中:i——电效应(场强、极化)方向的下标,$i=1,2,3$;

$\quad\quad j$——力效应(应力、应变)方向的下标,$j=1,2,\cdots,6$;

$\quad\quad T_j$——j 方向的外施应力分量(Pa);

$\quad\quad \sigma_{ij}$——j 方向的应力在 i 方向的极化强度(或 i 表面上的电荷密度)(C/m^2);

d_{ij}——j 方向应力引起 i 而产生电荷时的压电常数(C/N)。当 $i=j$,为纵向压电效应;当 $i\neq j$,为横向压电效应。

推广到一般情况,即石英晶片在任意方向的力同时作用下的压电效应可由下列压电方程表示:

$$\sigma_i = \sum_{j=1}^{6} d_{ij}T_j \qquad (i=1,2,3)$$

写成矩阵形式:

$$\begin{bmatrix} \sigma_1 \\ \sigma_2 \\ \sigma_3 \end{bmatrix} = \begin{bmatrix} d_{11} & d_{12} & \cdots & d_{16} \\ d_{21} & d_{22} & \cdots & d_{26} \\ d_{31} & d_{32} & \cdots & d_{36} \end{bmatrix} \begin{bmatrix} T_1 \\ T_2 \\ \vdots \\ T_6 \end{bmatrix} \qquad (6.5)$$

简写成: $$\boldsymbol{\sigma} = \boldsymbol{dT} \qquad (6.7)$$

式中:$\sigma_1\sigma_2\sigma_3$——在 f、y、z 轴面上的总电荷密度。

因此,完全各向异性压电晶体的压电特性即机械弹性与电的介电性之间的耦合特性,可用压电常数矩阵表示如下:

$$\boldsymbol{d}_{ij} = \begin{bmatrix} d_{11} & d_{12} & \cdots & d_{16} \\ d_{21} & d_{22} & \cdots & d_{26} \\ d_{31} & d_{32} & \cdots & d_{36} \end{bmatrix} \qquad (6.7)$$

对于不同的压电材料,由于各向异性的程度不同.上述压电矩阵的 18 个压电常数中,实际独立存在的个数也各个相同,这可通过测试获得。如 $X0°$ 切型石英晶体的压电常数矩阵具体为:

$$\boldsymbol{d}_{ij} = \begin{bmatrix} d_{11} & d_{12} & 0 & d_{14} & 0 & 0 \\ 0 & 0 & 0 & 0 & d_{25} & d_{26} \\ 0 & 0 & 0 & 0 & 0 & 0 \end{bmatrix} = \begin{bmatrix} d_{11} & -d_{11} & 0 & d_{14} & 0 & 0 \\ 0 & 0 & 0 & 0 & -d_{14} & 2d_{11} \\ 0 & 0 & 0 & 0 & 0 & 0 \end{bmatrix} \qquad (6.8)$$

可见,由于石英晶体结构较好的对称性,它是介于各向同性与完全向异性之间的晶体,因此它独立的压电常数只有 2 个:

$$d_{11} = \pm 2.31 \times 10^{-12} (\text{C/N})$$
$$d_{14} = \pm 0.73 \times 10^{-12} (\text{C/N})$$

其中,按 IRE 规定,左旋石英晶体的 d_{11} 和 d_{14} 在受拉时取"+",右旋时取"−";右旋石英晶体的 d_{11} 和 d_{14} 在受拉时取"−",受压时取"+"。

综上所述可见:

(1)压电晶体的正压电效应和逆压电效应是对应存在的,哪个方向上有正压电效应,则在此方向下必定存在逆压电效应,而且力-电呈线性关系。

(2)由式(6.8)可见,石英晶体不是在任何方向上都存在压电效应。图 6.8 清楚地表明了这一点:在 x 方向:只有 d_{11} 的纵向压电效应[见图 6.8(a)]、d_{12} 的横向压电效应[见图 6.8(b)]和 d_{14} 的剪切压电效应[见图 6.8(c)]。在 y 方向,只有 d_{25} 和 d_{26} 的剪切压电效应[见

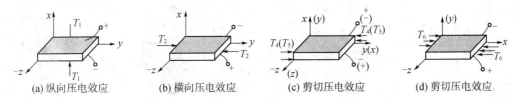

图 6.8 右旋石英晶体的几种压电效应

图 6.8(c)、(d)]。在 z 方向,无任何压电效应。

还应当指出,式(6.8)是对 X0°切型而论。既然压电常数是反映压电材料弹性性质与介电性质相互耦合的参数,而材料的弹性性质联系着应力 T 和应变 S,介电性质联系着电场强度 E 和电荷密度 σ。因此,可以从这些不同的参量关联来反映这种机电耦合关系。

由前述可知,压电陶瓷经人工极化处理后,保持着很强的剩余极化。当这种极化铁电陶瓷受到外力(或电场)的作用时,原来趋向极化方向的电畴发生偏转,致使剩余极化强度随之变化,从而呈现出压电性。对于压电陶瓷,通常将极化方向定义为 z 轴(见图 6.9),垂直于 z 轴的平面内则各向同性。因此,与 z 轴正交的任何方向都可取作 x 轴和 y 轴,且压电特性相同。

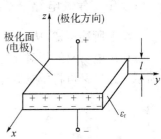

图 6.9 极化压电陶瓷

以钛酸钡(BaTiO₃)压电陶瓷为例。由实验测试所得的压电方程为:

$$\begin{bmatrix} \sigma_1 \\ \sigma_2 \\ \sigma_3 \end{bmatrix} = \begin{bmatrix} 0 & 0 & 0 & 0 & d_{15} & 0 \\ 0 & 0 & 0 & d_{24} & 0 & 0 \\ d_{31} & d_{32} & d_{33} & 0 & 0 & 0 \end{bmatrix} \begin{bmatrix} T_1 \\ T_2 \\ \vdots \\ T_6 \end{bmatrix} \qquad (6.9)$$

式中,压电常数矩阵为:

$$d_{ij} = \begin{bmatrix} 0 & 0 & 0 & 0 & d_{15} & 0 \\ 0 & 0 & 0 & d_{24} & 0 & 0 \\ d_{31} & d_{32} & d_{33} & 0 & 0 & 0 \end{bmatrix} = \begin{bmatrix} 0 & 0 & 0 & 0 & d_{15} & 0 \\ 0 & 0 & 0 & d_{15} & 0 & 0 \\ d_{31} & d_{32} & d_{33} & 0 & 0 & 0 \end{bmatrix} \qquad (6.10)$$

式中:$d_{33} = 190 \times 10^{-12}$ (C/N);

$d_{31} = d_{32} = -0.41 d_{33} = -78 \times 10^{-12}$ (C/N);

$d_{15} = d_{24} = 250 \times 10^{-12}$ (C/N)。

由式(6.10)可见,BaTiO₃ 压电陶瓷也不是在任何方向上都有压电效应。如图 6.10 所示:在 x 和 y 方向上分别只有 d_{15} 和 d_{24} 的厚度剪切压电效应[见图 6.10(c)];在 z 方向存在 d_{33} 的纵向压电效应[见图 6.10(a)]横向压电效应[见图 6.10(b)];在 z 方向还可得到三向应力 T_1、T_2、T_3 同时作用下,产生体积变形压电效应[见图 6.10(d)]。

当外加三向应力相等(如液体压力)时,由压电方程式(6.9)可得:

$$\sigma_3 = (d_{31} + d_{32} + d_{33})T = (2 d_{31} + d_{33})T = d_3 T$$

式中:$d_3 = 2 d_{31} + d_{33}$ 称为体积压缩压电常数。

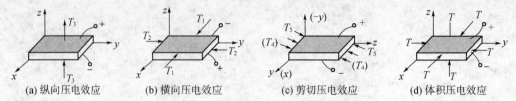

(a) 纵向压电效应　　(b) 横向压电效应　　(c) 剪切压电效应　　(d) 体积压电效应

图 6.10　z 向极化 BaTiO₃ 压电效应

6.3　等效电路及测量电路

6.3.1　等效电路

综上所述可知,从功能上讲,压电器件实际上是一个电荷发生器。

设压电材料的相对介电常数为 ε_r,极化面积为 A,两极面间距(压电片厚度)为 t,如图6.9所示。这样又可将压电器件视为具有电容 C_a 的电容器,且有:

$$C_a = \frac{\xi_{\iota}\varepsilon_r A}{t} \tag{6.11}$$

因此,从性质上讲,压电器件实质上是一个自源电容器,通常其绝缘电阻 $R_a \gg 10^{10}$ Ω。

当需要压电器件输出电压时,可把它等效成一个与电容串联的电压源,见图 6.11(a)。

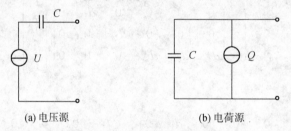

(a) 电压源　　　　　　　　(b) 电荷源

图 6.11　等效电路

在开路状态,其输出端电压和灵敏度分别为:

$$U_a = \frac{Q}{C_a} \tag{6.12}$$

$$S_u = \frac{U_a}{F} = \frac{Q}{C_a F} \tag{6.13}$$

式中:F——作用在压电器件上的外力。

当需要压电器件输出电荷时,则可把它等效成一个与电容相并联的电荷源,如图 6.11(b)所示。同样,在开路状态,输出端电荷为:

$$Q = U_a C_a \tag{6.14}$$

式中:U_a——极板电荷形成的电压。

这时的输出电荷灵敏度为:

$$S_q = \frac{Q}{F} = \frac{U_a C_a}{F} \tag{6.15}$$

显然，S_u 与 S_q 之间有如下关系：

$$S_u = \frac{S_q}{C_a} \tag{6.16}$$

必须指出，上述等效电路及其输出只有在压电器件本身理想绝缘、无泄漏、输出端开路（即 $R_a = R_L = \infty$）条件下才成立。在构成传感器时，总要利用电缆将压电器件接入测量电路或仪器。这样，就引入了电缆的分布电容 C_c、测量放大器的输入电阻 R_i 和电容 C_i 等形成的负载阻抗影响；加之考虑压电器件并非理想元件，它内部存在泄漏电阻 R_a。因此由压电器件构成传感器的实际等效电路如图 6.12(a) 中 mm' 左侧所示。

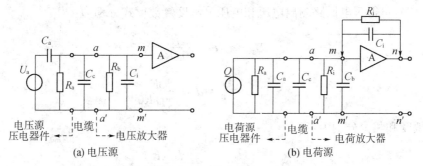

图 6.12　压电传感器等效电路和测量电路

6.3.2　测量电路

压电器件既然是一个自源电容器，就存在与电容传感器一样的高内阻、小功率问题。压电器件输出的能量微弱，电缆的分布电容及噪声等干扰将严重影响输出特性，必须进行前置放大；而且，高内阻使得压电器件难以直接使用一般的放大器，而必须进行前置阻抗变换。因此，压电传感器的测量电路——前量放大器对应于电压源与电荷源也有 2 种形式：电压放大器和电荷放大器，并必须具备信号放大和阻抗匹配两种功能。

电压放大器又称阻抗变换器。它的主要作用是把压电器件的高输出阻抗变换为传感器的低输入阻抗，并保持输出电压与输入电压成正比。

1）压电输出特性（即放大器输入特性）

将图 6.12(a) mm' 左侧等效化简成如图 6.13，可得回路输出为：

$$U_t = IZ = \frac{U_a C_a j\omega R}{1 + j\omega RC} \tag{6.17}$$

式中：$Z = R/(1 + j\omega RC')$；

　　$R = R_a R_i/(R_a + R_i)$——测量回路等效电阻；

　　$C = C_a + C' = C_a + C_i + C_c$，为测量回路等效电容；

　　ω——压电转换角频率。

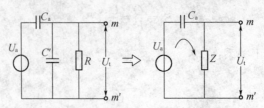

图 6.13　电压放大器简化电路

假设压电器件取压电常数为 d_{33} 的压电陶瓷,并在其极化方向上有角频率为 ω 的交变信号 $F_m\sin\omega t$。由式(6.12)得到压电器件的输出为:

$$U_a=\frac{Q}{C_a}=\frac{Fd_{33}}{C_a}=\frac{F_m(\sin \omega t)d_{33}}{C_a} \tag{6.18}$$

代入式(6.17),可得压电回路输出电压和电压灵敏度复数形式分别为:

$$\boldsymbol{U}_t=d_{33}\boldsymbol{F}\frac{j\omega R}{1+j\omega RC} \tag{6.19}$$

$$S_u(j\omega)=\frac{\boldsymbol{U}_t}{\boldsymbol{F}}=d_{33}\frac{j\omega R}{1+j\omega RC} \tag{6.20}$$

其幅值灵敏度和相位分别为:

$$S_{um}=\left|\frac{U_t}{F_m}\right|=\frac{d_{33}\omega R}{\sqrt{1+(\omega RC)^2}}$$

$$\varphi=\frac{\pi}{2}-\arctan(\omega RC)$$

2) 动态特性(动态误差)

这里着重讨论动态条件下压电回路实际输出电压灵敏度相对理想情况下的偏离程度,即幅频特性。所谓理想情况,是指回路等效电阻 $R=\infty$(即 $R_a=R_i=\infty$),电荷无泄漏。这样,由式(6.21)可得理想情况的电压灵敏度:

$$S_{um}^*=\frac{d_{33}}{C}=\frac{d_{33}}{C_a+C_c+C_i} \tag{6.23}$$

可见,它只与回路等效电容 C 有关,而与被测量的变化频率无关。因此,由式(6.21)与式(6.23)比较得到相对电压灵敏度:

$$S=\frac{S_{um}}{S_{um}^*}=\frac{\omega RC}{\sqrt{1+(\omega RC)^2}}=\frac{\omega/\omega_1}{\sqrt{1+(\omega/\omega_1)^2}}=\frac{\omega\tau}{\sqrt{1+(\omega\tau)^2}} \tag{6.24}$$

式中:ω_1——测量回路角频率;

$\tau=1/\omega_1=RC$,为测量回路时间常数。

由式(6.22)和式(6.24)作出的特性曲线示于图 6.14。由此不难进行以下分析。

(1) 高频特性

当 $\omega\tau\gg1$ 时,即测量回路时间常数一定,而被测量频率越高(实际只要 $m\tau\geqslant3$),则回路的输出电压灵敏度就越接近理想情况。这表明,压电器件的高频响应特性好。

（2）低频特性

当 $\omega\tau \ll 1$ 时，即 τ 一定，而被测量的频率越低时，电压灵敏度越偏离理想情况，动态误差 $\delta = (k-1) \times 100\%$ 也越大，同时相位角的误差也越大。因此，若要保证低频工作时满足一定的精度，必须大大增加时间常数 $\tau = RC$。途径有 2 个：一是增大回路等效电容 C，但由式 (6.23) 知，C 增大将使 S_{um}^* 减小，不可取；二是增大回路等效电阻 $R = R_a R_i/(R_a + R_i)$，即要求放大器的输入电阻 R_i 足够大。

综上分析可见：

（1）图 6.14 的特性曲线显示了被测量角频率 $\omega(=2\pi f)$、放大器输入电阻 R_i 和动态误差 $\delta(\delta = k-1)$ 或相位角误差三者之间的关系。据此，在设计或应用压电传感器时，可根据给定的精度 δ，合理地选择电压放大器的 R_i 或被测量频率。

（2）由于采用电压放大器的压电传感器，其输出电压灵敏度受电缆分布电容 C_c 的影响 [见式 (6.23)]，因此，电缆的增长或变动，将使已标定的灵敏度改变。

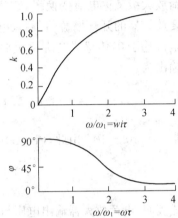

图 6.14　压电器件与测量电路相连的动态特性曲线

电压放大器（阻抗变换器）因其电路简单、成本低、工作稳定可靠而被采用。目前解决电缆干扰的有效措施是采用与传感器一体化的超小型阻抗变换器，如图 6.15(a) 所示，图中 Q 元件为压电材料，用于组合一体化压电加速度传感器。这种传感器的信号输出可采用普通的同轴电缆，电缆长达几百米而无明显干扰影响。图 6.15(b) 为国产 ZK-2 型阻抗变换器。电路第一级为 MOS 场效应源输出器；第二级用 3AX 构成对输入的负反馈，以进一步提高输入阻抗，降低输出阻抗。2 只二极管 2CP 作过载保护，并有一定的温度补偿作用。其主要性能指标是：输入阻抗大于 2 000 MΩ，输出阻抗小于 100 Ω，频率范围 2 Hz～100 kHz，电压增益 ±0.05 dB，动态范围 200 μV～5 V。

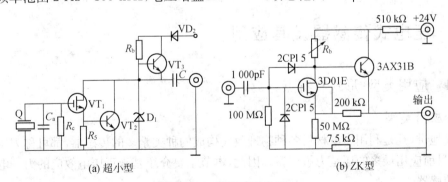

图 6.15　阻抗变换电路

电荷放大器的原则框图如图 6.16 所示。它的特点是，能把压电器件高内阻的电荷源变换为传感器低内阻的电压源，以实现阻抗匹配，并使其输出电压与输入电荷成正比；而且，传感器的灵敏度不受电缆变化的影响。

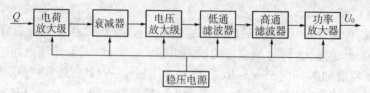

图 6.16　电荷放大器电路原理框图

电荷放大级又称电荷变换级，它实际上是有积分负反馈的运算放大器，如图 6.12(b)所示。只要放大器的开环增益 G、输入电阻 R_i 和反馈电阻 R_f 足够人，通过运算反馈，使放大器输入端电位趋于 0，传感器电荷 Q 全部充入回路电容 $C(=C_a+C_i+C_c)$ 和反馈电容 C_f，因此放大器的输出为：

$$U_o=\frac{-GQ}{(1+G)C_f+C}$$ （6.25）

通常，$G=10^4 \sim 10^6$，由此，$(1+G)C_f \gg C$（一般取 $GC_f>10C$ 即可），则有：

$$U_o=-\frac{Q}{C_f}$$ （6.26）

上式表明，电荷放大器输出电压与输入电荷及反馈电容有关。只要 C_f 恒定，就可实现回路输出电压与输入电荷成正比，相位差 180°。输出灵敏度

$$S_u=-\frac{1}{C_f}$$ （6.27）

只与反馈电容有关，而与电缆电容无关。此外，由于放大器的非线性误差不进入传递环节，整个电路的线性也较好。因此，采用电荷放大器的压电传感器，在实用中无变动电缆的后顾之忧。

根据式(6.27)，电荷放大器的灵敏度可通过切换 C_f 来调节，通常 $C_f=100 \sim 10\ 000$ pF。在 C_f 的两端并联 $R_f=10^{10} \sim 10^{14}$ Ω，可制成直流负反馈，以减小零漂，提高工作稳定件。

6.4　压电式传感器及其应用

6.4.1　应用类型、形式和特点

1）应用类型

广义地讲，凡是利用压电材料各种物理效应构成的种类繁多的传感器，都可称为压电式传感器，但目前应用最多的还是力敏类型。因此，本节主要介绍基于正压电效应的力—电转换型压电式传感器。

力—电转换的变形方式从优化设计和择优选用压电传感器考虑，首先必须了解其力—电转换的变形方式。

由式(6.7)和式(6.10)压电常数矩阵可以看出，石英晶体和压电陶瓷的压电效应基本表现方式有 5 种：深度伸缩、长度伸缩、厚度切变、长度切变、体积压缩。

压电常数值反映了压电效应的强弱。压电陶瓷的压电效应比石英晶体强数十倍。对石英

晶体,长宽切变压电效应最差,故很少应用;对压电陶瓷,厚度切变压电效应最好可,可尽量应用。对二维空间力场的测量,压电陶瓷的体积压缩压电效应显示了独特的优越性。

2)压电元件的结构与组合形式

根据压电传感器的应用需要和设计要求,以某种切型从压电材料切得的晶片(压电元件),其极化网经镀覆金属(银)层或加金属薄片后形成电极,这样就构成了可供选用的压电器件。压电元件的结构型式很多,如图6.17所示。按结构形状,分为圆形、长方形、环形、柱状和球壳状等,按元件数目,分为单晶片、双晶片和多晶片。按极性连接方式,分为串联[见图6.17(R)、(h)]或并联[见图6.17(f)、(i)]。为提高压电输出灵敏度,通常采用双晶片(有时也采用多晶片)串、并联组合方式。

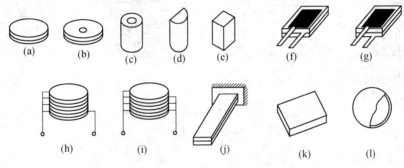

图 6.17 压电元件的结构与组合形式

3)应用特点

凡是能转换成力的机械量如位移、压力、冲击、振动加速度等,都可用相应的压电传感器测量。

压电式传感器的应用特点是:

(1)灵敏度和分辨力高,线性范围大,结构简单、牢固,可靠性好,寿命长。

(2)体积小,重量轻,刚度、强度、承载能力和测量范围大,动态响应和频带宽,动态误差小。

(3)易于大量生产,便于选用,使用和校准方便,并适用于近测、遥测。

目前压电式传感器应用最多的仍是测力,尤其是对冲击、振动加速度的测量。迄今在众多测振传感器中,压电加速度传感器占 80% 以上。因此,下面主要介绍压电式加速度和力传感器。

6.4.2 压电式加速度传感器

目前,压电加速度传感器的结构型式主要有压缩型、剪切型和复合型3种。

1)压缩型

图6.18所示为常用的压缩型压电式加速度传感器的结构图。其压电元件取用 d_{11} 和 d_{33} 的形式。

图6.18(a)所示正装中心压缩式结构的特点是,质量块和弹性元件通过中心螺栓固紧在基座上形成独立的体系,与易受非振动环境干扰的壳体分开,具有灵敏度高、性能稳定、频响好、工作可靠等优点,但受基座的机械和热应变影响。为此,设计出改进型如图6.18(b)所示

的隔离基座压缩式和图 6.18(c)所示的倒装中心压缩式。图 6.18(d)是一种双筒双屏蔽新颖结构,除外壳起屏蔽作用外,内预紧套筒也起屏蔽作用。由于顶紧筒横向刚度大,大大提高了传感器的综合刚度和横向抗干扰能力,改善了特性。这种结构还在基座上设有应力槽,可起到隔离基座的机械和热应变干扰的作用,不失为一种采取综合抗干扰措施的好设计,但工艺较复杂。

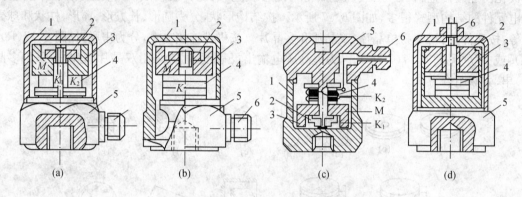

图 6.18　压缩型压电加速度传感器

1—外壳;2—弹簧;3—质量块;4—压电元件;5—基座;6—夹持环

2) 剪切型

剪切压电效应以压电陶瓷为佳,且理论上不受横向应变等干扰和无热释电输出。因此,剪切型压电传感器多采用极化压电陶瓷作为压电转换元件。图 6.19 示出了几种典型的剪切型压电加速度传感器结构。

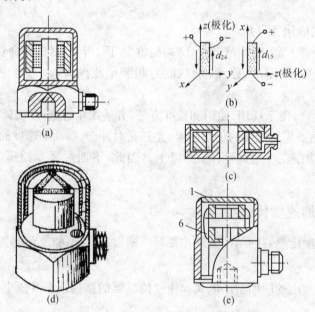

图 6.19　剪切型压电加速度传感器结构

图 6.19(a)为中空圆柱形结构,其中柱状压电陶瓷可取 2 种极化方案,如图 6.19(b)所示,一种是取轴向极化,呈现图 6.10(c)中 d_{24} 剪切压电效应,电荷从内外表面引出;另一种是取经

向极化,呈现图6.10(c)中 d 剪切压电效应,电荷从上下端引出。剪切型结构简单、轻小、灵敏度高。存在的问题是压电元件作用面(结合面)需通过粘结(d_{24}方案需用导电胶粘结),装配困难,且不耐高温和高载。图 6.19(c)为扁环形结构。图 6.19(d)为三角剪切式新颖结构。3 块压电片和扇形质量块呈等三角空间分布,由预紧筒固紧在三角中心柱上,取消了胶结,改善了线性和温度特性,但材料的匹配和制作工艺要求高。图 6.19(e)为 H 形结构。左右压电组件通过横螺栓固紧在中心立柱上。它综合了上述各种剪切式结构的优点,具有更好的静态特性、更高的信噪比和宽的高低频特性,装配也方便。

3) 复合型

复合型加速度传感器泛指那些具有组合结构、差动原理、组合一体化或复合材料的压电传感器。现列举几种介绍如下。

(1) 结构

图 6.20 为多晶片三向压电加速度传感器的结构。压电组件由 3 组(双晶片)具有 x、y、z 三向互相正交压电效应的压电元件组成。三向加速度通过质量块,前置转换成 x、y、z 三向力作用在 3 组压电元件上,分别产生正比于三向加速度的电压输出。其作用原理同后述的三向测力传感器。

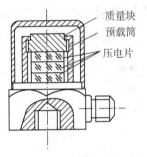

图 6.20 三向压电加速度传感器

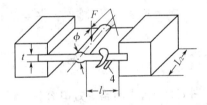

图 6.21 压电薄膜加速度传感器

在民用方面,诸如对洗衣机滚筒的不平衡、关门时的冲击、车辆与障碍物之间的碰撞等进行检测时,需要价廉、简单的加速度计。图 6.21 所示的由 PVF$_2$ 高分子压电薄膜做成的加速度传感器,不仅价廉、简单,而且可做成任何形状,实现软接触测量。它由支架夹持一片 PVF$_2$ 压电薄膜构成,薄膜中央有一圆管状电极作为质量块,敏感上下方向的加速度,并转换成相应的惯性力作用于薄膜,产生电荷,由电极输出。国外已采用 $d = 5 \times 10^{-12}$ C/N 的 PVF$_2$ 研制成 $\phi 2$ mm,$t = 20$ μm,$l_1 \times l_2 = 0.5$ cm×1 cm,输出灵敏度为 3 pC/g 的加速度传感器。

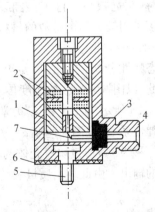

图 6.22 组合一体化压电加速度传感器

1—质量块;2—压电石英片;3—超小型加速度传感器;4—电缆插座;5—绝缘螺钉;6—绝缘垫圈;7—引线

20 世纪 70 年代以来,国外开始研制集传感器与电子电路于一体的组合一体化压电-电子传感器(压电管)。80 年代以来,又利用集成工艺开始研制完全集成化压电加速度传感器。

图 6.22 为一典型的组合一体化压电加速度传感器结构。

　　振动存在于所有具有动力设备的各种工程或装置中，并成为这些工程装备的工作故障源，以及工况监测信号源。目前对这种振动的监控检测，大多采用压电加速度传感器。

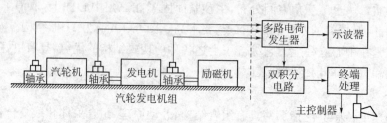

图 6.23　汽轮发电机组工况监测系统

　　（2）工作原理

　　图 6.23 为电厂汽轮发电机组工况（振动）监测系统工作示意图。众多的加速度传感器布点在轴承等高速旋转的要害部位，并用螺栓刚性固连在振动体上。

　　以图 6.18(a) 所示的压缩型加速度传感器为例。当加速度传感器感受振动体的振动加速度时，质量块产生的惯性力 F 作用在压电器件上，从而产生电荷 Q 输出。当这种传感器所包含的质量——弹簧-阻尼系统能实现线性转换时，传感器输出 Q 或电压 U_0 与输入加速度 a 成正比。这时传感器的电荷灵敏度和电压灵敏度分别为：

$$S_q = \frac{Q}{a} = dm \ ((C \cdot s^2)/m) \tag{6.30}$$

$$S_u = \frac{U_t}{a} = \frac{dm}{C} \ ((V \cdot s^2)/m) \tag{6.31}$$

式中：$C = C_a + C_i + C_c$，为回路等效电容。

　　由上式可见，可通过选用较大的 m 和 d 来提高灵敏度。但质量的增大将引起传感器固有频率下降，频宽减小，而且随之带来体积、重量的增加，构成对被测对象的影响，应尽量避免。通常大多采用较大压电常数的材料或多晶片组合的方法来提高灵敏度。

　　（3）动态特性

　　动态特性分析的目的是要揭示上述线性变换的条件。为此，以图 6.18(b) 加速度传感器为例，并把它简化成如图 6.24 所示的"m-k-c"力学模型。其中：k 为压电器件的弹性系数，被测加速度 $a = \ddot{x}$ 为输入。设质量块 m 的绝对位移为 x_a，质量块对壳体的相对位移 $y = x_a - x$ 为传感器的输出。由此列出质量块的动力学方程：

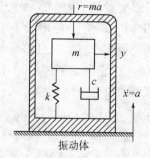

图 6.24　压电加速度传感器的力学模型

$$m\ddot{x}_a + c(\dot{x}_a - \dot{x}) + k(x_a - x) = 0$$

或整理成：

$$m\ddot{y} + c\dot{y} + ky = -ma \tag{6.32}$$

复数形式为：

$$(ms^2+cs+k)y=-ma \tag{6.33}$$

设：$\omega_n=\sqrt{k/m}$；$\varepsilon=c/2\sqrt{km}$，代入上式可得传递函数：

$$\frac{y}{a}(j\omega)=-\frac{m}{ms^2+cs+k}=-\frac{1}{s^2+2\xi\omega_n s+\omega_n^2} \tag{6.34}$$

和频率特性：

$$\frac{y}{a}(j\omega)=-\frac{1/\omega_n^2}{1-(\omega/\omega_n)^2+2\xi(\omega/\omega_n)j} \tag{6.35}$$

由上式可得系统对加速度响应的幅频特性：

$$A(\omega)_a=\left|\frac{y}{a}\right|=\frac{1/\omega_n^2}{\sqrt{[1-(\omega/\omega_n)^2]^2+[2\xi(\omega/\omega_n)]^2}}=A(\omega_n)\frac{1}{\omega_n^2} \tag{6.36}$$

式中：

$$A(\omega_n)=\frac{1}{\sqrt{[1-(\omega/\omega_n)^2]^2+[2\xi(\omega/\omega_n)]^2}}$$

为表征二阶系统固有特性的幅频特性。

由于质量块相对振动体的位移 y 即是压电器件（设压电常数为 d_{33}）受惯性力 F 作用后产生的变形，在其线性弹性范围内有 $F=ky$。由此产生的压电效应为：

$$Q=d_{33}F=d_{33}ky$$

将上式代入式（6.36）即得压电加速度传感器的电荷灵敏度幅频特性为：

$$A(\omega)_a=\left|\frac{Q}{a}\right|=\frac{A(\omega_n)}{\omega_n^2}\frac{d_{33}k}{\omega_n^2} \tag{6.37}$$

若考虑传感器接入 2 种测量电路的情况：

（1）接入反馈电容为 C_f 的高增益电荷放大器，则由式（6.36）代入式（6.37）得带电荷放大器的压电加速度传感器的幅频特性为：

$$A(\omega)_q=\left|\frac{U_0}{a}\right|_q=A(\omega_n)\frac{1}{\omega_n^2 C_f}d_{33}k \tag{6.38}$$

（2）接入增益为 A，回路等效电阻和电容分别为 R 和 C 的电压放大器后，由式（6.21）可得放大器的输出为：

$$|U_0|=\frac{Ad_{33}F_m\omega R}{\sqrt{1+(\omega RC)^2}}=\frac{1}{\sqrt{1+(\omega_1+\omega)^2}}\frac{Ad_{33}F_m}{C}=A(\omega_1)\frac{Ad_{33}F_m}{C} \tag{6.39}$$

式中：

$$A(\omega_1)=\frac{1}{\sqrt{1+(\omega_1+\omega)^2}}$$

为由电压放大器回路角频率 ω_1 决定的表征回路固有特性的幅频特性。

由式(6.39)和式(6.37)不难得到带电压放大器的压电加速度传感器的幅频特性为：

$$A(\omega)_u = \left| \frac{U_0}{a} \right|_u = A(\omega_1) A(\omega_n) \frac{A}{\omega_n^2 C} d_{33} k \qquad (6.40)$$

由式（6.40）描绘的相对频率特性曲线如图 6.25 所示。

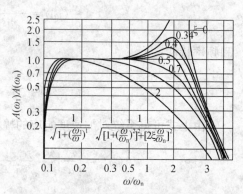

综上所述，得到：

(1) 由图 6.26 可知，当压电加速度传感器处于 $(\omega/\omega_n) \ll 1$，即 $A(\omega_n) \to 1$ 时，可得到灵敏度不随 ω 而变的线性输出，这时按式(6.37)和式 6.38 得传感器的灵敏度近似为一常数：

$$\frac{Q}{a} \approx \frac{d_{33} k}{\omega_n^2} \qquad \text{（传感器本身）}$$

或

图 6.25　压电加速度传感器的幅频特性

$$\frac{U_0}{a} \approx \frac{d_{33} k}{C_f \omega_n^2} \qquad \text{（带电荷放大器）} \qquad (6.41)$$

这是我们所希望的，通常取 $\omega_n > (3 \sim 5)\omega_0$。

(2) 由式(6.40)知，带电压放大器的加速度传感器特性由低频特性 $A(\omega_1)$ 和高频特性 $A(\omega_n)$ 组成。高频特性由传感器机械系统固有特性所决定；低频特性由电子回路的时间常数 $\tau = 1/\omega_1 = RC$ 所决定。只有当 $\omega/\omega_n \ll 1$ 和 $\omega_1/\omega \ll 1$（即 $\omega_1 \ll \omega \ll \omega_n$）时，传感器的灵敏度为常数：

$$\frac{U_0}{a} \approx \frac{d_{33} k A}{C \omega_n^2} \qquad (6.42)$$

满足此线性输出的上述条件的合理参数选择，见上节分析，否则将产生动态幅值误差，高频段为 $\delta_H = [A(\omega_n) - 1]\%$，低频段为 $\delta_L = [A(\omega_1) - 1]\%$。

此外，在测量具有多种频率成分的复合振动时，还受到相位误差的限制。

6.4.3　压电式力和压力传感器

压电式测力传感器是利用压电元件直接实现力—电转换的传感器，在拉力、压力和力矩测量场合，通常较多采用双片或多片石英晶片作压电元件。其特点是：刚度大，动态特性好；测量范围宽，可测 10^{-3} N～10^4 kN 范围内的力；线性及稳定性高；可测单向力，也可测多向力。当采用大时间常数的电荷放大器时，可测量静态力。

1）压电石英三向测力传感器

三向测力传感器主要用于三向动态测力系统中，如机床刀具切削力测试。图 6.26(a)为 YDS—79B 型压电式三向力传感器结构，压电组件为 3 组石英双晶片叠成并联方式，如图6.26(b)所示。其中一组取 X0°切型晶片，利用厚度压缩纵向压电效应 d_{11} 来测量主切削力 F_z；另外 2 组取 Y0°切则晶片，利用剪切压电系数 d_{26} 来分别测量纵横向进刀抗力 F_y 和 F_τ，见图 6.26(c)，由于 F_τ 与 F_y 正交，因此这 2 组晶片安装时应使其最大灵敏度分别取 x 向和 y 向。

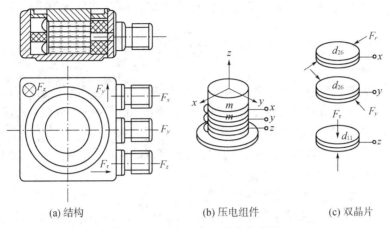

(a) 结构　　　　　　　　(b) 压电组件　　　　(c) 双晶片

图 6.26　三向压电加速度传感器

压电式力传感器的工作原理和特性与压电式加速度传感器基本相同。以单向力 F_z 作用为例,由图 6.26(a)可知,它仍可由图 6.25 和式(6.32)描述的典型二阶系统加以说明。参照式(6.37),代入 $F_z = ma$,即可得单向压缩式压电力传感器的电荷灵敏度幅频特性。

$$\left|\frac{Q}{F_z}\right| = A(\omega_n) d_{11} = \frac{d_{11}}{\sqrt{\left[1 - \left(\frac{\omega}{\omega_n}\right)^2\right]^2 + \left[2\xi\frac{\omega}{\omega_n}\right]^2}} \qquad (6.43)$$

可见,当 $\omega/\omega_n \ll 1$ 即 $\omega \ll \omega_n$ 时,上式可变为:

$$\frac{Q}{F_z} \approx d_{11} \text{ 或 } Q \approx d_{11}F_z \qquad (6.44)$$

这时,力传感器的输出电荷 Q 与被测力 F_z 成正比。

2) 压电石英双向测力和扭矩传感器

上述三向测力传感器的设计原理可推广应用于力和扭矩的测量。图 6.27 为 D_n - 829Y 型双向力、扭矩传感器结构图。该传感器可用来测量 Z 向力 F_z 和绕 Z 轴的扭矩 M_z。在直径 $d_0 = 47.6$ mm 的中心圆上,上下各均匀分布 6 组石英双晶片压电器件。其中上面 6 组采用 xy 切型双晶片,利用厚度压缩纵向压电效应 d_{11} 来测量 F_z,且使 y 晶轴正向设置成上层片取离心方向,厂层片取向心方向。这样布局的目的在于减小 M_z 对 xy 晶组引起横向干扰影响。下面 6 组采用 yx 切型双晶片,利用剪切压电效应 d_{26} 来测量 M_z,且使 z 晶轴取向心排列,这样,x 晶轴向则为中心回切向,从而确保 yx 晶组有最大的输出。

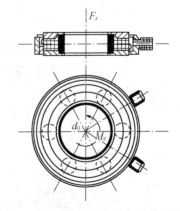

图 6.27　D_n - 829Y 型双向力扭矩传感器结构

压电式压力传感器的结构类型很多,但它们的基本原理与结构仍与前述压电式加速度和力传感器大同小异。突出的不同点是,它必须通过弹性膜、盒等,把压力收集、转换成力,再传

递给压电元件。为保证静态特性及其稳定性,通常大多采用石英晶体作压电元件。在结构设引中,必须注意:

(1) 确保弹性膜片与后接传力件间有良好的面接触,否则,接触不良会造成滞后或线性恶化,影响静、动态特件。

(2) 传感器基体和壳体要有足够的刚度,以保证被测压力尽可能传递到压电元件上。

(3) 压电元件的振动模式选择要考虑到频率覆盖:弯曲(0.4~100 kHz);压缩(40 kHz~15 MHz);剪切(100 kHz~125 MHz)。

(4) 涉及传力的元件,尽量采用高音速材料和扁薄结构,以利快速、无损地传递弹性元件的弹性波,提高动态性能。

(5) 考虑加速度、温度等环境干扰的补偿。

图 6.28 所示为综合考虑了上述设计思想的 kistler7031 型压电式压力传感器的结构。压缩式石英晶片组通过簿壁厚底的弹性套筒施加预载,其厚底起着传力件的作用。被测压力通过膜片和预紧筒传递给压电组件。在压电组件与膜片间垫有陶瓷和铁镍青铜 2 种材料制成的温度补偿片,尺寸为 $\phi 6$ mm×0.5 mm,用来补偿长时间缓变(尤其在低频测量时)的热干扰对弹性套筒预载的影响。在压电组件上方,安装有 $\phi 6.6$ mm×7 mm 高密度合金质量块,以及尺寸为 $\phi 6$ mm×0.5 mm 且输出极性相反的加速度补偿晶片,用以消除环境加速度干扰。这种传感器量程大($0 \sim 2.5 \times 10^7$ Pa),工作温度范围宽($-150 \sim +240$ ℃),温度误差小(0.02%/℃),加速度误差小(达 $4 \times 10^7 /(m \cdot s^2)$)。

图 6.28 所示为血压计采用的 2 种不同型式的压电血压传感器。图 6.29(a) 采用了 PZT—5H 压电陶瓷,尺寸为 12.7 rnm×1.575 mm×0.508 mm 的双晶片悬梁结构。双晶片热极化方向相反,并联连接。在敏感振膜中央上下两侧各胶粘有半圆柱塑料块。被测动脉血压通过上塑料块、振膜、下塑料块传递到压电悬梁的自由端。压电梁弯曲变形产生的电荷经前置电荷放大器输出图。图 6.29(b) 为采用复合材料的血压传感器结构。压电元件为掺杂 PZT 陶瓷的 PVE 复合压电薄膜。它的韧性好,易于皮肤吻合,力阻抗与人体匹配,可消除外界脉动干扰。这种传感器结构简单,组装

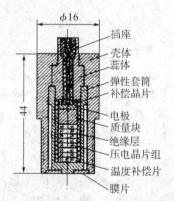

图 6.28　7031 型压电式压力传感器的结构

容易,体积小,可靠耐用,输出再现性好,适用于人体脉压、脉率的检测或脉波再现。

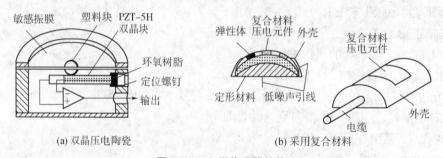

(a) 双晶压电陶瓷　　　　　　　　(b) 采用复合材料

图 6.29　血压传感器结构

习题与思考题

6.1 何谓压电效应？何谓纵向压电效应和横向压电效应？

6.2 压电材料的主要特性参数有哪些,试比较 2 类压电材料的应用特点。

6.3 试述石英晶片切型($yxlt+50°/45°$)的含意。

6.4 为了提高压电式传感器的灵敏度,设计中常采用双晶片或多晶片组合,试说明其组合的方式和适用场合。

6.5 欲设计图 6.20 所示二向压电加速度传感器,用来测量 x、y、z 三正交方向的加速度,拟选用一组双晶片组合 $BaTiO_3$ 压电陶瓷作压电组件。试问:应选用何种切型的晶片？如何合理选用？并用图表示。

6.6 简述压电式传感器前置放大器的作用,2 种形式各自的优缺点及如何合理选择回路参数。

6.7 已知 ZK—2 型阻抗变换器的输入阻抗为 2 000 MΩ,测量回路的总电容为 1 000 pF。试求当与压电加速度计相配,用来测景 1 Hz 的低频振动时产生的幅值误差。

6.8 试证明压电加速度传感器动态幅值误差表达式:高频段为 $\delta_H=[A(\omega_n)-1]\%$;低频段为 $[A(\omega_1)-1]\%$。若测量回路的总电容 $C=1\,000$ pF,总电阻 $R=500$ MΩ,传感器机械系统固有频率 $f_n=30$ kHz,相对阻尼系数 $\xi=0.5$,求幅值误差在 2% 以内的使用频率范围。

7 热电式传感器

热电式传感器是利用转换元件电磁参量随温度变化的特性对温度和与温度有关的参量进行检测的装置。其中,将温度变化转换为电阻变化的称为热电阻传感器,将温度变化转换为热电势变化的称为热电偶传感器。这 2 种热电式传感器在工业生产和科学研究作中已得到广泛使用,并有相应的定型仪表可供选用,以实现温度检测的显示和记录。

7.1 热电阻传感器

7.1.1 热电阻

1) 热电阻材料的特点

作为测量温度用的热电阻材料,必须具有以下特点:

(1) 高温度系数、高电阻率。这样在同样条件下可加快反应速度,提高灵敏度,减小体积和重量。

(2) 化学、物理性能稳定,以保证在使用温度范围内热电阻的测量准确性。

(3) 良好的输出特性,即必须有线性的或者接近线性的输出。

(4) 良好的工艺性,以便于批量生产、降低成本。

适宜制作热电阻的材料有铂、铜、镍、铁等。

2) 铂、铜热电阻的特性

铂、铜为应用最广的热电阻材料。虽然铁、镍的温度系数和电阻率均比铂、铜要高,但由于存在难以提纯和非线性严重的缺点,从而用得不多。

铂容易提纯,在高温和氧化性介质中,化学、物理性能稳定,制成的铂电阻输出-输入特性接近线性,测量精度高。

铂电阻阻值与温度变化之间的关系可以近似用下式表示:

$$R_t = R_0(1 + At + Bt^2) \qquad (0 \sim 660\ ℃) \tag{7.1}$$

$$R_t = R_0(1 + At + Bt^2 + C(t-100)t^3) \qquad (-190 \sim 0\ ℃) \tag{7.2}$$

式中:R_0,R_t——分别为 0 ℃和 t ℃的电阻值;

   A——常数($3.968\ 47 \times 10^{-3}/℃$);

   B——常数($-5.847 \times 10^{-7}/℃^2$);

   C——常数($-5.847 \times 10^{-12}/℃^4$)。

铂电阻制成的温度计,除用做作温度标准外,还广泛应用于高精度的工业测量。由于铂为贵金属,一般在测量精度要求不高和测温范围较小时,均采用铜电阻。

铜容易提纯,在$-50 \sim +150$ ℃范围内纯铜电阻化学、物理性能稳定,输出—输入特性接近线性,价格低廉。

铜电阻阻值与温度变化之间的关系可以近似用下式表示:

$$R_t = R_0(1 + At + Bt^2 + Ct^3) \tag{7.3}$$

式中:A——常数($4.288\,99 \times 10^{-3}/℃$);

　　　B——常数($-2.133 \times 10^{-7}/℃^2$);

　　　C——常数($1.233 \times 10^{-9}/℃^3$);

由于铜电阻的电阻率仅为铂电阻的 1/6 左右,当温度高于 100 ℃时易被氧化,因此适用于温度较低和没有浸蚀性的介质中工作。

3）其他热电阻

铂、铜热电阻不适宜作低温和超低温的测量。近年来一些新颖的热电阻材料相继被采用。

铜电阻适宜在 $-265 \sim -258\ ℃$ 温度范围内使用,测温精度高,灵敏度是铂电阻的 10 倍,但是复现性差。

锰电阻适宜在 $-271 \sim -210\ ℃$ 温度范围内使用,灵敏度高,但是质脆、易损坏。

碳电阻适宜在 $-273 \sim -268.5\ ℃$ 温度范闹内使用,热容量小,灵敏度高,价格低廉,操作简便,但是热稳定性较差。

除了普通工业用热电阻外,近年来为了提高响应速度,发展了一些新品种。例如,封装在金属套管内的嵌装热电阻,这种热电阻外径直径小(最小仅 1 mm),除感温元件处外,可以任意弯曲,特别适合在复杂结构中安装。由于封装良好,具有良好的抗振动、抗冲击性能和耐腐蚀性能。又如线绕薄片型铂热电阻和利用集成电路(IC)工艺制作的厚膜铂电阻与薄膜铂电阻。

7.1.2　热敏电阻

1）热敏电阻的特点

热敏电阻是用半导体材料制成的热敏器件。按物理特性可分为 3 类:负温度系数热敏电阻(NTC);正温度系数热敏电阻(PTC);临界温度系数热敏电阻(CTR)。

由于负温度系数热敏电阻应用较为普遍,下面只介绍这类热敏电阻。

负温度系数热敏电阻是一种氧化物的复合烧结体,通常用来测量 $-100 \sim +300\ ℃$ 范围内的温度。与热电阻相比,其特点是:电阻温度系数大,灵敏度高,约为热电阻的 10 倍;结构简单,体积小,可以测量点温度;电阻率高,热惯性小,适宜动态测量;易于维护和进行远距离控制;制造简单,使用寿命长。不足之处为互换性差,非线性严重。

2）负温度系数热敏电阻的特性

图 7.1 为负温度系数热敏电阻的电阻-温度曲线,可以用如下经验公式描述:

$$R_T = A e^{\frac{B}{T}} \tag{7.4}$$

式中:R_T——温度为 T(K)时的电阻值;

　　　A——与热敏电阻的材料和几何尺寸有关的常数;

　　　B——热敏电阻常数。

若已知 T_1 和 T_2 的电阻为 R_{T1} 和 R_{T2},则可通过公式求取 A、B 的值,即

$$A = R_{T1} e^{-\frac{B}{T_1}} \qquad (7.5)$$

$$B = \frac{R_{T1} R_{T2}}{R_{T2} - R_{T1}} \ln \frac{R_{T1}}{R_{T2}} \qquad (7.6)$$

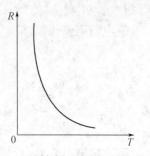

图 7.1　热敏电阻的电阻特性曲线

图 7.2 示出热敏电阻的伏安特性曲线。由图可见,当流过热敏电阻的电流较小时,曲线呈直线状,服从欧姆定律。当电流增加时,热敏电阻自身温度明显增加。由于负温度系数的关系,阻值下降,于是电压上升速度减慢,出现了非线性。当电流继续增加时,热敏电阻自身温度上升更快,阻值大幅度下降,其降低速度超过电流增加速度,于是出现电压随电流增加而降低的现象。

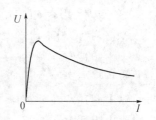

图 7.2　热敏电阻的伏安特性

热敏电阻特性的严重非线性是扩大测温范围和提高精度必须解决的关键问题。解决办法是,利用温度系数很小的金属电阻与热敏电阻串联或并联,使热敏电阻阻值在一定范围内呈线性关系。图 7.3 所示为一种金属电阻与热敏电阻串联以实现非线性校正的方法。只要金属电阻 R_x 选得合适,在一定温度范围内得到近似双曲线特性,即温度与电阻的函数成线性关系,从而使温度与电流成线性关系。近年来已出现利用微机实现较宽温度范围内线性化校正的方案。

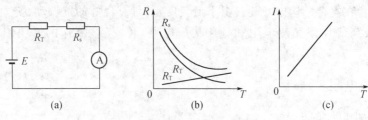

图 7.3　热敏电阻串联非线性校正

图 7.4 为柱形热敏电阻的结构。热敏电阻除柱形外,还有珠状、探头式、片状等,见图7.5。

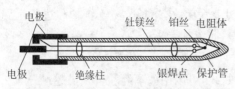

图 7.4　柱形热敏电阻的结构

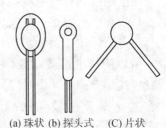

图 7.5　热敏电阻其他结构示意图

3) 近代热敏电阻的特性

(1) 近年来研制的玻璃封装热敏电阻具有较好的耐热性、可靠性和频响特性。图 7.6 为玻璃封装热敏电阻的结构示意图。它适用于用做高性能温度传感器的热敏器件。当测量温度由 125 ℃上升到 300 ℃时,响应时间由 30 s 加快到 6 s,工作稳定性由±5%改善为±(3—1) %。

（2）氧化物热敏电阻的灵敏度都比较高，但只能在低于 300 ℃时工作。近期用硼卤化物与氢还原研制成的硼热敏电阻，在 700 ℃高温时仍能满足灵敏度、互换性、稳定性的要求。可用于测量液体流速、压力、成分等。

（3）负温度系数热敏电阻的特性曲线具有严重的非线性。近期研制的 CdO - Sb_2O_3 - WO_3 和 CdO - SnO_2 - WO_3 两种热敏电阻，在－100～＋300 ℃温度范围内，特性曲线呈线性关系，解决了负温度系数热敏电阻存在的非线性问题。

（4）近年来发现四氰酸二甲烷新型有机半导体材料，具有电阻率随温度迅速变化的特性，如图 7.7 所示。当温度自低温上升至 T_H 时，因电阻率迅速下降，使电阻值相应减小，直至温度等于或高于 T_H 时，电阻值变为 R_0。当温度自高温下降至 T_H 附近直至 T_L 时，电阻率变化较小，电阻值变化不大。当温度继续下降至 T_L 时，由于电阻率迅速增加，电阻会达到 R_p。利用上述特性可制成定时器，通过保持材料的温度在 T_H 与 T_L 之间，即可使定时时间限制在 R_0 至 R_p 的持续时间内。

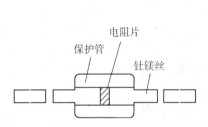

图 7.6 玻璃封装热做电阻的结构示意图

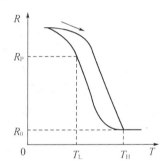

图 7.7 有机热敏电阻的特性曲线

这种有机热敏材料不仅可以制成厚膜还可以制成薄膜或压成杆形。用它制成的电子定时元件，具有定时时间宽（从数秒至数十小时）、体积小、造价低的优点。

7.2 热电偶传感器

热电偶传感器是目前接触式测温中应用最广的热电式传感器，具有结构简单、制造方便、测温范围宽、热惯性小、准确度高、输出信号便于远传等优点。

7.2.1 热电效应及其工作定律

1）热电效应

将 2 种不同性质的导体 A、B 组合成闭合回路，如图 7.8 所示。若节点(1)、(2)处于不同的温度（$T \neq T_0$）时，两者之间将产生一个热电势，在回路中形成一定大小的电流，这种现象称为热电效应。分析表明，热电效应产生的热电势由接触电势（珀尔帖电势）和温差电势（汤姆逊电势）2 部分组成。

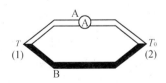

图 7.8 热电效应示意图

当 2 种金属接触在一起时，由于不同导体的自由电子密度不同，在结点处就会发生电子迁移扩散。失去自由电子的金属呈正电位，得到自由电子的金属呈负电位。当扩散达到平衡时，在 2 种金属的接触处形成电势，称为接触电势，其大小除与 2 种

金属的性质有关外,还与结点温度有关,可表示为:

$$E_{AB}(T) = \frac{kT}{e} \ln \frac{N_A}{N_B} \qquad (7.7)$$

式中:$E_{AB}(T)$——A、B 金属在温度 T 时的接触电势;

k——波尔茨曼常数,$k = 1.38 \times 10^{-23}$(J/K);

e——电子电荷,$e = 1.6 \times 10^{-19}$(J/K);

N_A、N_B——金属 A,B 的自由电子密度;

T——结点处的绝对温度。

对于单一金属,如果两端的温度不同,则温度高端的自由电子向低端迁移,使单一金属两端产生不同的电位,形成电势,称为温差电势,其大小与金属材料的性质和阀端的温差有关,可表示为:

$$E_A(T, T_0) = \int_{T_0}^{T} \sigma_A dT \qquad (7.8)$$

式中:$E_A(T, T_0)$——金属 A 两端温度分别为 T 与 T_0 时的温差电势;

σ_A——温差系数;

T、T_0——高、低温端的绝对温度。

对于图 7.8 所示的 A、B 导体构成的闭合回路,总的温差电势为:

$$E_A(T, T_0) - E_B(T, T_0) = \int_{T_0}^{T} (\sigma_A - \sigma_B) dT \qquad (7.9)$$

于是,回路的总热电势为:

$$E_{AB}(T, T_0) = E_{AB}(T) - E_{AB}(T_0) + \int_{T_0}^{T} (\sigma_A - \sigma_B) dT \qquad (7.10)$$

由此可以得出如下结论:

(1) 如果热电偶 2 个电极的材料相同,即 $N_A = N_B$,$\sigma_A = \sigma_B$,虽然两端温度不同,但闭合回路的总热电势仍为 0。因此,热电偶必须用 2 种不同材料制作热电极。

(2) 如果热电偶 2 个电极材料不同,而热电偶两端的温度相同,即 $T = T_0$,闭合回路中也不产生热电势。

2) 工作定律

(1) 中间导体定律

设在图 7.8 的 T_0 处断开,接入第三种导体 C,如图 7.9 所示。

若 3 个结点温度均为 T_0,则回路中的总热电势为:

$$E_{ABC}(T_0) = E_{AB}(T_0) + E_{BC}(T_0) + E_{CA}(T_0) = 0 \quad (7.11)$$

若 A、B 结点温度为 T,其余结点温度为 T_0,而且 $T > T_0$,则回路中的总热电势为:

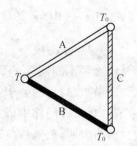

图 7.9 三导体热电回路

$$E_{ABC}(T_0) = E_{AB}(T) + E_{BC}(T_0) + E_{CA}(T_0) \qquad (7.12)$$

由式(7.11)可得:

$$E_{AB(T_0)} = -[E_{BC}(T_0) + E_{CA}(T_0)] \tag{7.13}$$

将式(7.13)代入式(7.12)得:

$$E_{ABC}(T, T_0) = E_{AB}(T) - E_{AB}(T_0) = E_{AB(T, T_0)} \tag{7.14}$$

由此得出结论:导体 A、B 组成的热电偶,当引入第三导体时,只要保持其两端温度相同,则对回路总热电势无影响,这就是中间导体定律。利用这个定律可以将第三导体换成毫伏表,只要保证 2 个接点温度一致,就可以完成热电势的测量而不影响热电偶的输出。

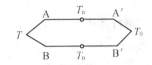

图 7.10 热电偶连接导线示意图

(2) 连接导体定律与中间温度定律

在热电偶回路中,若导体 A、B 分别与连接导线 A′、B′相接,接点温度分别为 T、T_n、T_0,如图 7.10 所示,则回路的总热电势为:

$$E_{ABB'A'}(T, T_n, T_0) = E_{AB}(T) + E_{BB'}(T_n) + E_{B'A'}(T_0) + E_{A'A}(T_n) + \int_{T_n}^{T} \sigma_A dT + \int_{T_0}^{T_n} \sigma_{A'} dT - \int_{T_0}^{T_n} \sigma_{B'} dT - \int_{T_n}^{T} \sigma_B dT \tag{7.15}$$

因为:

$$E_{BB'}(T_n) + E_{A'A}(T_n) = \frac{kT_n}{e} \ln\left(\frac{N_B}{N_{B'}} \frac{N_{A'}}{N_A}\right) = \frac{kT_n}{e}\left(\ln \frac{N_{A'}}{N_{B'}} - \ln \frac{N_A}{N_B}\right) = E_{A'B'}(T_n) - E_{AB}(T_n) \tag{7.16}$$

$$E_{B'A'}(T_0) = E_{A'B'}(T_0) \tag{7.17}$$

将式(7.17)和式(7.16)代入式(7.15),可得:

$$E_{ABB'A'}(T, T_n, T_0) = E_{AB}(T, T_n) + E_{A'B'}(T_n, T_0) \tag{7.18}$$

式(7.18)为连接导体定律的数学表达式,即回路的总热电势等于热电偶电势 $E_{AB}(T, T_n)$ 与连接导线电势 $E_{A'B'}(T_n, T_0)$ 的代数和。连接导体定律是工业上运用补偿导线进行温度测量的理论基础。

当导体 A 与 A′、B 与 B′的材料分别相同时,则式(7.18)成为:

$$E_{AB}(T, T_n, T_0) = E_{AB}(T, T_n) + E_{AB}(T, T_0) \tag{7.19}$$

式(7.19)为中间温度定律的数学表达式,即回路的总热电势等于 $E_{AB}(T, T_n)$ 与 $E_{AB}(T_n, T_0)$ 的代数和。T_n 称为中间温度。中间温度定律为制造分度表奠定了理论基础,只要求得参考端温度为 0 ℃时的热电势–温度关系,就可以根据式(7.19)求出参考温度不等于 0 ℃时的热电势。

7.2.2　热电偶

1）热电偶的材料

（1）标准化热电偶

指已经国家定型批生产的热电偶。

（2）非标准化热电偶

指特殊用途、专门生产的热电偶,如钨铼系、铱铑系、镍铬-金铁、镍钴-镍铝和双铂钼等热电偶。

2）热电偶的结构

（1）普通热电偶

如图 7.11 所示,工业上常用的普通热电偶的结构由热电极 1、绝缘套管 2、保护套 3、接线盒 4、接线盒盖 5 组成。

普通热电偶主要用于测量气体、蒸气和液体等介质的温度。这类热电偶已做成标准型式。可根据测温范围和环境条件选择合适的热电极材料和保扩套管。

（2）铠装热电偶

图 7.12 为铠装热电偶的结构示意图。根据测量端的型式,可分为碰底型(a)、不碰底型(b)、露头型(c)、帽型(d)等。铠装(又称缆式)热电偶的主要特点是:动态响应快,测量端热容量小,挠性好,强度高,种类多(可制成双芯、单芯和四芯等)。

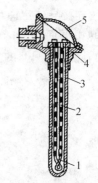

图 7.11　普通热电偶的结构示意图

（3）薄膜热电偶

薄膜热电偶的结构可分为片状、针状等。图 7.13 为片状薄膜热电偶结构示意图。薄膜热电偶的主要特点是:热容量小,动态响应快,适宜测量微小面积和瞬时变化的温度。

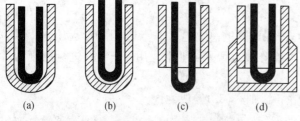

图 7.12　铠装热电偶的结构示意图

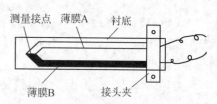

图 7.13　片状薄膜热电偶结构示意图

（4）表面热电偶

表面热电偶有永久性安装和非永久性安装 2 种。主要用来测量金属块、炉壁、橡胶筒、涡轮叶片等固体的表面温度。

（5）浸入式热电偶

浸入式热电偶主要用来测量钢水、铜水、铝水以及熔融合金的温度。浸入式热电偶的主要特点是可以直接插入液态金属中进行测量。

（6）特殊热电偶

例如测量火箭固态推进剂燃烧波温度分布、燃烧表面温度及温度梯度的一次性热电偶。

（7）热电堆

热电堆由多对热电偶串联而成,其热电势与被测对象的温度的 4 次方成正比。这种薄膜热电堆常制成星形及梳形结构用于辐射温度计进行非接触式测温。

3）热电偶的温度补偿

热电偶输出的电势是两结点温度差的函数。为了使输出的电势是被测温度的单一函数,一般将 T 作为被测温度端,T_0 作为固定冷端。通常 T_0 要求保持为 0 ℃,但是在实际使用中要做到这一点比较困难,因而产生了热电偶冷端温度补偿问题。

（1）0 ℃恒温法

在标准大气压下,将清洁的水和冰混合后放在保温容器内,可使 T_0 保持 0 ℃。近年来已研制出一种能使温度恒定在 0 ℃的半导体致冷器件。

（2）补正系数修正法

利用中间温度定律可以求出 $T_0 \neq 0$ 时的电势。该方法较精确,但繁琐。因此,工程上常用补正系数修正法实现补偿。设冷端温度为 t_n,此时测得温度为 t_1,其实际温度为:

$$t = t_1 + k t_n$$

式中:k——补正系数。

例如用镍铬-康铜热电偶测得介质温度为 600 ℃,此时参考端温度为 30 ℃,则通过相关手册,查得 k 值为 0.78,故介质的实际温度为:

$$t = 600 ℃ + 0.78 \times 30 ℃ = 623.4 ℃$$

（3）延伸热电极法（补偿导线法）

热电偶长度一般只有 1 m 左右,在实际测量时,需要将热电偶输出的电势传输到数十米以外的显示仪表或控制仪表,根据连接导体定律即可实现上述要求。一般选用直径粗、导电系数大的材料制作延伸导线,以减小热电偶回路的电阻,节省电极材料。图 7.14 为延伸热电极法示意图。具体使用时,延伸导线的型号与热电偶材料相对应。

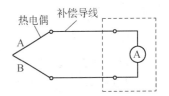

图 7.14 延伸热电极法示意图

（4）补偿电桥法

该方法利用不平衡电桥产生的电压来补偿热电偶参考端温度变化引起的电势变化。图 7.15 为补偿电桥法示意图。电桥 4 个桥臂与冷端处于同一温度,$R_1 = R_2 = R_3$ 为锰钢线绕制的电阻,R_4 为铜导线绕制的补偿电阻,E 是电桥的电源,R 为限流电阻,阻值取决于热电偶材料。使用时选择 R_4 的值使电桥保持平衡,电桥输出 $U_{ab} = 0$。当冷端温度升高时,R_4 随之增大,电桥失去平衡,U_{ab} 相应增大,此时热电偶电势 E_x 由于冷端温度升高而减小。若 U_{ab} 的增量等于热电偶电势 E_x 的减小量,回路总的电势的值就不会随热电偶冷端温度变化而变化,即

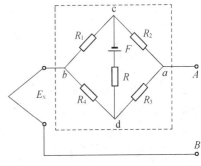

图 7.15 补偿电桥法示意图

$$U_{AB} = U_{ab} + E_x \tag{7.25}$$

7.3　热电式传感器的应用

热电式传感器最直接的应用是测量温度。本节介绍其他几种典型应用。

7.3.1　测量管道流量

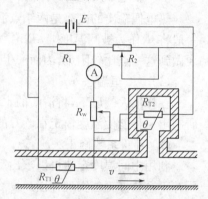

应用热敏电阻测量管道流量的工作原理如图 7.16 所示。R_{T1} 和 R_{T2} 为热敏电阻,R_{T1} 放入被测流量管道中;R_{T2} 放入不受流体流速影响的容器内,R_1 和 R_2 为一般电阻,4 个电阻组成桥路。当流体静止时,电桥处于平衡状态,电流计 A 上设有指示。当流体流动时,R_{T1} 上的热量被带走。R_{T1} 因温度变化引起阻值变化,电桥失去平衡,电流计出现示数,其值与流体流速 v 成正比。

图 7.16　测量管道流量的工作原理

7.3.2　热电式继电器

图 7.17 是一种应用热敏电阻组成的电机过热保护线路。3 只特性相向的负温度系数热敏电阻串联在一起,固定在电机三相绕组附近。

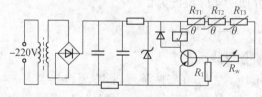

图 7.17　热电式过热保护电路

当电机正常远行时,绕组温度较低,热敏电阻阻值较高,三极管不导通,继电器不吸合。当电机过载或其中一相与地短路时,电机绕组温度剧增,热敏电阻阻值相应减小,三极管导通,继电器吸合,电机电路被断开,起到过热保护作用。

习题与思考题

7.1　热电式传感器有哪几类? 它们各有什么特点?

7.2　常用的热电阻有哪几种? 适用范围如何?

7.3　热敏电阻与热电阻相比较有什么优缺点? 用热敏电阻进行线性温度测量时必须注意什么?

7.4　利用热电偶测温必须具备哪 2 个条件?

7.5　什么是中间导体定律和连接导体定律? 它们在利用热电偶测温时有什么实际意义?

7.6　什么是中间温度定律和参考电极定律,它们各有什么实际意义?

7.7　用镍铬-镍硅热电偶测得介质温度为 800 ℃,若参考端温度为 25 ℃,问介质的实际温度为多少?

8 磁电式传感器

磁电式传感器是利用电磁感应原理,将运动速度、位移转换成线圈中的感应电动势输出。磁电式传感器工作时不需要外加电源,可直接将被测物体的机械能转换为电量输出,是典型的有源传感器。这类传感器的特点是:输出功率大,稳定可靠,结构简单,可简化二次仪表,但传感器体积大、频率响应低。工作频率在10~500 Hz范围,适合用于机械振动测量和转速测量。

8.1 磁电感应式传感器(电动式)

8.1.1 工作原理和结构形式

磁电感应式传感器利用导体和磁场发生相对运动时在导体两端输出感应电动势。根据法拉第电磁感应定律可知,导体在磁场中运动切割磁力线,或者通过闭合线圈的磁通发生变化时,在导体的端部或线圈内将产生感应电动势,电动势的大小与穿过线圈的磁通变化率有关。当导体在均匀磁场中沿垂直磁场方向运动时(如图 8.1 所示),导体内产生的感应电动势为:

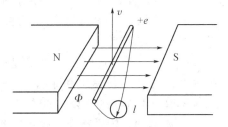

图 8.1 磁电感应式传感器原理

$$e = N \frac{\mathrm{d}\Phi}{\mathrm{d}t}$$

磁电感应式传感器的结构形式有恒磁通式和变磁通式两种。

1)恒磁通式

图 8.2 为恒磁通式磁电感应传感器结构原理图。磁路系统产生恒定的磁场,工作气隙中的磁通也恒定不变,感应电动势是由线圈相对永久磁铁运动时切割磁力线产生的。运动部件可以是线圈或是磁铁,因此又分为动钢式和动圈式两种结构。

图 8.2(a)中,永久磁铁和传感器壳体固定,线圈相对于传感器壳体运动,称动圈式。图 8.2(b)中,线圈组件和传感器壳体固定,永久磁铁相对于传感器壳体运动,称动钢式。

动圈式和动钢式的工作原理相同,感应电动势大小与电场强度、线圈匝数以及相对速度有关。若线圈和磁铁有相对运动,则线圈上的感应电动势为:

$$e = -BlNv \tag{8.1}$$

式中:B——磁感应强度;

$\quad N$——线圈匝数;

$\quad l$——每匝线圈长度;

$\quad v$——运动速度 c。

传感器的结构尺寸确定后,式(8.1)中的 B、L、N 均为常数。

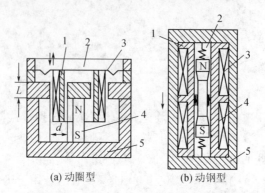

(a) 动圈型　　　　　　(b) 动钢型

图 8.2　恒磁通式磁电感应传感器结构

1—金属骨架;2—弹簧;3—线圈;4—永久磁铁;5—壳体

2) 变磁通式

变磁通式磁电传感器结构原理如图 8.3 所示。线圈和磁铁都是静止不动,感应电动势由变化的磁通产生。由导磁材料组件构成的被测物体运动时,如转动物体引起磁阻变化及线圈的磁通量变化,从而在线圈中产生感应电动势,所以这种传感器也称变磁阻式。磁路系统分为开磁路和闭磁路。

图 8.3(a)是开磁路变磁通式转速传感器,安装在被测转轴上的齿轮旋转时,衔铁的间隙随之变化,引起气隙磁阻和穿过气隙的磁通发生变化,使线圈中产生感应电动势,感应电动势的频率取决于齿轮的齿数 z 和转速 n,测出频率就可求得转速。

图 8.3(b)是闭磁路变磁通式转速传感器,其中内齿数和外齿数相同。被测转轴转动时,外齿轮 2 不动,内齿轮 1 运动,由于内外齿轮相对运动使磁路气隙发生变化,产生交变的感应电动势。

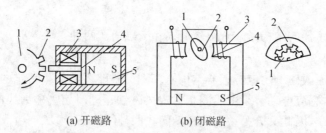

(a) 开磁路　　　　　　(b) 闭磁路

图 8.3　变磁通式磁电传感器结构原理

1—被测转轴;2—铁齿轮;3—线圈;4—软铁;5—永久磁铁

8.1.2　基本特性

传感器的结构尺寸确定后,传感器输出电动势由式(8.1)可表示为:

$$e=-NBlv=Sv \tag{8.2}$$

式中:S——传感器灵敏度,为常数。

传感器输出电动势正比于运动速度 v。

变磁通式磁电式传感器的电流灵敏度和电压灵敏度分别定义如下。

电流灵敏度为单位速度引起的输出电流变化，

$$S_I = \frac{I_o}{v}$$

电压灵敏度为单位速度引起的输出电压变化，

$$S_U = \frac{U_o}{v}$$

显然，为了提高灵敏度，可设法增大磁场强度 D、每匝线圈长度和线圈匝数。但在选择参数时要综合考虑传感器的材料、体积、重量、内阻和工作频率。

图 8.4 为磁电感应式传感器的灵敏度特性。由式(8.1)得出的理论特性是直线，而实际的灵敏度特性是非线性关系。在 $v < v_a$ 时，运动速度太小，不足以克服构件内的静摩擦力，没有感应电动势输出；$v > v_b$ 时，才能克服静摩擦力做相对运动；$v > v_c$ 时惯件太大，超过弹性形变范围，内线开始弯曲。传感器运动速度通常工作在 $v_b < v < v_c$ 范围之间，可以保证有足够的线性范围。

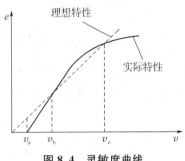

图 8.4　灵敏度曲线

8.1.3　测量电路

磁电感应式传感器可直接输出感应电动势，而且具有较高的灵敏度，对测量电路无特殊要求。一般用于测量振动速度时，能量全被弹簧吸收，磁铁与线圈之间相对运动速度接近振动速度，磁路气隙中的线圈切割磁力线时，产生正比于振动速度的感应电动势，直接输出速度信号。如果要进一步获得振动位移和振动加速度，可接入积分电路和微分电路。

图 8.5 是磁电感应式传感器测量电路框图。为便于各种阻抗匹配，将积分电路和微分电路置于两级放大器之间。信号输出送测量电路后，可通过开关选择，完成不同物理量的测量。接入积分电路时，感应电动势正比于位移信号；接入微分电路时，感应电动势正比于加速度。

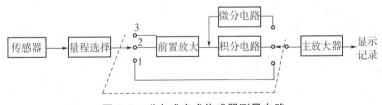

图 8.5　磁电感应式传感器测量电路

1) 积分电路

已知加速度和位移与时间关系为：

$$v = dx/dt \text{ 或 } dx = vdt$$

磁电传感器输出电压 $U_i = e$，通过积分电路输出电压为：

$$U_o(t) = \frac{1}{C}\int i dt = -\frac{1}{C}\int \frac{U_i}{R}dt = -\frac{1}{RC}\int U_i dt$$

式中:RC——积分时间常数。

积分电路的输出电压U_o正比于输入信号对时间的积分值,即正比于位移。

2) 微分电路

已知加速度与速度、时间关系为:

$$a = \frac{\mathrm{d}v}{\mathrm{d}t}$$

同样有传感器输出$U_i = e$,通过微分电路输出电压为:

$$U_o(t) = R_i = RC\frac{\mathrm{d}U_i(t)}{\mathrm{d}t}$$

微分电路的输出电压正比于输入信号对时间的微分值,即正比于加速度a。

8.1.4　磁电感应式传感器的应用

磁电式振动传感器是惯性式传感器,不需要静止的基准参考,可直接安装在被测体上。传感器是磁电型传感器,工作时可不加电压,直接将机械能转化为电能输出。磁电式传感器从根本上讲是速度传感器,速度传感器的输出电压信号正比于速度信号,便于放大输出。磁电式传感器输出阻抗低,通常为几十欧至几千欧,对后置电路要求低,干扰小,通常用于机械振动测量。振动传感器作为二阶传感器系统结构,大体分为两种:① 动钢型,线圈与壳体固定,永久磁铁用弹簧支撑;② 动圈型,永久磁铁与壳固定,线圈用弹簧支撑。

图8.6是动钢型振动速度传感器结构原理。外壳用磁性材料(例如铬钢)制成。磁钢发出的磁力线在线圈内从磁钢的一端出发经壳体到达磁钢的另一端,构成闭合磁路。传感器的外壳刚性地固定于被测振动物体上,随之振动。由于磁钢的质量较大、弹簧较软,对于足够高的振动频率,磁钢因惯性来不及随振动物体一起振动而接近于静止。换言之,物体的振动频率远高于传感器的固有振动频率。此时,磁钢与壳体的相对位移接近

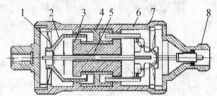

图8.6　磁电感应式振动速度传感器
1—弹簧片;2—阻尼环;3—磁铁;4—铝支架;
5—芯轴;6—线圈;7—壳体;8—引线

于振动物体的绝对位移,线圈则切割磁力线。由法拉第电磁感应原理可知,线圈中感应电势$E = sv$,式中s为取决于磁感应强度、线圈长度和匝数的常数,v为振动速度。E与v成线性关系。当v很小时,惯性力不足以克服摩擦力而使输出电压呈现非线性。而当v过大时,由于弹簧超出弹性变形范围,输出又呈现饱和。

磁电式振动传感器应用十分广泛,例如兵器工业中,火炮发射要产生振动,振动要持续一定时间,若振动未停而连续发射,将造成第二次发射产生偏离,降低命中率。坦克行进中的振动研究,主要针对行进中发射炮弹减小振动,受振后如何恢复平静。在民用工业中,机床、车辆、建筑、桥梁、大坝、大型电机、空气压缩机等,都需要监测振动状态。在航空动力学中,飞机发动机运转不平衡,空气动力作用会引起飞机各部件振动,振动过程中会损坏部件,设计时须在地面进行振动试验。机械振动监视系统是监测飞机在飞行中发动机振动变化趋势的系统。磁电式振动传感器固定在发动机上,直接感受发动机的机械振动,并输出正比于振动速度的电压信号。传感器接收飞机上各种频率的振动信号,必须经滤波电路将其他频率信号衰减后,才

可能准确测量出发动机的运动速度。当振动量超过规定值时,发出报警信号,飞行员可随时采取紧急措施,避免事故发生。

8.2 霍尔式传感器

霍尔传感器属于磁敏元件。磁敏传感器是把磁学物理量转换成电信号,广泛用于自动控制、信息传递、电磁测量、生物医学等领域。随着半导体技术的发展,磁敏传感器正向薄膜化、微型化和集成化方向发展。

图 8.7 为磁场强度与磁场源的分布情况。实际应用中,磁敏元件主要应用于检测磁场,而与此相关的磁场范围很宽,一般的磁敏传感器检测的最低磁场只能到 10^{-10} T。磁场范围不同时需要选择不同的检磁元件:

(1) 利用电磁感应作用检测较强磁场的传感器,如磁头、机电设备转速、磁性标定、差动变压器等。

(2) 利用霍尔元件、磁敏电阻、磁敏二极管等磁敏元件进行检测与控制。

(3) 利用核磁共振的传感器做弱磁检测,有光激型、质子型。

(4) 利用超导效应传感器检测超弱磁场,如 SQVID(超导量子干涉器)约瑟夫元件。

(5) 利用磁作用的器件还有磁针(指南针)、表头、继电器等。

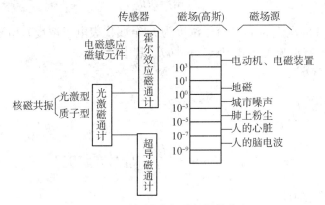

图 8.7 磁场强度与磁场源的分布

8.2.1 霍尔效应

通电的导体(半导体)放在磁场中,使电流与磁场垂直,在导体另外两侧会产生感应电动势,这种现象称为霍尔效应。

1879 年,美国物理学家霍尔首先发现金属中的霍尔效应,因金属中的霍尔效应太弱没有得到应用。随着半导体技术的发展,人们开始用半导体材料制成霍尔元件,发现半导体材料的霍尔效应非常明显,并且体积小,功耗低,有利于微型化和集成化。利用霍尔效应制成的元件称为霍尔元件。还可将霍尔元件与测量电路集成在一起,制成霍尔集成电路。

霍尔效应的原理如图 8.8 所示。把一个长度为 L、宽度为 b、厚度为 d 的导体或半导体薄片两端通过控制电流 I,在薄片垂直方向施加磁场强度 B 的磁场,在薄片的另外两侧将会产生一个与控制电流 I 和磁场强度 B 的乘积成比例的电动势 U_H。

通电的导体(半导体)放在磁场中,I、B 与磁场垂直,在导体另外两侧会产生感应电动势,这种现象称霍尔效应。

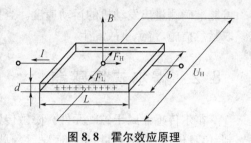

图 8.8　霍尔效应原理

设薄片为 N 型半导体,其多数载流子电子的运动方向与电流相反。导体的自由电子在磁场的作用下做定向运动。每个电子受洛仑兹力 F_L 作用,F_L 的大小为:

$$F_L = evB$$

由于 F_L 的作用,电子向导体的一侧偏转,该侧形成电子积累,另一侧形成正电荷积累。电子运动的结果使导体基片两侧积累电荷形成静电场 E_H,称为霍尔电场。另外,电子还受到电场力 F_H 的作用,霍尔电场力 F_H 与洛仑兹力 F_L 方间相反,F_H 阻止电子偏转,大小与霍尔电势 U_H 有关。

$$F_H - eE_H - e\frac{U_H}{b}$$

霍尔电势为:

$$U_H = vBb \tag{8.3}$$

设(半)导体薄片的电流为 I,载流子浓度为 n(金属代表电子浓度),电子运动速度为 v,薄片横截面积为 $d \times b$,有电流关系式:$I = -nevbd$。其中:

$$v = -\frac{1}{nedb} \tag{8.4}$$

将式(8.4)代入式(8.3)得:

$$U_H = vBb = -\frac{IB}{ned} = R_H\frac{IB}{d}K_H IB \tag{8.5}$$

令 R_H 为霍尔常数为:

$$R_H = -\frac{1}{ne}$$

设 N 型半导体的电阻率为 ρ,电子迁移率为 $\mu(\mu = v/E)$,霍尔元件的电阻为:$R = \rho L/(bd) = U/I = E_L/I = L(-\mu enbd)$,有 $\rho = -1/(\mu en)$。霍尔常数又可用电阻率表示为 $R_H = \rho\mu$。

霍尔元件的灵敏度定义为:

$$S_H = \frac{R_H}{d} \tag{8.6}$$

由式(8.6)可见,(半)导体薄片厚度 d 越小,霍尔元件灵敏度 S_H 越大,因此,霍尔元件较薄,一般在 1 μm 左右,所以霍尔元件的击穿电压较低。R_H 是由霍尔元件材料性质决定的一个常数。任何材料在一定条件下都能产生霍尔电势,但不是都可以制造霍尔元件。绝缘材料电阻率极高,电子迁移率很小,金属材料电子浓度很高,但电阻率 R_H 很小,U_H 很小。只有半导体材料的电子迁移率和载流子浓度适中,适于制作霍尔元件。又因一般电子迁移率大于空穴的迁移率,所以霍尔元件多采用 N 型半导体制造。

8.2.2 霍尔元件

霍尔元件外形为矩形薄片,有 4 根引线,两端加激励电流,称激励电极,另外两端为输出引线,称霍尔电极。外面用陶瓷或环氧树脂封装。电路符号有 2 种表示方法,如图 7.9 所示。国产霍尔元件符号用 H 代表,后面字母代表元件材料,数字代表产品序号。

图 8.10 为霍尔元件的基本测量电路。电源 E 提供激励电流 I,电位器 R_P 可调节激励电流的大小,保证控制电流。负载电阻 R_L 可以是放大器输入阻抗,磁场 B 与元件面垂直,磁场方向相反时霍尔电势方向反向。实测中,可以把 $I \times B$ 作输入,也可把 I 或 B 单独做输入,各函数关系可通过测量霍尔电势输出获得结果。

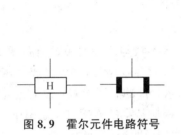

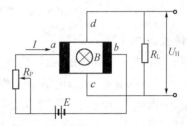

图 8.9　霍尔元件电路符号　　　　图 8.10　霍尔传感器基本测量电路

8.2.3 霍尔元件的误差及补偿

霍尔元件应用中产生误差的 2 个主要来源是温度影响和不等位电势的影响,在要求较高测量精度的情况下,需要进行温度补偿和不等位电势补偿。

1) 霍尔元件不等位电势的补偿

由式(8.5)可知,当霍尔元件通以激励电流 I 时,若磁场强度为 0,霍尔电势应该为 0。但是,实际上霍尔电势输出往往不等于 0,这时测得的空载电势称不等位电势。霍尔电势不为 0 的原因主要有以下几方面:霍尔引出电极安装不对称,不在同一等电位上,如图 8.11(a)所示;激励电极接触不良,半导体材料不均匀造成电阻率 ρ 不均匀,如图 8.11(b)所示。不等位电压可以表示为:

$$U_{H0} = r_0 I_H$$

式中:r_0——不等位电阻。

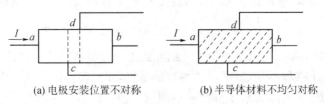

(a) 电极安装位置不对称　　　　　(b) 半导体材料不均匀对称

图 8.11　霍尔元件不等位电势

图 8.12 为霍尔元件等效电路。分析不等位电势时,可以把霍尔元件等效为一个电桥,所有能使电桥达到平衡的方法都可以用来补偿不等位电阻。极间分布电阻可以看成桥臂的 4 个

电阻,分别是 R_1、R_2、R_3、R_4。理想情况下,$R_1=R_2=R_3=R_4$,不等位电势为 0。存在不等位电势时,说明 4 个电阻不等,即电桥不平衡。不等位电压相当于桥路的初始不平衡输入,用桥路平衡的方法可以进行补偿。为使电桥平衡,可在阻值大的桥臂上并联电阻或在 2 个桥臂上同时并联电阻,调节 R_H 的阻值使 U_{H0} 为 0 或最小。

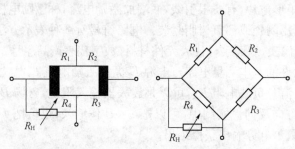

图 8.12　霍尔元件等效电路

2) 温度误差及补偿

霍尔元件是半导体材料制作的元件,因此,它的许多参数与温度有关。当温度变化时,载流子浓度 n 有 $1\%/℃$ 的温度系数;电阻率 ρ 约有 $1\%/℃$ 的温度系数,因此造成霍尔系数 R_H、霍尔灵敏度 S_H、输入电阻和输出电阻随温度变化。霍尔元件的温度误差可以通过外接温度敏感元件进行补偿。补偿方法有多种,图 7.13 给出了 2 种最基本的连接方式。图中 R_T 为温敏电阻,R_i 为电压源内阻。现以图 8.13(a)恒流源补偿为例说明补偿原理。

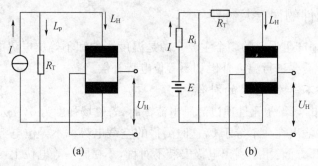

图 8.13　温度补偿电路

由 $U_H=S_H IB$ 可见,恒流源供电是一个有效方法,可保证电流恒定,使 U_H 稳定,但是霍尔元件的灵敏度系数 S_H 也是温度的函数,温度变化时,载流子浓度和电阻率都会变化,灵敏度 S_H 也随之变化。设霍尔元件内阻温度系数为 β,温敏元件温度系数为 δ,霍尔电势温度系数为 α,温度在 T_0 时的霍尔电势灵敏度为 S_H,当温度变化 T 以后,霍尔电势灵敏度为:

$$S_{Ht}=S_{H0}[1+\alpha(T-T_0)]=S_{H0}[1+\alpha\Delta T]$$

对正温度系数的霍尔元件,$U_H=S_H IB$ 会随温度升高而增加 $1+\alpha\Delta T$ 倍。这时如果减小激励电流 I,保持 $S_H I$ 乘积不变,抵消灵敏系数的增加,才能使输出的霍尔电势 U_H 稳定。

具体补偿方法是:在霍尔元件上并联一电阻 R_f 进行分流,当温度升高时,霍尔元件输入电阻 R_m 增大,使霍尔电势 U_H 增大,引起电流 I_H 减小。根据分流原理,由于恒流源作用,I_H 的减小引起 I_P 增大,R_T 自动增加分流,而 I_P 增大使 I_H 下降,最终达到霍尔电势 U_H 保持不变的目的。温敏补偿电阻 R_T 可选择负温度系数,稳定效果更佳。为使霍尔电势在升温后保持不

变,应满足:

$$S_{H0}I_{H0}B = S_H I_H B = S_{H0}[1+\alpha\Delta T]I_H B \qquad (8.7)$$

温度在 T_0 时输入电阻为 R_{m0},温敏补偿电阻为 R_T。由分流公式得到激励电流为:

$$I_{H0} = \frac{R_{T0}I}{R_{T0}+R_{IN0}} \qquad (8.8)$$

温度升高 ΔT 后的激励电流为:

$$I_H = \frac{R_T I}{R_T + R_{IN}} = \frac{R_{T0}(1+\delta\Delta T)I}{R_{T0}(1+\delta\Delta T)+R_{IN0}(1+\beta\Delta T)} \qquad (8.9)$$

将式(8.8)和式(8.9)代入式(7.7),略去 $\alpha\delta(\Delta T)^2$,得到:

$$R_{T0} = \frac{\beta-\alpha-\delta}{\alpha}R_{IN0} \qquad (8.10)$$

当霍尔元件选定后,α,δ,R_{m0} 都是已知量,由式(8.10)可以确定 δ 和 R_T。为同时满足 δ 与 R_T 这 2 个条件,补偿元件需采用不同温度系数的温敏元件,甚至可以采用温度系数极小的电阻代替(如锰铜电阻)R_T。令式(8.10)中的 $\delta=0$,可得温敏电阻阻值:

$$R_{T0} = \left(\frac{\beta}{\alpha}-1\right)R_{IN0}$$

这时只需满足 R_{T0} 一个条件。

8.2.4 霍尔元件的结构形式

霍尔元件具有体积小、外围电路简单、动态特性好、灵敏度高、频带宽等许多优点,因此广泛应用于工业测试、端口控制等领域。霍尔元件的外形结构形式如图 8.14 所示。

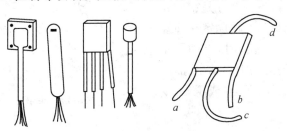

图 8.14 霍尔元件外形结构

8.2.5 霍尔元件的应用

在霍尔元件确定后,霍尔灵敏度 S_H 为一定值,U_H、I、B 这 3 个变量中控制其中之一就可以通过测量电压、电流、磁场来测量非电量,如力、应力、应变、振动、加速度等。因此,霍尔元件应用有 3 种方式:

(1) 激励电流不变,霍尔电势正比于磁场强度,可进行位移、加速度、转速测量。

(2) 激励电流与磁场强度都为变量,传感器输出与两者乘积成正比,可测量乘法运算的物理量,如功率。

（3）磁场强度不变，传感器输出正比于激励电流，可检测与电流有关的物理量，并可直接测量 I。

1）测量位移

霍尔位移传感器工作原理如图 8.15（a）所示。霍尔元件测位移是由一对极性相反的电极共同作用，形成一梯度磁场，由电磁学理论可知，在磁铁中心位置磁场强度为 0，$U_H=0$，可作为坐标原点。霍尔元件沿 x 轴方向移动时，霍尔元件的感应电势是位移的函数，霍尔电势的

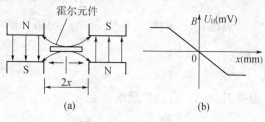

图 8.15　位移测量

大小、符号分别表示位移变化的大小和方向，其输出特性如图 8.15（b）所示。磁场的梯度越均匀，输出线性越好；由于 $U_H=S_H IB$，所以 B 越大，梯度越大，灵敏度越高。这种测量结构特别适用于测量 $\pm 0.5\,\text{mm}$ 小位移的机械振动。

2）测量转速

图 8.16 是霍尔元件测量转速的结构示意图。磁铁固定安装在霍尔元件一侧，当转盘随转轴转动时，每转一周，霍尔元件上的磁场变化一次，便检测出一个脉冲，计算出单位时间内的脉冲数，就可求出转速。另外，也可以检测磁转子的转数，磁极变化使霍尔电压的极性变化，转速变化时，霍尔元件输出有周期性变化，通过测量信号频率检测转速。

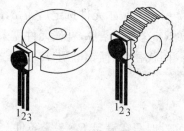

图 8.16　霍尔元件测转速

3）测量压力、压差

因 8.17 为霍尔压力传感器的结构原理示意图。霍尔压力、压差传感器一般由 2 部分组成：一部分是弹性元件，用来感受压力，并把压力转换成位移量；另一部分是霍尔元件和磁路系统，通常把霍尔元件固定在弹性元件上，当弹性元件产生位移时，带动霍尔元件在具有均匀梯度的磁场中移动，从而产生霍尔电势的变化，完成将压力（或压差）变换成电量的转换过程。

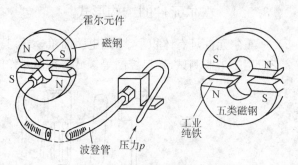

图 8.17　霍尔压力传感器结构原理

8.2.6　霍尔集成传感器

霍尔集成传感器是将霍尔元件和放大器等集成在一个芯片上。霍尔集成电路与霍尔元件的外形结构不同。霍尔集成器件主要由霍尔元件、放大器、触发器、电压调整电路、失调调整及线性度调整电路等几部分组成。目前市场上的霍尔集成器件主要分为线性型和开关型 2 类，封装形式有三端 T 型单端输出，8 脚双列直插型双端输出等。

1）线性型

线性型霍尔集成电路主要用于测量位移、振动等，其内部电路框图和输出特性如图 8.18 所示。电路特点是：霍尔集成器件输出电压 U_{out} 在一定范围内与磁感应强度 B 成线性关系，有

单端输出和双端输出(差动输出)2种形式,广泛用于磁场检测。

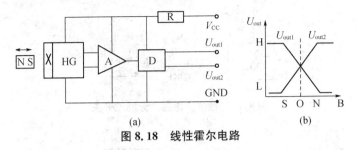

图 8.18 线性霍尔电路

2) 开关型

开关型霍尔集成电路主要用于测量转速计数、开关控制、判断磁极性等,其内部电路框图如图 8.19 所示。开关型霍尔集成电路有单稳态输出和双稳态输出 2 种形式,有单端输出和双端输出 2 种输出方式。由图 8.19 可见,元件输出高低(H、L)2 种状态,高、低电平转换所对应的磁感应强度 B 值不同,$B' \rightarrow B''$ 之间形成转换回差,这是位置式传感器的特点。切换回差特征可防止干扰引起的误动作。这种传感器可用做无触点开关,利用磁场进行开关工作。

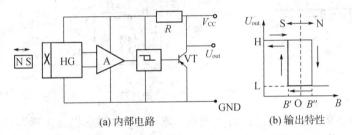

图 8.19 开关型霍尔集成电路

3) 霍尔集成传感器的应用

图 8.20 为霍尔集成电路引脚及接口电路。霍尔集成器件输出是集电极开路结构,应用时必须接入上拉电阻,提供输出电流。上拉电阻的阻值大小根据负载的要求选择,TTL、CMOS、LED 器件的典型值分别见图 8.20(b)、(c)、(d)。

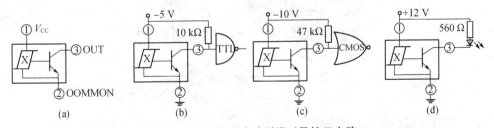

图 8.20 霍尔集成电路引脚以及接口电路

(1) 霍尔无触点开关

图 8.21 中,HG3040 是开关型霍尔元件。当磁钢接近霍尔器件或磁场方向变化时,霍尔开关输出端晶体管 VT 导通或截止变化,输出高电平或低电平,可控制灯亮灭。HG3040 导通时,3、4 端有电流通过,继电器吸合接通 220 V 电压,灯点亮;HG3040 截止时,3、4 端无电流,继电器释放,电压被切断,灯熄灭。420 Ω 电阻为输出上拉电阻。这种开关是一种无抖动、无触点开关,工作频率可达 100 kHz,可用于大电流开关控制。

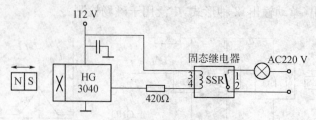

图 8.21　霍尔传感器作无触点开关

（2）导磁产品计数装置

霍尔元件可对黑色金属进行计数检测。图 8.22 为一种导磁产品计数装置设计方案,钢球通过霍尔开关时,传感器可输出峰值 20 mV 的脉冲电压。传送带上的导磁产品经过磁钢时,磁钢端向上的霍尔元件感受到磁场的变化,输出信号经 LM74l 放大整形后驱动三极管 VT 工作,输出端直接将脉冲信号送计数器计数一次。数据处理电路可采用微处理器,实现自动计数和显示。

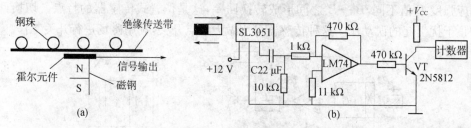

图 8.22　导磁产品计数

同样,可用霍尔集成传感器进行转速测量。图 8.23 为霍尔集成传感器转速测量原理示意图,转子在轴的周围等距离嵌有永久磁铁,相邻磁极性相反,霍尔集成传感器垂直安装在磁极附近的位置上。轴旋转时,霍尔电压就是与转数成正比的脉冲信号电压。

图 8.23　霍尔传感器转速测量

8.3　磁敏电阻传感器

8.3.1　磁敏电阻器

1）磁敏电阻的工作原理和结构

（1）磁阻效应

载流导体置于磁场中,除了产生霍尔效应外,导体中载流子因受洛仑兹力作用会发生偏转,而载流子运动方向的偏转使电子流动的路径发生变化,起到了加大电阻的作用,磁场越强,增大电阻的作用越强。外加磁场使导体(半导体)电阻随磁场增加而增大的现象称磁电阻效应,简称磁阻效应。利用这种效应制成的元件称磁敏电阻。

一般金属中的磁阻效应很弱,而半导体中较明显,用半导体材料制作磁敏电阻更便于集成。下面以半导体材料为例说明其原理。磁敏电阻的磁阻效应可表达为:

$$\rho_B = \rho_0(1 + 0.273\mu^2 B^2) \tag{8.11}$$

式中:ρ_0——零磁场电阻率;

　　　μ——导磁系数;

　　　B——磁场强度。

式(8.11)表示导磁率为 μ 的磁敏电阻,其电阻率 ρ_b 随磁场强度 B 变化的特性。影响半导体电阻改变的原因首先是载流子在磁场中运动受到洛仑兹力作用,另一个作用是霍尔电场的作用,由于霍尔电场会抵消电子运动时受到的洛仑兹力作用,磁阻效应虽仍然存在,但已被大大减弱。

(2) 磁敏电阻的结构

磁阻元件的阻值与制作材料的几何形状有关,称几何磁阻效应。磁敏电阻的形状有以下几种:

(1) 长方形样品,如图8.24(a)所示。电子运功的路程较远,霍尔电场对电子的作用力部分(或全部)抵消了洛仑兹力作用,即抵消磁场作用,电子基本为直线运动,电阻变化很小,磁阻效应不明显。

(2) 扁条长方形样品,如图 8.24(b)所示。因为扁条形状,其电子运动的路程较短,霍尔电势作用很小,洛仑兹力引起的电流磁场作用偏转厉害,磁阻效应显著。

(3) 圆盘样品(柯比诺(Corbino)圆盘),如图 8.24(c)所示。这种结构与以上 2 种不同,它将一个电极焊在圆盘中央,另一个焊在外围,无磁场时,电流向外围电极辐射,外加磁场时,中央流出的电流以螺旋形路径指向外电极,路径增大,电阻增加。这种结构的磁阻,在圆盘中任何地方都不会积累电流,因此不会产生霍尔电场,这种结构的磁阻效应最明显。

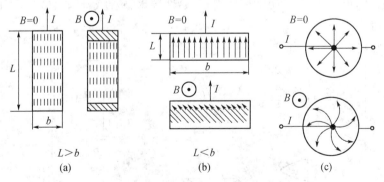

图 8.24　磁敏电阻的形状和磁敏效应

为了消除霍尔电场影响并获得大的磁阻效应,通常将磁敏电阻制成圆形或扁条长方形,实用价值较大的是扁条长方形元件,当样品几何尺寸 $L<6$ 时,磁阻比较明显。磁敏电阻与霍尔元件都是磁电转换元件,属同一类传感器。两者本质上的不同是,磁敏电阻没有判断极性的能

力,只有与辅助材料(磁钢)并用才具有识别磁极的能力。磁阻元件主要有两种材料:一种是半导体磁阻元件,如锑化铟(InSb)和共晶型(InSb - NiSb)磁阻元件;另一种是强磁性金属薄膜磁阻元件。

2)磁放电阻的输出特性

磁敏电阻在无偏置磁场情况下检测磁场时与磁极性无关。无偏置磁场时磁敏电阻的输出特性如图 8.25 所示。可见,磁敏电阻只有大小的变化,不能判别磁极性。无偏置磁场时磁敏电阻的磁场强度与磁阻关系为:

$$R = R_0(1 + MB^2)$$

式中:R_0——零磁场内阻;

　　　M——零磁场系数。

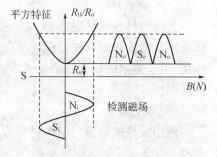

图 8.25　无偏置磁场时的磁阻特性

磁敏电阻在外加偏置磁场时,相当于在检测磁场中外加了偏置磁场,其输出特性见图 7.26。由于偏置磁场的作用,工作点由零点移到线性区,这时磁场灵敏度提高,磁极性也作为电阻值变化表现出来。磁敏电阻的阻值变化可表示为:

$$R = R_n(1 + MB)$$

式中:R_n——加入偏量磁场时的内阻。

3)磁敏电阻的应用

磁阻式传感器可由磁阻元件、磁钢及放大整形电路构成转速测量传感器、线位移测量传感器。加入偏量磁场后可用于磁场强度测量。

磁敏电阻应用时一般采用恒压源驱动分压输出。三端差分型电路有较好的温度特性,如图 8.27 所示。利用磁敏电阻由磁场改变阻值的特性,可应用于无触点开关、磁通计、编码器、计数器、电流计、电子水表、流量计、可变电阻、图形识别等。

例如:磁图形识别传感器由磁敏元件,放大整形检测电路组成,工作电压 5 V,输出 0.3～0.8 V,被测物体的距离 3 mm。可测磁性齿轮、磁性墨水、磁性条形码、磁带,可识别物品磁性(自动售货机)等。

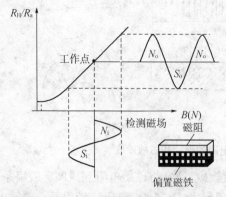

图 8.26　加偏置磁场时的磁敏电阻特性

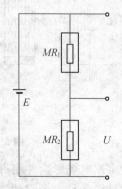

图 8.27　三端差分型电路

8.3.2 磁敏晶体管

磁敏晶体管是在霍尔元件和磁敏电阻之后发展起来的磁电转换器件,具有很高的磁灵敏度,灵敏度量级比霍尔元件高出数百甚至数千倍,可在弱磁场条件下获得较大的输出,这是霍尔元件和磁敏电阻所不及的。它不但能够测出磁场大小,还能测出磁场力向,目前已在许多方面获得应用。

1) 磁敏二极管

磁敏二极管与普通晶体二极管相似,也分为锗管(2ACM)、硅管(2DCM)。都是长基区(I区)的P-I-N型二极管结构,由于注入形式是双注入,所以也称双注入长基区二极管。特点是P-N为掺杂区,本征区(I区)为高纯度锗,长度较长,构成高阻半导体。

磁敏二极管结构及工作原理如图8.28所示。磁敏二极管结构特征是在长基区的一个侧面用打磨的方法设置了复合区r面,r面是一个粗糙面,载流子复合速度非常快。r区对面是复合率很小的光滑面。一般基区长度要比载流了的扩散长度大5倍以上。

磁敏二极管的工作原理叙述如下:

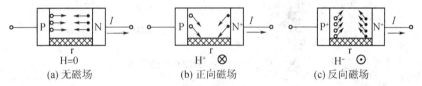

(a) 无磁场　　　　(b) 正向磁场　　　　(c) 反向磁场

图 8.28　磁敏二极管工作原理

无外加磁场情况下,当磁敏二极管接人正向电压时(如图8.28(a)所示),P区的空穴和N区的电子同时注入I区,大部分空穴跑向N区,电子跑向P区,从而形成电流,只有少部分电子和空穴在I区复合。

当外加一个正向磁场时(见图8.28(b)),磁敏二极管受H+磁场作用。由于洛伦兹力作用,使空穴、电子偏向高复合区(r区),并在r区很快复合,导致本征区(I区)载流子减少,相当I区电阻增加,电流减少。结果是,外加电压在I区的压降增加了,而在P-I和N-I结的电压却减小了。所以载流子注入效率减少,进一步使I区的电阻增加.一直达到某种稳定状态。

当外加一个反向磁场时(见图8.28(c)),磁敏二极管受H−磁场作用,空穴和电子受洛伦兹力作用向r区对面的光滑面偏转,于是电子和空穴复合明显减少,I区载流子密度增加,电阻减少,电流增加,结果使I区电压降减少,而加在P-I和N-I结的电压却增加了,促使载流子进一步向I区注入,直到电阻减小到某一稳定状态为止。磁敏二极管反向偏置时,流过的电流很小,几乎与磁场无关。

上述原理说明,在正向磁场作用下,电阻增大,电流减小;在负向磁场作用下,电阻减小,电流增大;通过二极管的电流越大,灵敏度越高。磁敏二极管在弱磁场情况下可获得较大的输出电压,这是磁敏二极管与霍尔元件和磁敏电阻的不同之处。在一定条件下,磁敏二极管的输出电压与外加磁场的关系称为磁敏二极管的磁电特性,如图8.29所示。

在磁场作用下,磁敏二极管灵敏度大大提高,并具有正、反向

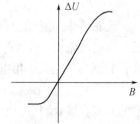

图 8.29　磁二极管磁电特性

磁灵敏度,这是磁阻元件所欠缺的。单个使用时,正向磁灵敏度大于反向磁灵敏度使用时,正反向特征曲线可基本对称。

　　磁敏二极管温度特件较差,使用时一般要进行补偿。温度补偿电路可用 1 组 2 只、2 组 4 只磁敏二极管,磁敏感面相对,按反磁性组合。图 8.30 为互补电路。电路除进行温度补偿外还可提高灵敏度。图 8.30(a)为差分式温度补偿电路,若输出电压不对称可适当调节 R_1、R_2。图 8.30(b)为全桥温度补偿电路,具有更高的磁灵敏度。其工作点选择在小电流区,有负阻现象的磁敏二极管不采用这种电路。

　　磁敏二极管可用来检测交直流磁场,特别是弱磁场,可用做无触点开关,制作钳位电流计,对高压线不断线时测量电流,还可用做小量程高斯计、漏磁仪、磁力探伤仪等。

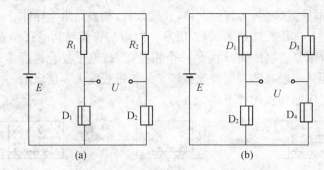

图 8.30　磁敏二极管温度补偿电路

2) 磁敏三极管

　　磁敏三极管基于磁敏二极管的工艺技术,也有 NPN 和 PNP 型,分为硅磁敏晶体管和锗磁敏晶体管。以锗 NPN 型磁敏晶体管为例加以讨论。普通晶体管基区很薄,磁敏三极管的基区长得多,它也是以长基区为特征,有 2 个 P-N 结,发射极与基极之间的 P-N 结由长基区二极管构成,有一个高复合基区。磁敏三极管结构原理如图 8.31 所示,集电极的电流大小与磁场有关。

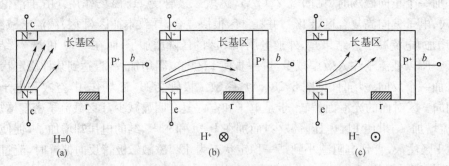

图 8.31　磁敏三极管工作原理

　　无磁场作用时(如图 8.31(a)所示),从发射结 e 注入的载流子除少部分输入到集电极形成集电极电流 I_c 外,大部分受横向电场的作用,通过 e-I-b 形成基极电流 I_b。显然,磁敏三极管的基极电流大于集电极电流,所以发射极电流增益 $\beta < 1$。

　　当受到反方向磁场 H^- 作用时(如图 8.31(b)所示),由于洛伦兹力作用,载流子偏向基极结的高复合区,使集电极 I_c 明显下降,电流减小,基极电流增加。另一部分电子在高复合区与空穴复合,不能达到基极,又使基极电流减小。基极电流既有增加又有减小的趋势,平衡后基本不变。但集电极电流下降了许多。

当受到正方向磁场 H^+ 作用时(如图 8.31(c)所示),由于洛伦兹力作用,载流子背向高复合区,向集电结一侧偏转,位集电极 I_c 增加。

可见,当基极电流 I_b 恒定,靠外加磁场同样可以改变集电极电流 I_c,这是与普通三极管不同之处。由于基区长度大于扩散长度,而集电极电流有很高的磁灵敏度,所以电流放大系数 $\beta = I_c/I_b < 1$。普通晶体管由 I_b 改变集电极电流 I_c,磁敏晶体管主要由磁场改变集电极电流 I_c。

图 8.32　磁敏三极管电路符号

磁敏三极管电路符号如图 8.32 所示。磁敏三极管主要应用于以下几方面:

(1) 磁场测量。特别适于 10^{-6} T 以下的弱磁场测量,不仅可测量磁场的大小,还可测出磁场方向。

(2) 电流测量。特别是大电流不断线地检测和保护。

(3) 制作无触点开关和电位器,如无触点电键、机床接近开关等。

(4) 漏磁探伤及位移、转速、流量、压力、速度等各种工业控制中参数测量。

3) 磁敏晶体管的应用

(1) 测位移

图 8.33 为磁敏二极管位移测量原理示意图,其中 4 只磁敏二极管 $D_{M1} \sim D_{M4}$ 组成电桥,磁铁(S、N)处于磁敏元件之间,假设磁敏二极管为理想二极管,有结电阻 $R_{m1} = R_{m2} = R_{m3} = R_{m4}$,电桥平衡时输出 $U_0 = 0$。当位移变化 x 时,磁敏元件感受磁场强度不同,结电阻 $R_{m1} \sim R_{m2}$ 的阻值发生变化,流过二极管电流不同,使电桥失衡,在磁场作用下输出与位移大小和方向有关,位移方向相反时,输出的极性发生变化,可判别位移方向。

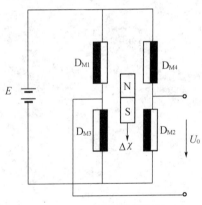

图 8.33　位移测量原理

(2) 涡流流量计

图 8.34(a)为磁敏晶体管涡流流量计结构原理图。传感器安装在齿轮上方,齿轮必须采用磁性齿轮,液体流动时涡轮转动。流速与涡轮转速成正比。磁敏二极管或三极管感受磁铁周期性远近变化时输出电流大小变化,输出波形近似正弦信号,经整形输出为方波,输出波形近似图 8.34(b)所示,其信号频率与齿轮的转速成正比。因转速正比于流量,频率正比于转速,即正比于流量,经电路整形放大,计算后将计数转换成流量。

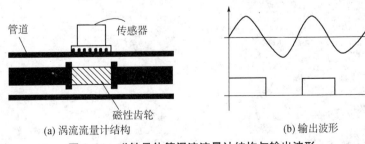

(a) 涡流流量计结构　　　　　　　　(b) 输出波形

图 8.34　磁敏晶体管涡流流量计结构与输出波形

习题与思考题

8.1 试述磁电感应式传感器的工作原理和结构形式。

8.2 说明磁电感应式传感器产生误差的原因及补偿方法。

8.3 为什么磁电感应式传感器的灵敏度在工作频率较高时将随频率增加而下降？

8.4 什么是霍尔效应？

8.5 霍尔元件常用材料有哪些？为什么不用金属做霍尔元件材料？

8.6 霍尔元件不等位电势产生的原因有哪些？

8.7 某一霍尔元件尺寸为 $L = 10\text{ mm}$, $w = 3.5\text{ mm}$, $d = 1.0\text{ mm}$, 沿 L 方向通以电流 $I = 1.0\text{ mA}$, 在垂直于 L 和 w 方向加有均匀磁场量 $B = 0.3\text{ T}$, 灵敏度 22 V/(A·T), 试求输出霍尔电势及载流子浓度。

8.8 试分析霍尔元件输出接有负载 R_L 时，利用恒压源和输入回路串联电阻 R_T 进行温度补偿的条件。

8.9 霍尔元件灵敏度 $S_H = 40\text{ V/(A·T)}$, 控制电流 $I = 3.0\text{ mA}$, 将它置于 $(1\sim5)\times10^{-4}\text{ T}$ 线性变化的磁场中，输出的霍尔电势范围有多大？

8.10 列举 $1\sim2$ 个霍尔元件的应用例子，查找 $1\sim2$ 个应用磁敏电阻制作的产品实例。

8.11 磁敏电阻温度补偿有哪些方法？磁敏二极管温度补偿有哪些方法？有哪些特点？

8.12 霍尔元件、磁敏电阻、磁敏晶体管有哪些相同之处和不同之处？简述其各自的特点。

9 光电式传感器

光电式传感器是以光为测量媒介、以光电器件为转换元件的传感器,具有非接触、响应快、性能可靠等卓越持性。近年来,随着各种新型光电器件的不断涌现,特别是激光技术和图像技术的迅猛发展,光电传感器已经成为传感器领域的重要角色,在非接触测量领域占据绝对统治地位。目前,光电式传感器已在国民经济和科学技术各个领域得到广泛应用,并发挥着越来越重要的作用。

9.1 概述

光电式传感器的直接被测量就是光本身,既可以测量光的有无,也可以测量光强的变化。光电式传感器的一般组成形式如图 9.1 所示,主要包括光源、光通路、光电元件和测量电路 4 个部分。

图 9.1 光电式传感器的组成形式

光电器件是光电式传感器最重要的环节,所有被测信号最终都变成光信号的变化。可以说,有什么样的光电器件,就有什么样的光电式传感器。因此,光电传感器的种类繁多,特性各异。

光源是光电式传感器必不可缺的组成部分。没有光源,也就不会有光产生,光电式传感器就不能工作。因此,良好的光源是保障光电传感器性能的重要前提,也是光电式传感器设计与使用过程中容易被忽视的一个环节。

光电式传感器既可以测量光信号,也可以测量非光信号,只要这些信号最终能引起到达光电器件的光的变化。根据被测量引起光变化的方式和途径的不同,可以分为 2 种形式:一种是被测量直接引起光源的变化(见图 9.1 中的 x_1),改变了光源的强弱或有无,从而实现对被测量的测量;另一种是被测量对光通路产生作用(见图 9.1 中的 x_2),从而影响到达光电器件的光的强弱或有无,同样可以实现对被测量的测量。

测量电路的作用,主要是对光电器件输出的电信号进行放大或转换,从而达到便于输出和处理的目的。不同的光电器件应选用不同的测量电路。

光电传感器的使用范围非常广泛,既可以测量直接引起光量变化的量,如光强、光照度、辐射测温、气体成分分析等,也可以测量能够转换为光量变化的被测量,如零件尺寸、表面粗糙度、应力、应变、位移、速度、加速度等。

9.2 光源

9.2.1 对光源的要求

光是光电式传感器的测量媒介，光的质量好坏对测量结果起决定性的影响。因此，无论哪一种光电式传感器，都必须仔细考虑光源的选用问题。

一般而言，光电式传感器对光源具有如下几方面的要求。

(1) 光源必须具有足够的照度。光源发出的光必须具有足够的照度，保证被测目标具有足够的亮度以及光通路具有足够的光通性，以利于获得高的灵敏度和信噪比，提高测量精度和可靠性。光源照度不足，将影响测量稳定性，甚至导致测量失败。另一方面，光源的照度还应当稳定，尽可能减小能量变化和方向漂移。

(2) 光源应保证均匀、无遮挡或阴影。在很多场合下，光电传感器所测量的光应当保证亮度均匀、无遮光、无阴影，否则将会产生额外的系统误差或随机误差。因此，光源的均匀性也是比较重要的一个指标。

(3) 光源的照射方式应符合传感器的测量要求。为了实现对特定被测量的测量，传感器一般会要求光源发出的光具有一定的方向或角度，从而构成反射光、投射光、透射光、漫反射光、散射光等，此时，光源系统的设计显得尤为重要，对测量结果的影响较大。

(4) 光源的发热量应尽可能小。一般，各种光源都存在不同程度的发热，因而对测量结果可能产生不同程度的影响。因此，应尽可能采用发热量较小的冷光源，例如发光二极管(LED)、光纤传输光源等；或者将发热较大的光源进行散热处理，并远离敏感单元。

(5) 光源发出的光必须具有合适的光谱范围。光是电磁波谱中的一员。不同波长光的分布如图9.2所示。其中，光电式传感器主要使用的光的波长范围处在紫外至红外之间的区域，一般多用可见光和近红外光。在应用时，选择较大的光源光谱范围，保证包含光电器件的光谱范围(主要是峰值点)在内即可。

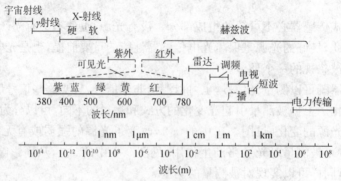

图9.2 电磁波谱

9.2.2 常用光源

1) 热辐射光源

热辐射光源是通过将一些物体加热后产生热辐射来实现照明的。温度越高，光越亮。最早的热辐射光源就是钨丝灯(即白炽灯)。近年来,卤素灯的使用越来越普遍。它是钨丝灯内充入卤素气体(常用碘)同时在灯杯内壁镀以金属钨,用以补充长期受热而产生的钨丝损耗,从而大大延长了灯的使用寿命。

热辐射光源的特点是:

(1)光源谱线丰富,主要涵盖可见光和红外光,峰值约在近红外区,因而适用于大部分光电传感器。

(2)发光效率低,一般仅有15%的光谱处在可见光区。

(3)发热大,约超过80%的能量转化为热能,属于典型的热光源。

(4)寿命短,一般为1 000 h左右。

(5)易碎,电压高,使用有一定危险。

热辐射光源主要用做可见光光源,具有较宽的光谱,适应性强。当需要窄光带光谱时。可以使用滤色片来实现。而且可同时避免杂光干扰,尤其适合各种光电仪器。有时热辐射光源也可以用做近红外光源,适用于红外检测传感器。

2)气体放电光源

气体放电光源是通过气体分子受激发后产生放电而发光的。气体放电光源光辐射的持续,不仅要维持其温度,而且有赖于气体的原子或分子的激发过程。原子辐射光谱呈现许多分离的明线条,称为线光谱。分子辐射光谱是一段段的带,称为带光谱,线光谱和带光谱的结构与气体成分有关。

气体放电光源主要有碳弧灯、水银灯、钠弧灯、氙弧灯等。这些灯的光色接近日光,而且发光效率高。另一种常用的气体放电光源是荧光灯,它是在气体放电的基础上,加入荧光粉,从而使光强更高,波长更长。由于荧光灯的光谱相色温接近日光,因此被称为日光灯。荧光灯效率高,省电,因此也被称为节能灯,可以制成各种各样的形状。

气体放电光源的特点是:效率高,省电,功率大;有些气体发电光源含有丰富的紫外线和频谱;有的其废弃物含有汞,容易污染环境,玻璃易碎,发光调制频率较低。

气体放电光源一般应用于有强光要求且色温接近日光的场合。

3)发光二极管

发光二极管是一种电致发光的半导体器件。发光二极管的种类很多,常用材料与发光波长见表9.1。

表9.1 发光二极管的光波长

材 料	Ge	Si	GaAs	GaAs1. xPx	GaP	SiC
λ(nm)	1 850	1 110	867	867—550	550	435

与热辐射光源和气体放电光源相比,发光二极管具有极为突出的特点:

(1)体积小,可平面封装,属于固体光源,耐振动。

(2)无辐射,无污染,是真正的绿色光源。

(3)功耗低,仅为白炽灯的1/8,荧光灯的1/2,发热少,是典型的冷光源。

(4)寿命长,一般可达10^5 h,是荧光灯的数十倍。

(5)响应快,一般点亮只需1 ms,适于快速通断或光开关。

(6)供电电压低,易于数字控制,与电路和计算机系统连接方便。

（7）在达到相同照度的条件下，发光二极管价格较白炽灯贵，单只发光二极管的功率低，亮度小。

目前，发光二极管的应用越来越广泛。特别是随着白色发光二极管的出现和价格的不断下降，发光二极管的应用将越来越广。

4）激光器

激光（Light Amplification by Stimulated Emission of Radiation，LASER）是"受激辐射放大产生的光"。激光具有极为特殊而卓越的性能：

（1）方向性好，一般激光的发散角很小（约 0.18°），比普通光小 2～3 个数量级。

（2）亮度高，能量高度集中，其亮度比普通光高几百万倍。

（3）单色件好，光谱范围极小，频率几乎可以认为是单一的（例如 He - Ne 激光器的中心波长约为 632.8 nm，而其光谱宽度仅有 10～6 nm）。

（4）相干性好，受激辐射后的光的传播方向、振动方向、频率、相位等参数的一致性极好，因而具有极好的时间相干性和空间相干性，是干涉测量的最佳光源。

常用的激光器有氦氖激光器、半导体激光器、固体激光器等。其中，氦氖激光器由于亮度高、波长稳定而广泛使用，半导体激光器由于体积小、使用方便而用于各种小型测量系统和传感器中。

9.3　常用光电器件

光电器件是光电传感器的重要组成部分，对传感器的性能影响很大。光电器件是基于光电效应工作的，种类很多。所谓光电效应，是指物体吸收光能后转换为该物体中某些电子的能量而产生的电效应。一般，光电效应分为外光电效应和内光电效应 2 类。因此，光电器件也相应分为外光电器件和内光电器件 2 类。

9.3.1　外光电效应及器件

在光的照射下，电子逸出物体表面产生光电子发射的现象称为外光电效应。

根据爱因斯坦假设：一个电子只能接受一个光子的能量。因此，要使一个电子从物体表面逸出，必须使光子能量 ε 大于该物体的表面逸出功 A。各种不同的材料具有不同的逸出功 A，因此对某特定材料而言．将有一个频率限 v_0（或波长限 λ_0），称为"红限"，不同金属光电效应的红限见表 9.2。当入射光的频率低于 v_0（或波长大于 λ_0）时，不论入射光有多强，也不能激发电子；当入射频率高于 v_0 时，不管它多么微弱，也会使被照射的物体激发电子，光越强则激发出的电子数目越多。红限波长可用下式求得：

$$\lambda_0 = \frac{hc}{A} \tag{9.1}$$

式中：c——光速。

外光电效应从光开始照射至金属释放电子几乎在瞬间发生，所需时间不超过 10^{-9} s。基于外光电效应原理工作的光电器件有光电管和光电倍增管。

表 9.2　不同金属的光电效应的红限

参数	铯(Cs)	钠(Na)	锌(Zn)	银(Ag)	铂(Pt)
$v_0(s^{-1})$	4.545×10^{14}	6.00×10^{14}	8.065×10^{14}	1.153×10^{14}	1.929×10^{14}
$\lambda_0 = (c/v_0)$(nm)	660	500	372	260	196.2

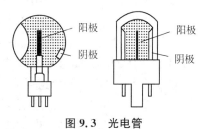

图 9.3　光电管

光电管种类很多,它是一个装有光阴极和阳极的真空玻璃管,如图 9.3 所示。光阴极有多种形式:

① 在玻璃管内壁涂上阴极涂料。

② 在玻璃管内装入涂有阴极涂料的柱面形极板。

阳极为置于光电管中心的环形金属板或置于柱面中心线的金属柱。

光电管的阴极受到适当的照射后便发射光电子。这些光电子被具有一定电位的阳极吸引,在光电管内形成空间电子流。如果在外电路中串入一适当阻值的电阻,则该电阻上将产生正比于空间电流的电压降,其值与照射在光电管阴极上的光成函数关系。

如果在玻璃管内充入惰性气体(如氩、氖等)可构成充气光电管,由于光电子流对惰性气体进行轰击,使其电离,产生更多的自由电子,从而提高光电变换的灵敏度。

光电管的主要特点是:结构简单,灵敏度较高(可达 20~220 $\mu A/lm$)、暗电流小(最低可达 10^{-14})、体积比较大,工作电压高达几百伏到数千伏.玻壳容易破碎。

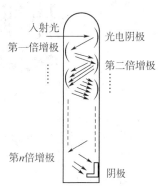

光电倍增管的结构如图 9.4 所示。在玻璃管内除装有光阴极和光电阳极外,尚装有若干个光电倍增极。光电倍增极上涂有在电子轰击下能发射更多电子的材料。光电倍增极的形状及数量设置得正好能使前一级倍增极发射的电子继续轰击后一级倍增极。在每个倍增极间均依次增大加速电压。

光电倍增管的主要特点是:光电流大,灵敏度高,其倍增率为 $N = \delta^n$,其中 δ 为单极倍增率(3~6),n 为倍增极数(4~14)。

图 9.4　光电倍增管

9.3.2　内光电效应及器件

光照射在半导体材料上,材料中处于价带的电子吸收光子能量,通过禁带跃入导带,使导带内电子浓度和价带内空穴增多,即激发出光生电子空穴对,从而使半导体材料产生光电效应。光子能量必须大于材料的禁带宽度 E_g(见图 9.5)才能产生内光电效应。由此可得内光电效应的临界波长 $\lambda_0 = 1\ 293/E_g$(nm)。通常,纯净半导体的禁带宽度为 1 eV 左右,例如锗的 $E_g = 0.75$ eV,硅的 $E_g = 1.2$ eV。

内光电效应按其工作原理可分为 2 种:光电导效应和光生伏特效应。

图 9.5　半导体能带

1) 光电导效应及器件

半导体受到光照时会产生光生电子-空穴对,使导电性能增强,光线越强,阻值越低。这种光照后电阻率变化的现象称为光电导效应。基于这种效应的光电器件有光敏电阻和反向偏置工作的光敏二极管与光敏三极管。

（1）光敏电阻

光敏电阻是一种电阻器件，其工作原理如图 9.6 所示。使用时，加直流偏压（无固定极性），或加交流电压。

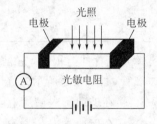

图 9.6　光敏电阻的工作原理

光敏电阻中光电导作用的强弱用其电导的相对变化来标注。禁带宽度较大的半导体材料，在室温下热激发产生的电子-空穴对较少，无光照时的电阻（暗电阻）较大。因此，光照引起的附加电导十分明显，表现出很高的灵敏度。光敏电阻常用的半导体有硫化镉（CdS，禁带宽度 $E_g = 2.4\ \mathrm{eV}$）和硒化镉（CdSe，禁带宽度 $E_g = 1.8\ \mathrm{eV}$）等。

为了提高光敏电阻的灵敏度，应尽量减小电极间的距离。对于面积较大的光敏电阻，通常采用光敏电阻薄膜上蒸镀金属形成梳状电极，如图 9.7 所示。为减小潮湿对灵敏度的影响，光敏电阻必须带有严密的外壳封装，如图 9.8 所示。光敏电阻灵敏度高，体积小，重量轻，性能稳定，价格便宜，因此在自动化技术中应用广泛。

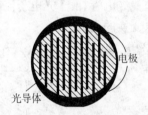

图 9.7　光敏电阻梳状电极

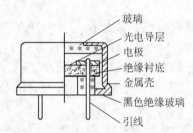

图 9.8　金属封装的 CdS 光敏电阻

（2）光敏二极管

PN 结可以光电导效应工作，也可以光生伏特效应工作。如图 9.9 所示，处于反向偏置的 PN 结，在无光照时具有高阻特性，反向暗电流很小。当光照时，结区产生电子空穴对，在结场作用下，电子向 N 区运动，空穴向 P 区运动，形成光电流，方向与反向电流一致。光的照度越大，光电流越大。由于无光照时的反偏电流很小，一般为 nA 数量级，因此光照时的反向电流基本上与光强度成正比。

图 9.9　光电二极管原理

（3）光敏二极管

光敏二极管可以看成是一个 bc 结为光敏二极管的三极管。其原理和等效电路见图 9.10。在光照作用下，光敏二极管将光信号转换成电流信号，该电流信号被晶体三极管放大。显然，在晶体管增益为 β 时，光敏三极管的光电流要比相应的光敏二极管大 β 倍。

光敏二极管和光敏三极管均用硅或锗制成。由于硅器件暗电流小、温度系数小，又便于用平面工艺大量生产，尺寸易于精确控制，因此硅光敏器件比锗光敏器件更为普遍。

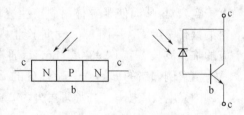

图 9.10　光电三极管原理

光敏二极管和光敏三极管使用时应注意保持光源与光敏管的合适位置(见图 9.11)。因为只有在光敏晶体管管壳轴线与入射光方向接近的某一方位(取决于透镜的对称性和管芯偏离中心的程度),入射光恰好聚在管芯所在的区域,光敏管的灵敏度才最大。为避免灵敏度变化,使用中必须保持光源与光敏管的相对位置不变。

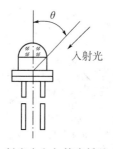

图 9.11 入射光方向与管壳轴线夹角示意图

2) 光生伏特效应及器件

光生伏特效应是光照引起 PN 结两端产生电动势的效应。当 PN 结两端没有外加电场时,在 PN 结势垒区内仍然存在着内建结电场,其方向是从 N 区指向 P 区,如图 9.12 所示。当光照射到结区时,光照产生的电子-空穴对在结电场作用下,电子推向 N 区,空穴推向 P 区;电子在 N 区积累和空穴在 P 区积累使 PN 结两边的电位发生变化,PN 结两端出现一个因光照而产生的电动势,这一现象称为光生伏特效应。由于它可以像电池那样为外电路提供能量,因此常称为光电池。

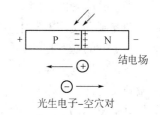

图 9.12 光生伏特效应原理图

光电池与外电路的连接方式有 2 种(见图 9.13):一种是把 PN 结的两端通过外导线短接,形成流过外电路的电流,该电流称为光电池的输出短路电流(I_L),其大小与光强成正比;另一种是开路电压输出,开路电压与光照度之间呈非线性关系,照度大于 1 000 lx 时呈现饱和特性,因此使用时应根据需要选择工作状态。

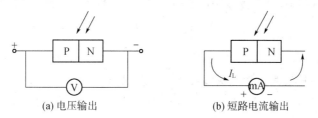

(a) 电压输出   (b) 短路电流输出

图 9.13 光电池的开路

硅光电池是用单晶硅制成的。在一块 N 型硅片上用扩散方法渗入一些 P 型杂质,从而形成一个大面积 PN 结,P 层极薄,能使光线穿透到 PN 结上。硅光电池也称硅太阳能电池,为有源器件。它轻便、简单,不会产生气体污染或热污染,特别适用于宇宙飞行器作仪表电源。硅光电池转换效率较低,适宜在可见光波段工作。

9.3.3 光电器件的特性

光电器件的特性包括光电传感器的光照特性、光谱特性以及峰值探测率、响应时间等。为了合理选择光电器件,有必要了解其主要特性。

1) 光照特性

光电器件的灵敏度可用光照特性来表征,它反映了光电器件输入光量与输入光电流(光电压)之间的关系。光敏电阻的光照特性呈非线性,且大多数如图 9.14(a)所示。因此,不宜用做线性检测元件,仍可在自动控制系统中用做开关元件。

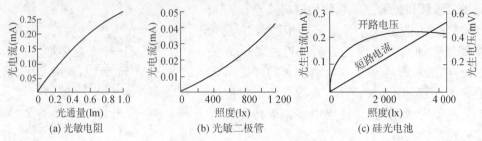

图 9.14　光电器件的光照特性

光敏晶体管的光照特性如图 9.14(b)所示。它的灵敏度和线性度均良好,因此在军事、工业自动控制和民用电器中应用极广,既可作线性转换元件,也可作开关元件。

光电池的光照特性如图 9.14(c)所示。短路电流在很大范围内与光照度成线性关系。

开路电压与光照度的关系呈非线性,在照度 2 000 lx 以上即趋于饱和,因其灵敏度高,宜用做开关元件。光电池作为线性检测元件使用时,应工作在短路电流输出状态。由实验可知,负载电阻越小,光电流与照度之间的线性关系越好,且线性范围越宽。对于不同的负载电阻,可以在不同的照度范同内使光电流与光照度保持线性关系。因此,用光电池作线性检测元件时,所用负载电阻的大小应根据光照的具体情况而定。

光照特性常用响应率 R 来描述。对于光生电流器件,输出电流 I_P 与光输入功率 P_I 之比称为电流响应率 R_I。即

$$R_I = I_P / P_I$$

对于光生伏特器件,输出电压 V_P 与光输入功率 P_I 之比称为电压响应率 R_U,即

$$R_U = V_P / P_I$$

2)光谱特性

光电器件的光谱特性是指相对灵敏度 S 与入射光波长 λ 之间的关系,又称光谱响应。

光敏晶体管的光谱特性如图 9.15(a)所示。由图可知,硅的长波限为 1.1 μm,锗为 1.8 μm,其大小取决于它们的禁带宽度。短波限一般在 0.4～0.5 μm 附近,这是由于波长过短,材料对光波的吸收剧增,使光子在半导体表面附近激发的光生电子-空穴对不能到达 PN 结,因而使相对灵敏度下降。硅器件灵敏度的极大值出现在波长 0.8～0.9 μm 处,而锗器件则出现在 1.4～1.5 μm 处,都处于近红外光波段。采用较浅的 PN 结和较大的表面,可使灵敏度极大值出现的波长和短波限减小,以适当改善短波响应。

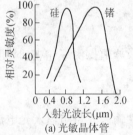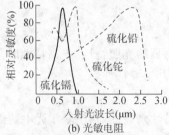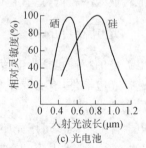

图 9.15　光电器件的光谱效应

光敏电阻和光电池的光谱特性如图 9.15(b) 和 9.15(c) 所示。

由光谱特性可知,为了提高光电传感器的灵敏度,对于包含光源与光电器件的传感器,应根据光电器件的光谱特性合理选择相匹配的光源和光电器件。对于被测物体本身可作光源的传感器,则应按被测物体辐射的光波波长选择光电器件。

3) 响应时间

光电器件的响应时间反映它的动态特性。响应时间小,表示动态特性好。对于采用调制光的光电传感器,调制频率上限受响应时间的限制。

光敏电阻的响应时间一般为 $10^{-1} \sim 10^{-3}$ s,光敏晶体管约为 2×10^{-5} s,光敏二极管的响应速度比光敏三极管高 1 个数量级,硅管比锗管高 1 个数量级。

图 9.16 为光敏电阻、光电池及硅光敏三极管的频率特性。

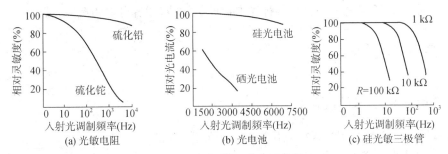

图 9.16 光电器件的频率特性

4) 峰值探测率

峰值探测率源于红外探测器,后来沿用到其他光电器件,无光照时,由于器件存在着固有的散粒噪声以及前置放大器输入端的热噪声,光探测器件将产生少量输出。这一噪声输出常以噪声等效功率(PNE)表征。PNE 定义为:产生与器件暗电流大小相等的光电流的入射光量,等于入射到光敏器件上能产生信号噪声比为 1 的辐射功率。PNE 与光敏器件的有效光敏面积 A 和探测系统带宽 f 有关,而且是平方律关系。因此探测器件的性能常用峰值探测率 D^* 表征,D^* 值大,噪声等效功率小,光电器件性能好。即

$$D^* = \frac{1}{\dfrac{P_{NE}}{\sqrt{A\Delta f}}} = \frac{\sqrt{A\,\overline{\Delta f}}}{P_{NE}}$$

光电二极管的暗电流是反向偏置饱和电流,而光敏电阻的暗电流是无光照时偏置电压与体电阻之比。一般以暗电流产生的散粒噪声计算器件的 PNE,

$$P_{NE} = \sqrt{\frac{2qI_D}{R_I}} \quad (W/\sqrt{H_Z})$$

式中:q——电子电荷(1.6×10^{-19} C);

$\quad I_D$——暗电流(A);

$\quad R_I$——电流响应率(A/W)。

5) 温度特性

温度变化不仅影响光电器件的灵敏度,同时对光谱特性也有很大影响。图 9.17 为硫化铅

(PbS)的光谱温度特性。由图可见,光谱响应峰值随温度升高而向短波方向移动。因此,采取降温措施,往往可以提高光敏电阻对长波长的响应。

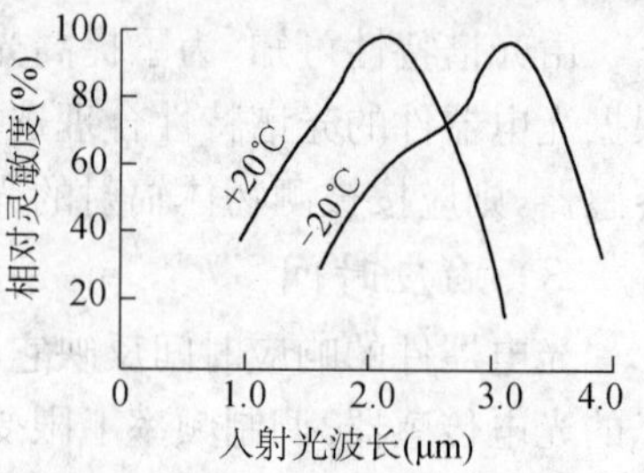

在室温条件下工作的光电器件由于灵敏度随温度而变,因此高精度检测时有必要进行温度补偿或使它在恒温条件下工作。

6)伏安特性

在一定的光照下,对光电器件所加端电压与光电流之间的关系称为伏安特性。它是传感器设计时选择电参数的依据。使用时应注意不要超过器件最大允许的功耗。

限于篇幅,本书不可能一一介绍各种光电器件的性能,读者可参阅有关手册。

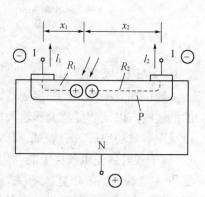

图 9.17　硫化铅光敏电阻的光谱温度特性

9.4　光敏器件

9.4.1　位置敏感器件(PSD)

光位置敏感器件是利用光线检测位置的光敏器件,如图 9.18 所示。当光照射到硅光电二极管的某一位置时,结区产生的空穴载流子向 P 层漂移,而光生电子则向 N 层漂移。到达 P 层的空穴分成 2 部分:一部分沿表面电阻 R_1 流向 1 端形成光电流 I_1;另一部分沿表面电阻 R_2 流向 2 端形成光电流 I_2。当电阻层均匀时,$R_2/R_1 = x_2/x_1$,则 $I_1/I_2 = R_2/R_1 = x_2/x_1$,故只要测出 I_1 和 I_2 便可求得光照射的位置。

上述原理同样适用于二维位置检测,其原理如图 9.19 (a)所示。a、b 极用于检测 x 方向,a'、b' 极用于检测 y 方向。其结构见图(b)。目前上述器件用于感受一维位置的尺寸已超过 100 mm;二维位置也达数十毫米×数十毫米。

图 9.18　光位置敏感器件原理

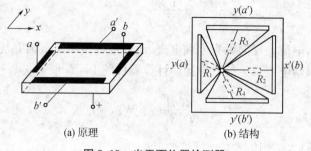

(a) 原理　　　　　　(b) 结构

图 9.19　光平面位置检测器

光位置检测器在机械加工中可用作定位装置,也可用来对振动体、回转体作运动分析及作为机器人的眼睛。

9.4.2 集成光敏器件

为了满足差动输出等应用的需要,可以将2个光敏电阻对称布置在同一光敏面上[见图9.20(a)],也可以将光敏三极管制成对管形式[见图9.20(b)],构成集成光敏器件。

光电池的集成工艺较简单,它不仅可制成2个元件对称布置的形式,而且可制成多个元件的线阵或10×10的二维面阵。光敏元件阵列传感器相对后面将要介绍的CCD图像传感器而言,每个元件都需要相应的输出电路,故电

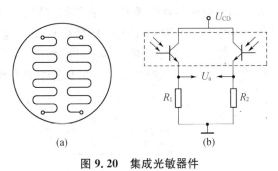

图 9.20 集成光敏器件

路较庞大,但是用HgCdTe元件、InSb等制成的线阵和面阵红外传感器,在红外检测领域获得较多的应用。

9.4.3 固态图像传感器

图像传感器是电荷转移器件集光敏阵列元件为一体构成的具有自扫描功能的摄像器件。它与传统的电子束扫描真空摄像管相比,具有体积小、重量轻、使用电压低(<20 V)、可靠性高和不需要强光照明等优点。因此,在军用、工业控制和民用电器中均有广泛使用。

图像传感器的核心是电荷转移器件(charge transfer device,CTD),其中最常用的是电荷耦合器件(charge coupled device,CCD)。

1) CCD的基本原理

CCD的最小单元是在P型(或N型)硅衬底上生长一层厚度约20 nm的SiO_2层,再在SiO_2层上依一定次序沉积金属(Al)电极而构成金属-氧化物-半导体(MOS)的电容式转移器件。这种排列规则的MOS阵列再加上输入与输出端,即组成CCD的主要部分,如图9.21所示。

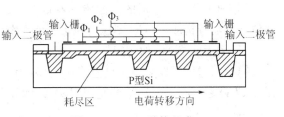

图 9.21 MOS 结构组成

当向SiO_2上表面的电极加一正偏压时,P型硅衬底中形成耗尽区,较高的正偏压形成较深的耗尽区。其中的少数载流子-电子被吸收到最高正偏压电极下的区域内(如图中Φ_2电极下),形成电荷包。人们把加偏压后在金属电极下形成的深耗尽层谓为"势阱"。阱内存储少子(少数载流子)。对于P型硅衬底的CCD器件,电极加正偏压,少子为电子;对于N型硅衬底的CCD器件,电极加负偏压,少子为空穴。

实现电极下电荷有控制的定向转移,有二相、三相等多种控制方式。图9.22为三相时钟控制方式。所谓"三相",是指在线阵列的每一级(即像素)有3个金属电极P_1、P_2和P_3,在其上依次施加3个相位不同的时钟脉冲电压Φ_1、Φ_2、Φ_3。CCD电荷注入的方法有光注入法(对摄像器件)、电注入法(对移位寄存器)和热注入法(对热像器件)等。如图9.22所示,采用输入二极管电注入法,可在高电位电极P_1下产生一电荷包($t=t_0$)。当电极P_2加上同样的高电位时,由于2个电极下势阱间的耦合,原来在P_1下的电荷包将在这2个电极下分布($t=t_1$);而

当 P_1 回到低电平时,电荷包就全部流入 P_2 下的势阱中($t=t_2$)。然后 P_3 的电位升高且 P_2 的电位回到低电平,电荷包又转移到 P_3 下的势阱中[即 $t=t_3$ 的情况。图(a)中只表示电极 P_1 下势阱的电荷转移到电极 P_2 下势阱的过程]。可见,经过一个时钟脉冲周期,电荷将从前一级的一个电极下转移到下级的同号电极下。这样、随首时钟脉冲有规则的变化,少子将从器件的一端转移到另一端;然后通过反向偏置的 PN 结(如图 9.21 中的输出二极管)对少子进行收集,并送入前置放大器。由于上述信号输出的过程中没有借助扫描电子束,故称为自扫描器件。

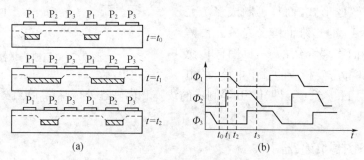

图 9.22　CCD 的结构和工作原理

应用 CCD 可制成移位寄存器、串行存储器、模拟信号延迟器及电视摄像机等。CCD 自 1970 年问世以来,由于它的低噪声等独特性能而发展迅速,并在微光电视摄像、信息处理和信息存储等方面得到了日益广泛的应用。

2) CCD 图像传感器

利用 CCD 技术组成的图像传感器称为 CCD 图像传感器。它由成排的感光元件与 CCD 移位寄存器等构成。CCD 图像传感器通常可分为线型传感器和面型传感器。

(1) 线型 CCD 图像传感器

线型图像传感器是由一列感光单元(称为光敏元阵列)和一列 CCD 并行而构成的。光敏元和 CCD 之间有一个转移控制栅,基本结构如图 9.23 所示。

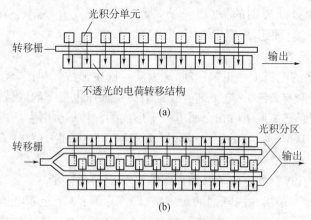

图 9.23　线型图像传感器

每个感光单元都与一个 CCD 元件对应。感光元件阵列的各元件都是一个耗尽的 MOS 电容器。它们具有一个梳状公共电极,而且由一个称为沟阻的高浓度 P 型区,在电气上彼此隔离。为了使 MOS 电容器的电极不遮住入射光线,光敏元的电极最好用全透光的金属氧化物制造。但由于这些材料不能与硅工艺相容,因此目前光敏元的电极大多采用多晶锗电极。这种电极对于波长大于 450 nm 左右的光是透明的,而对可见光谱的蓝区响应较差。由于使用多晶硅电极及工艺等原因,使光敏的光谱特性产生如图 9.24 所示的多峰状。

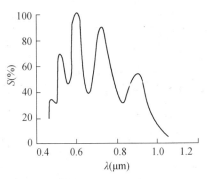

图 9.24　CCD 的光谱特性

当梳状电极呈高电压时,入射光所产生的光电荷由一个个光敏元收集,实现光积分。各个光敏元中所积累的光电荷与该光敏元上所接收到的光照强度成正比,也与光积分时间成正比。在光积分时间结束的时刻,转移栅的电压提高(平时为低压),与光敏元对应的 CCD 移位寄存器电极也同时处于高电压状态。然后,降低梳状电极电压,与光敏元中所积累的光电荷并行地转移到移位寄存器中。当转移完毕,转移栅电压降低,梳状电极电压回复原来的高压状态以迎接下一次积分周期。同时,在 CCD 移位寄存器上加上时钟脉冲。将存储的电荷迅速从 CCD 中转移,并在输出端串行输出。这个过程重复地进行就得到相继的行输出,从而读出电荷图形。

为了避免在电荷转移到输出端的过程中产生寄生的光积分,移位寄存器上必须加一层不透光的覆盖层,以避免光照。目前实用的线型 CCD 如图 9.23(b)所示为双行结构。在一排图像传感器的两侧,布置有 2 排屏蔽光线的移位寄存器。单、双数光敏元中的信号电荷分别转移到上、下面的移位寄存器中,然后信号电荷在时钟脉冲的作用下自左向右移动。从 2 个寄存器输出的脉冲序列,在输出端交替合并,按照信号电荷在每个光敏元中原来的顺序输出。

目前生产的 CCD 线阵已高达 1 万个分辨单元以上,每元 6~12 μm,最小为 3 μm。近年又出现以光电二极管为光敏元的高灵敏度 CCD 图像传感器。由于光电二极管上只有透明的 SiO_2,提高了器件的灵敏度和均匀性,对蓝光的响应也较 MOS 型光敏元有改善。

线型 CCD 图像传感器本身只能用来检测一维变量,如工件尺寸、回转体偏摆等。为了获得二维图像,必须辅以机械扫描(例如采用旋转镜),这使机构庞大。但由于线型图像传感器只需一列分辨单元,芯片有效面积小,读出结构简单,容易获得沿器件方向的高空间分辨率。上述方式在空中及宇宙对地面的摄像、传真记录与慢扫描电视中均获得应用。

(2) 面型 CCD 图像传感器

线型 CCD 图像传感器只能在一个方向上实现电子自扫描。为了获得二维图像,除了必须采用庞大的机械扫描装置外,另一个突出的缺点是每个像素的积分时间仅相当于一个行时,信号强度难以提高。为了能在室内照明条件下获得足够的信噪比,有必要延长积分时间。于是出现了类似于电子管扫描摄像管那样在整个帧时内均接受光照积累电荷的面型 CCD 图像传感器。这种传感器在 x、y 两个方向上都能实现电子自扫描。

面型 CCD 图像传感器由感光区、信号存储区和输出转移部分组成,迄今为止有图 9.25 所示的 3 种方式。

图 9.25(a)所示为由行扫描发生器将光敏元内的信息转移到水平方向上,然后由垂直方向的寄存器向输出检波二极管转移的方式。这种面型 CCD 易引起图像模糊。图 9.25(b)所示的方式具有公共水平方向电极的感光区与相同结构的存储区,该存储器为不透光的信息暂存器。

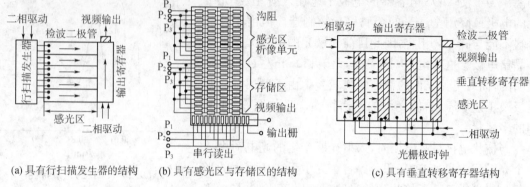

(a) 具有行扫描发生器的结构　　(b) 具有感光区与存储区的结构　　(c) 具有垂直转移寄存器结构

图 9.25　面型图像传感器的各种结构

在电视显示系统的正常垂直回扫周期内,感光区中积累起来的电荷同样迅速地向下移位进入暂存区内。在这个过程结束后,上面的感光区回复光积分状态。在水平消隐周期内,存储区的整个电荷图像向下移动,每一次将底部一行的电荷信号移位至水平读出器,然后这一行电荷在读出移位寄存器中向右移动以视频输出。当整幅视频信号图像以这种方式自存储器移出并显示后,就开始下一幅的传输过程。这种面型 CCD 图像传感器的缺点是需要附加存储器,但它的电极结构比较简单,转移单元可以做得较密。图 9.25(c)表示一列感光区和一列不透光的存储器(垂直转移寄存器)相间配置的方式,这样帧的传输只要一次转移就能完成。

在感光区光敏元积分结束时,转移控制栅打开,电荷信号进入存储器。之后,在每个水平回扫周期内,存储区中整个电荷图像一次一行地向上移到水平读出移位寄存器中。接着这一行电荷信号在读出移位寄存器中向右移位到输出器件,形成视频输出信号。这种结构的器件操作比较简单,但单元设计较复杂,且转移信号必须遮光,使感光面积减小约 30%～50%。由于这种方式所得图像清晰,是电视摄像器件的最好方式。

最早可供工业电视使用的面型 CCD 图像传感器有 100×100 像元,采用图 9.25(c)的结构。之后,器件分辨单元的规模越来越大,最大达 1 亿个像元以上。

3) CMOS 摄像器件

CMOS 摄像器件是充分体现 20 世纪 90 年代国际视觉技术水平的新一代固体摄像器件。CMOS 摄像头将图像传感部分和控制电路高度集成在一块芯片上,构成一个完整的摄像器件。CMOS 摄像头内部结构如图 9.26 所示,主要由感光元件阵列、灵敏放大器、阵列扫描电路、控制电路、时序电路等组成。

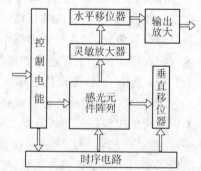

图 9.26　CMOS 摄像器件结构

CMOS 摄像头体积很小,机心直径近似五分硬币,便于系统安装。这种器件功耗很低,可以使用电池供电,长时间工作,同时具有价格便宜、重量轻、抗震性好、寿命长、可靠性高、工作电压低、抗电磁干扰等特点。

CMOS 摄像头还有一个最突出的特点是对人眼不可见的红外线发光源特别敏感,尤其适于防盗监控。此外,CMOS 摄像头具有夜视特性,体积小巧,隐蔽性强,故广泛应用于工厂、学校、矿区、住宅、港口、工地、仓库、家庭别墅、果园、养殖场、博物馆、超级市场、银行、交通、多媒体电脑、玩具及各种防盗、防火等场合。

与 CCD 相比较,CMOS 摄像头具有许多独特的优点。其中最突出的是能单片集成,而 CCD 摄像头由于制造工艺与 CMOS 集成电路不兼容,除感光阵列外,摄像头所必需的其他电路不能集成在同一芯片上。目前,CMOS 摄像器件正在继续朝高分辨率、高灵敏度、超微型化、数字化、多功能的方向发展。

9.4.4 高速光电器件

光电传感器的响应速度是重要指标。随着光通信及光信息处理技术的发展,一批高速光电器件应运而生。

1) PIN 结光电二极管(PIN-PD)

PIN 结光敏二极管是以 PIN 结代替 PN 结的光敏二极管,在 PN 结中间设置一层较厚的 I 层(高电阻率的本征半导体)而制成,故简称为 PIN-PD。其结构原理如图 9.27 所示。

PIN-PD 与普通 PD 不同之处是入射信号光由很薄的 P 层照射到较厚的 I 层时,大部分光能被 I 层吸收,激发产生少载流子形成光电流,因此 PIN-PD 比 PD 具有更高的光电转换效率。此外,使用 PIN-PD 时往往可加较高的反向偏置电压,这样一方面使 PIN 结的耗尽层加宽,另一方面可大大加强 PN 结电场,使光生载流子在结电场中的定向运动加速,减小了漂移时间,大大提高了响应速度。

PIN-PD 具有响应速度快、灵敏度高、线性较好等特点,适用于光通信和光测量技术。

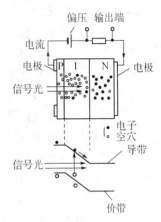

图 9.27 PIN-PD 结构原理

2) 雪崩式光电二极管(APD)

APD 是在 PN 结的 P 型区一侧再设置一层掺杂浓度极高的 P^+ 层而构成。使用时,在元件两端加上近于击穿的反向偏压,如图 9.28 所示。此种结构由于加上强大的反向偏压,能在以 P 层为中心的结构两侧及其附近形成极强的内部加速电场(可达 10^5 V/cm)。受光照时,P^+ 层受光子能量激发跃迁至导带的电子,在内部加速电场作用下,高速通过 P 层,使 P 层产生碰撞电离,从而产生大量新生电子-空穴对,而它们也从强大的电场获得高能,并与从 P^+ 层来的电子一样 2 次碰撞 P 层中的其他原子,又产生新电子-空穴对。这样,当所加反向偏压足够大时,不断产生二次电子发射,并使载流子产生"雪崩"倍增,形成强大的光电流。

APD 具有很高的灵敏度和响应速度,但输出线性较差,故它特别适用于光通信中脉冲编码的工作方式。

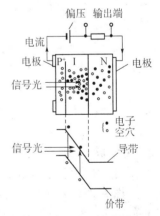

图 9.28 APD 结构原理

由于 Si 长波长限较低,目前正研制适用于长波长的、灵敏度高的,用 GaAs、GaAlSb、InGaAs 等材料构成的 APD。

9.4.5 半导体色敏器件

半导体色敏器件是半导体光敏传感器件中的一种,其原理也是基于半导体的内光电效应,将光信号转换为电信号的光辐射探测器件。但是,不管是光电导器件还是光生伏特效应器件,它们检测的都是在一定波长范围内光的强度或者是光子的数目。而半导体色敏器件则可用来直接测量从可见光到近红外波段内单色辐射的波长。这是近年来出现的一种新型光敏器件。本节将简要介绍色敏传感器件的测色原理及其基本特性。半导体色敏器件相当于 2 只结深不同的光电二极管的组合.故又称双结光电二极管,其结构原理及等效电路见图 9.29。

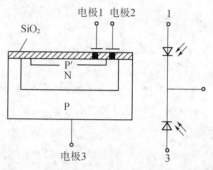

图 9.29 中所表示的 P^+-N-P 不是三极管,而是结深不同的 2 个 P-N 结二极管。浅结的二极管是 P^+-N 结;深结的二极管是 N-P 结。当有入射光照射时,P^+、N、P 这 3 个区域及其间的势垒区都有光子吸收,但效果不同。紫外光部分吸收系数大,经过很短距离已基本吸收完毕。因此,浅结的那只光电二极管对紫外光的灵敏度高。而红外部分吸收系数较小。这类波长的光子则主要在深结区被吸收。因此,深结的那只光电二极管对红外光的灵敏度高。这就是说,在半导体中不同的区域对不同的波长分别具有不同

图 9.29　半导体色敏器件结构和等效电路

的灵敏度。这一特性提供了将这种器件用于颜色识别的可能件,也就是可以用来测量入射光的波长。利用上述光电二极管的特性,可得到不同结深二极管的光谱响应曲线,如图 9.30 所示。图中 PD_1 代表浅结二极管,PD_2 代表深结二极管。将 2 只结深不同的光电二极管组合,构成了可以测定波长的半导体色敏器件。

在具体应用时,应先对该色敏器件进行标定,也就是测定在不同波长的光照射下该器件中 2 只光电二极管的短路电流的比值,即 I_{SD2}/I_{SD1}。I_{SD1} 是浅结二极管的短路电流,在短波区较大;I_{SD2} 是深结二极管的短路电流,在长波区较大。因而,两者的比值与入射单色光波长的关系就可以确定。根据标定的曲线,实测出某一单位光时的短路电流比值,即可确定该单色光的波长。

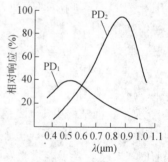

此外,这类器件还可用于检测光源的色温。对于给定的光源,色温不同,则辐射光的光谱分布不同。例如,

图 9.30　硅色敏管中 PD_1 和 PD_2 光谱响应曲线

白炽灯的色温升高时,其辐射光中短波成分的比例增加,长波成分的比例减少。这将导致 I_{SD1} 增大而 I_{SD2} 减小,从而使 I_{SD2} 与 I_{SD1} 的比值减小。因此,只要将光敏器件短路电流比对某类光源定标后,就可由此直接确定该类光源中未知光源的色温。

图 9.31(a)给出了国内研制的 CS-1 型半导体色敏器件的光谱特件,其波长范围是 400~1 000 nm。不同器件的光谱特性略有差别。上述 CS-1 型半导体色敏器件的短路电流比——波长特性示于图 9.31(b)。该特性表征半导体色敏器件对波长的识别能力,是赖以确定被测波长的基本特性。

由于半导体色敏器件测定的是 2 只光电二极管的短路电流比,而这 2 只光电二极管是做在同一块材料上的,具有基本相同的温度系数。这种内部的补偿作用使半导体色敏器件的短路电流比对温度不十分敏感,所以通常可不考虑温度的影响。

目前还不能利用上述色敏器件来测定复式光的颜色。此工作还有待进一步深入研究。

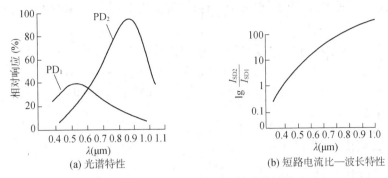

(a) 光谱特性   (b) 短路电流比—波长特性

图 9.31   CS—1 半导体色敏器件特性

9.5   光电式传感器

9.5.1   光电式传感器的类型

光电式传感器按照其输出量的性质,可以分为模拟式和开关式 2 种。

1) 模拟式光电传感器

这类传感器将被测量转换成连续变化的光电流,要求光电元件的光照特性为单值线性,而且光源的光照均匀恒定。属于这一类的光电式传感器有下列几种工作方式:

(1) 透射式:如图 9.32(a) 所示,由光源发出的一束光投射到被测目标并透射过去,透射光被光电器件接收,当被测目标的透光特性产生变化时,透射光的强度发生变化,由此可以测量气体、液体、透明或半透明固体的透明度、混浊度、浓度等参数. 对气体成分进行分析,测定某种物质的含量等。

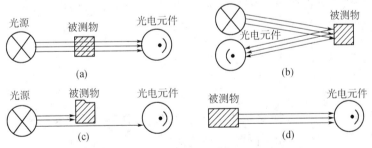

图 9.32   模拟式光电传感器的工作方式

(2) 反射式:如图 9.32(b) 所示,由光源发出的一束光投射到被测目标并被反射,反射光被光电器件接收,当被测目标的表面特性产生变化时,反射光的强度发生变化,由此可以测量物体表面反射率、粗糙度、距离、位置、振动、表面缺陷以及表面白点、露点、湿度等参数。

(3) 遮光式:如图 9.32(c) 所示,由光源发出的一束光可以直接投射到光电器件上,在光通路上被测目标对光束进行部分遮挡,从而改变光电器件接收到的光强,由此可以测量物体的位移、振动、速度、孔径、狭缝尺寸、细丝直径等参数。

(4) 辐射式:如图 9.32(d) 所示,被测目标本身直接发出一定强度的光,并直接投射到光电器件上,当被测参数变化时,被测目标的发光强度相应产生变化,由此可以测量辐射温度光谱成分和放射线强度等参数,常用于红外侦察、遥感遥测、天文探测、公共安全等领域。

2) 开关式光电传感器

这类光电传感器利用光电元件受光照或无光照时有、无电信号输出的特性将被测量转换成断续变化的开关信号。为此,要求光电元件灵敏度高,而对光照特性的线性要求不高。这类传感器主要应用于零件或产品的自动计数、光控开关、电子计算机的光电输入设备、光电编码器以及光电报警装置等方面。

9.5.2　光电式传感器的应用

1) 光电式数字转速表

图 9.33 为光电式数字转速表工作原理。

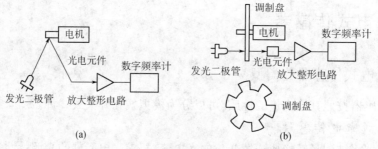

图 9.33　光电式数字转速表工作原理

图 9.33(a)表示转轴上涂黑白 2 种颜色的工作方式。当电机转动时,反光与不反光交替出现。光电元件间断地接收反射光信号,输出电脉冲。经放大整形电路转换成方波信号,由数字频率计测得电机的转速。

图 9.33(b)为电机轴上固装一个齿数为 z 的调制盘[相当于图 9.33(a)电机轴上黑白相间的涂色]的工作方式。其工作原理与图 9.33(a)相同。若频率计的计数频率为 f,由

$$n = \frac{60f}{z} \tag{9.3}$$

即可测得转轴转速 n(r/min)。

2) 光电式物位传感器

光电物位传感器大多用于测量物体之有无、数量、物体移动距离和相位等。按结构可分为遮光式、反射式 2 类。如图 9.34 所示。

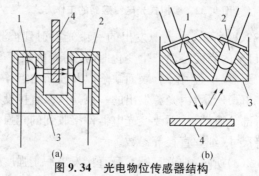

图 9.34　光电物位传感器结构

遮光式光电物位传感器是将发光元件和光电元件以某固定距离对置封装在一起构成的,反射式光电物位传感器是将 2 个元件并置(同向但不平行)而构成的。发光元件一般采用 GaAs‐LED、GaAsP‐LED 等。最常用的是 Si 掺杂的 GaAs‐LED。光敏元件均采用光敏三极管。为了提高传感器的灵敏度,常用达林顿接法。主要缺点是响应速度较慢、信噪比略低。

这类传感器的检测精度常用物位检测精度曲线表征。图 9.35 是遮光式物位传感器检测精度曲线。该曲线用移动遮光薄板的方法获得。如果考虑到首尾边缘效应的影响,可取输出电流值的 $10\%\sim90\%$ 所对应的移动距离作为传感器的测量范围。

当用光电物位传感器进行计数时,对检测精度和信噪比要求不高,而当用于精确测位(如光码盘开孔位置或其他设备的安装位置与相位)时,则必须考虑检测精度。为了提高精度,可在传感器的光电元件前方加一个开有 0.1 mm 左右狭缝的遮光板。

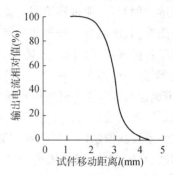

图 9.35 遮光式光电物位传感器的精度曲线

反射式传感器光电元件接收的是反射光,因此输出电流受被测对象材料、形状及被测物与传感器端面距离等多种因素影响。当被测对象的材质和形状一定时,被测对象距传感器端面的距离 l 对检测精度和灵敏度影响较大。图 9.36 示出距离 l 与输出电流 I 的关系。由此可见,不同结构参数的传感器有不同的输出电流峰值,并对应于不同的 l 值。因此,反射式光电传感器设计制成后应先作标定曲线,然后视被测参数及具体工作情况合理选择距离 l。

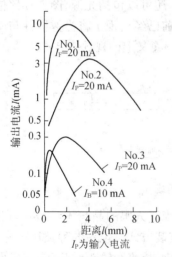

图 9.36 反射式物位传感器特性曲线

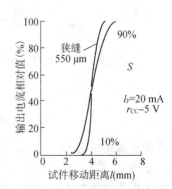

图 9.37 反射式光电物位传感器精度曲线

图 9.37 是反射式光电物位传感器检测横向物位时的检测精度曲线。该曲线系用移动反射率为 90% 的硬白纸而获得。为了提高反射式光电物位传感器的精度,可缩小光电元件的指向角范围,也可在光电元件前设置一个开有狭缝的遮光板。

3)视觉传感器

在人类感知外部信息的过程中,通过视觉获得的信息占全部信息的 80% 以上。因此,能够模拟生物视觉功能的视觉传感器得到越来越多的关注。特别是 20 世纪 80 年代以来,随着计算机技术和自动化技术的突飞猛进,计算机视觉理论得到长足进步和发展。视觉传感器以及视觉检测与控制系统在各个领域不断得到应用,已成为当今科学技术研究领域十分活跃的热点内容之一。

目前视觉传感器的应用日益普及,无论是工业现场还是民用科技,到处可以看到视觉检测的足迹。例如:工业过程检测与监控、生产线上零件尺寸的在线快速测量、零件外观质量及表面缺陷检测、产品自动分类和分组、产品标志及编码识别等;在机器人导航领域,视觉传感器还可用于目标辨识、道路识别、障碍判断、主动导航、自动导航、无人驾驶汽车、无人驾驶飞机、无人战车、探测机器人等场合。在医学临床诊断中,各种视觉传感器得到广泛应用,例如 B 超(超声成像)、CT(计算机层析)、核磁共振(MRI)胃窥镜等设备,为医生快速、准确地确定病灶提供了有效的诊断工具。各种遥感卫星,例如气象卫星、资源卫星、海洋卫星等,都是通过各种视觉传感器获取图像资料。在交通领域,视觉传感器可用于车辆自动识别、个辆牌照识别、车型判断、车辆监视、交通流量检测等场合;在安全防卫领域,视觉传感器可用于指纹判别与匹配、面孔与眼底识别、安全检查(飞机、海关)、超市防盗、停车场监视等场合。因此,视觉传感器应用领域日益扩大。应用层次逐渐加深,智能化、自动化、数字化的程度也越来越高。

视觉传感器的构成如图 9.38 所示。一般由光源、镜头、摄像器件、图像存储体、监视器以及计算机系统等环节组成。光源为视觉系统提供足够的照度,镜头将被测场景中的目标成像到视觉传感器(即摄像器件)的像面上,并转变为全电视信号。图像存储体负责将电视信号转换为数字图像,即把每一点的亮度转换为灰度级数据,并存储一幅或多幅图像。后面的计算机系统负责对图像进行处理、分析、判断和识别。最终给出测量结果。狭义的视觉传感器可以只包含摄像器件,广义的视觉传感器除了镜头和摄像器件外,还可以包括光源、图像存储体和微处理器等部分,而摄像器件相当于传感器的敏感元件。目前已经出现了将摄像器件与图像存储体以及微处理器等部分集成在一起的数字器件,这是完整意义上的视觉传感器。

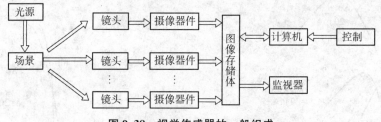

图 9.38　视觉传感器的一般组成

镜头是视觉传感器必不可缺的组成部分,它的作用相当于人眼的晶状体,主要具有成像、聚焦、曝光、变焦等功能。镜头的主要指标有焦距、光圈、安装方式。镜头的种类比较多,分类方法也多种多样。按焦距大小可以分为广角镜头、标准镜头、长焦距镜头;按变焦方式可以分为固定焦距镜头、手动变焦距镜头、电动变焦距镜头;按光圈方式可以分为固定光圈镜头、手动变光圈镜头、自动变光圈镜头。

摄像器件是视觉传感器的另一必不可缺的重要组成部分,它的作用相当于人眼的视网膜。摄像器件的主要作用是将镜头所成的像转换为数字或模拟电信号输出,它是视觉传感器的敏感元件。因此,摄像器件性能的好坏直接影响视觉检测质量。目前摄像器件的种类比较多。按颜色可分为黑白器件、彩色器件和变色器件(可根据需要在彩色与黑白之间转换);按工作维数可分为点式、线阵、面阵和立体摄像器件;按输出信号可分为模拟式(只输出标准模拟电视信号)和数字式(直接输出数字信号);按工作原理可分为 CCD 式和 CMOS 式。

图像存储体是视觉传感器的主要组成部分,对传感器的性能影响很大。图像存储体的主要作用包括:接收来自模拟摄像机的模拟电视信号或数字摄像机的数字图像信号;存储一幅或多幅图像数据;对图像进行预处理,例如灰度变换、直方图拉伸与压缩、滤波、二值化以及图像图形叠加等;将图像输出到监视器进行监视和观察,或者输出到计算机内存中,以便进行图像处理、模式识别以及分析计算。

光源是视觉传感器必不可缺的组成部分。在视觉检测过程中,由于视觉传感器对光线的依赖性很大,照明条件好坏将直接影响成像质量。具体地讲,就是将影响图像清晰度、细节分辨率、图像对比度等。因此,照明光源的正确设计与选择是视觉检测的关键问题之一。用于视觉检测的光源应满足以下要求:照度要适中、亮度要均匀、亮度要稳定、不应产生阴影、照度可调等。

在视觉传感器获得一幅图像数据后,需要进行一系列图像处理工作,其中包括图像增强、图像滤波、边缘检测、图像描述与识别等。

图 9.39 为尺寸测量的一个实例,用于测量热轧铝板宽度。图(a)表示测量用传感器及其相关系统的构成,图(b)为测量原理。由图可知,板材左右晃动并不影响测量结果,因此适用于在线检测。图(a)中所示 CCD 传感器 3 用来摄取激光器在板上的反射像,其输出信号用以补偿由于板厚变化造成的测量误差。整个系统由微处理器控制,这样可以实现在线实测热轧板宽度。对于 2 m 宽的热轧板最终测量精度可达±0.025%。

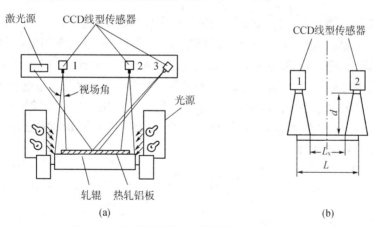

(a) (b)

图 9.39　热轧铝板宽度测量的基本构成和结构

工件伤痕及表面污垢的检测原理与尺寸测量基本相同,见图 9.40。

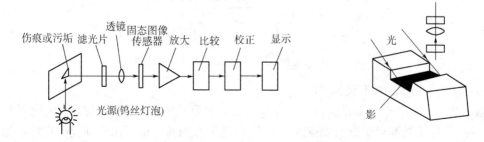

图 9.40　工件微小伤痕及污垢检测

工件伤痕或表面污垢用肉眼往往难以发现。因此,光照射到工件表面后的输出与合格工件的输出之间的差异极其微小,加上 CCD 传感器诸像素输出的不均匀性,给测量造成特殊的困难。通常解决的方法是预先将传感器的"输出均匀度特性"输入微处理器,然后将实测值与其相比较而加以修正。

上述方法也可用于检测工件表面粗糙度。利用光线照射到工件表面产生漫反射形成散斑、采用线型或面型 CCD 传感器检测散斑情况并与标准样板比较,可确定工件表面粗糙度等级。

利用带有高速快门的 CCD 摄像机对被测对象摄像,获得被测对象的图像,从而剔除不合格品或进行分选,是视觉传感器的又一应用领域。这种方法可用于剔除瓶盖、金属或玻璃容器的不合格品,也可用于禽蛋、水果、蔬菜和鲜鱼等物品的形状和鲜度判别(见图 9.41)。

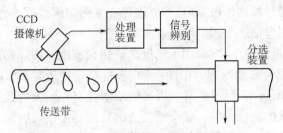

图 9.41　形状检测示意图

与前述方法不同的是,需要根据不同的被测对象确定若干特征参数,并在某一个电平上二值化。图 9.42 为视觉传感器的另一个应用实例。2 个光源分别从不同方向向传送带发送 2 条水平缝隙光(即结构光),而且预先将 2 条缝隙光调整到刚好在传送带上重合的位置。这样,当传送带上没有零件时,2 条缝隙光合成一条直线。当传送带上的零件通过缝隙光处时,缝隙光就变成 2 条分开的直线,其分开的距离与零件的高度成正比。视觉系统通过对摄取图像进行处理,可以确定零件位置、高度、类则与取向,并将此信息送入机器人控制器,使得机器人完成对零件的准确跟踪与抓取。

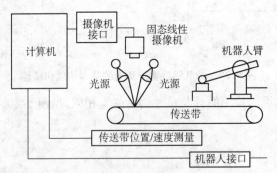

图 9.42　视觉传感器在机器人系统中的应用

4) 细丝类物件的在线检测

如图 9.43 所示,要求激光从轴线垂直方向照射被测对象,利用图示光学系统使激光光束平行扫描,并测出被测对象遮断光束的时间,经过运算求出直径值。由于细丝类物件在加工过程中会产生振动或抖动,因此需要通过运算进行修正。设 V 为扫描速度,v 为被测对象振动速度,D 为被测对象的直径,t 为扫描时间,则存在下列关系:

$$D_A = (V-v)t_A$$
$$D_B = (V+v)t_B$$

于是,被测直径为:

$$D = \frac{V}{2}(t_A + t_B) \tag{9.4}$$

上述系统中,旋转镜的旋转平稳性将影响测量精度,需要加以控制。

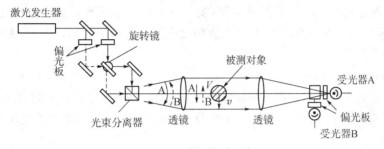

图 9.43   外径检测系统

9.6   太阳能电池

9.6.1   太阳能电池的概念与工作原理

太阳能电池是通过光电效应或者光化学效应直接把光能转换成电能的装置。太阳光照在半导体 p-n 结上,形成新的空穴-电子对,在 p-n 结电场的作用下,空穴由 n 区流向 p 区,电子由 p 区流向 n 区,接通电路后就形成电流。这就是光电效应太阳能电池的工作原理。

太阳能发电有 2 种方式:一种是光-热-电转换方式;另一种是光-电直接转换方式。

(1) 光-热-电转换方式:通过利用太阳辐射产生的热能发电,一般是由太阳能集热器将所吸收的热能转换成蒸气,再驱动汽轮机发电。前一个过程是光-热转换过程,后一个过程是热-电转换过程。与普通的火力发电一样,太阳能热发电的缺点是效率很低而成本很高,它的投资至少要比普通火电站贵 5~10 倍,一座 1 000 MW 的太阳能热电站需要投资 20~25 亿美元,平均 1 kW 的投资为 2 000~2 500 美元。因此,目前只能小规模地应用于特殊的场合,而大规模利用在经济上很不合算,还不能与普通的火电站或核电站相竞争。

(2) 光-电直接转换方式:该方式是利用光电效应将太阳辐射能直接转换成电能,光-电转换的基本装置就是太阳能电池。

太阳能电池是一种由于光生伏特效应而将太阳光能直接转换为电能的器件,是一个半导体光电二极管,当太阳光照到光电二极管上时,光电二极管就会把太阳的光能转换成电能,产生电流。当许多个电池串联或并联后就可以成为有比较大的输出功率的太阳能电池方阵。

太阳能电池是一种有很大前途的新型电源,具有永久性、清洁性和灵活性三大优点,太阳能电池寿命长,只要太阳存在,太阳能电池就可以一次投资而长期使用;与火力发电、核能发电相比,太阳能电池不会引起环境污染;太阳能电池可以大中小并举,大到百万千瓦的中型电站,小到只供一户用的太阳能电池组,这是其他电源无法比拟的。

9.6.2　太阳能电池的应用

太阳能电池又称光电池。至今主要有两大类型的应用：一类是将太阳能电池作光伏器件使用，利用光伏作用直接将太阳能转换成电能，即太阳能电池。这是全世界范围内人们所追求、探索新能源的一个重要研究课题。太阳能电池已在宇宙开发、航空、通信设施、地面发电站、日常生活和交通事业中得到广泛应用。目前太阳能电池发电成本尚不能与常规能源竞争，但是随着太阳能电池技术不断发展，成本会逐渐下降，太阳能电池定将获得更广泛的应用。另一类是将太阳能电池作光电转换器件应用，要求太阳能电池具有灵敏度高、响应时间短等特性，但不需要很高的光电转换效率，这一类太阳能电池需要特殊的制造工艺，主要用于光电检测和自动控制系统中。

1）太阳能电池电源

太阳能电池电源系统主要由太阳能电池方阵、蓄电池组、调节控制和阻塞二极管组成。如果还需要向交流负载供电，则需要加一个直流-交流变换器。太阳能电池电源系统框图如图9.44所示。

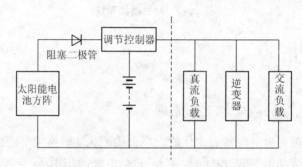

图 9.44　太阳能电池电源系统方框图

太阳能电池方阵是将太阳辐射直接转换成电能的发电装置。按输出功率和电压的要求选用若干片性能相近的单体太阳能电池，经串联、并联连接后封装成一个可以单独作电源使用的太阳能电池组件。然后，由多个该组件经串、并联构成一个阵列。在有太阳光照射时，太阳能电池方阵发电并对负载供电，同时也对蓄电池组充电，存储能量，供无太阳光照射时使用。

蓄电池组的作用是将太阳能电池方阵在白天有太阳光照射时所发出的电量的多余能量（超过用电装置需要）贮存起来的贮能装置。

调节控制器是将太阳能电池方阵、蓄电池组和负载连接，实现充、放电自动控制的中间控制器，一般由继电器和电子电路组成。控制器在充电电压达到蓄电池上限电压时，能自动切断充电电路，停止对蓄电池供电。当蓄电池电压低于下限值时，自动切断输出电路。因此，调节控制器不仅能使蓄电池供电电压保持在一定范围内，而且能防止蓄电池因充电电压过高或过低而损伤。

图9.45给出了一种12 V电池充电电路，适用于12 V的凝胶电解质铅酸电池充电。其中LM350是一个正输出三端可调集成稳压器，可以提供1.25～33 V，3A的输出。当开关S合上时，充电器的输出电压为14.5 V，此时充电电流限制在2 A左右，随着电池电压的升高，充电电流逐渐减小，当充电电流减小到150 mA时，充电器转换到一个较低的浮动充电电压，以防止过充电。随着向电池的满量充电，充电电流继续减小，则输出电压从14.5 V降到12.5 V

左右,充电终止。此时三极管 BG₁ 导通,使发光二极管点亮,表示电池充电已充足。当然对于大功率太阳能电源其充电电路中的器件需要作适当的选择,使它们吻配,才能适合较大的贮存电流。

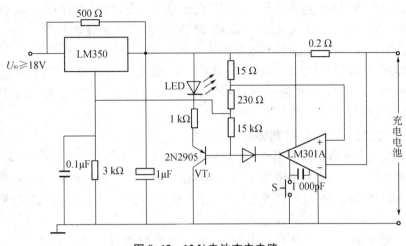

图 9.45　12 V 电池充电电路

阻塞二极管的作用是利用其单向性,避免太阳能电池方阵不发电或出现短路故障时,蓄电池通过太阳电池放电。阻塞二极管通常选用足够大的电流、正向电压降和反向饱和电流小的整流二极管。

直流-交流变换器是将直流电转换为交流电的装置(逆变器)。最简单的可用一只三极管构成单管逆变器。在大功率输出场合,广泛使用推挽式逆变器。为了提高逆变效率,特别在大功率的情况下,采用自激多谐振荡器,经功率放大,再由变压器升压,形成高压交流输出。逆变器如图 9.46 所示。

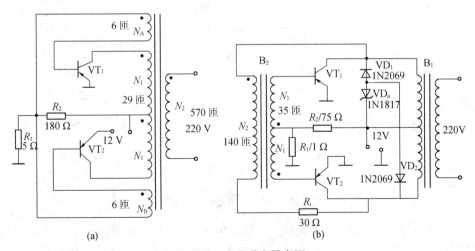

图 9.46　实用逆变器电源

图 9.46(a)是一种实用的晶体管单变压器逆变器。该逆变器输出功率较小,但电路简单,制作容易。电路中任何一个不平衡电压都会引起一个晶体管导通,例如 VT₁。正反馈使 VT₂ 截止。随着 VT₁ 集电极电流不断提高,变压器铁心逐渐饱和,此时变压器绕组中感应电压为

0,结果造成基极激励不足,从而引起 VT$_1$ 截止,集电极电流降为 0。集电极电流的下降引起所有绕组极性反转,致使 VT$_1$ 截止、VT$_2$ 导通。当铁心变为负饱和时,VT$_2$ 截止,其集电极电流变为 0,VT$_1$ 又导通。基极偏置电阻 R_1 和 R_2 的作用是提供启动电流和减小基-射极电压变化的影响。该逆变器的直流电源电压为 12 V,交流输出电压为 220 V,输出功率 55 W。

图 9.46(b)是双变压器逆变电源,可以输出较大的功率,且逆变效率高。

当某一晶体管如 VT$_1$ 导通时,其集电极电压从电源电压降到 0,由此在变压器初级两端产生的电压经反馈电阻加到变压器的初级,导致 VT$_1$ 截止,VT$_2$ 饱和,该状态一直维持到变压器达到反向饱和为止。然后,电路返回到初始状态,完成了一个逆变周期。该逆变电源电压 12 V,交流输出电压为 220 V,功率为 250 W。

2) 在广电检测和自动控制方面的应用

太阳能电池作为光电探测使用时,其基本原理与光敏二极管相同,但它们的基本结构和制造工艺不完全相同。由于太阳能电池工作时不需要外加偏压、光电转换效率高、光谱范围宽、频率特性好、噪声低等,已广泛用于光电读出、光电耦合、光栅测距、激光准直、电影还音、紫外光监视器和燃气轮机的熄火保护装置等场合。

太阳能电池在检测和控制领域应用中的几种基本电路如图 9.47 所示。

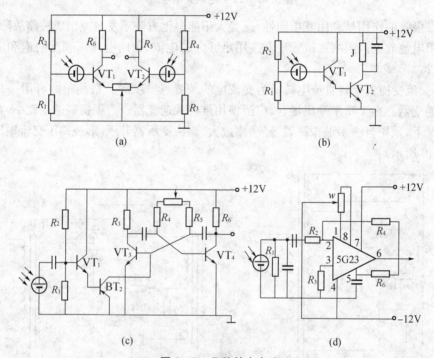

图 9.47　几种基本电路

图 9.47(a)是由太阳能电池构成的光电跟踪电路,用 2 只性能相似的同类太阳能电池作为光电接收器件。当入射光通量相同时,执行机构按预定的方式工作或进行跟踪。当系统略有偏差时,电路输出差动信号,带动执行机构进行纠正,达到跟踪的目的。

图 9.47(b)所示电路为光电开关,大多用于自动控制系统中。无光照时,系统处于某一工作状态,如通态或断态。当光电池受到光照射时,产生较高的电动势,只要光强大于某一设定的阈值,系统就改变工作状态,达到开关目的。

图 9.47(c)为太阳能电池触发电路。当光电池受光照射时,使单稳态或双稳态电路的状态翻转,改变其工作状态或触发器件(如可控硅)导通。

图 9.47(d)为太阳能电池放大电路,在测量溶液浓度、物体色度、纸张的灰度等场合,可用该电路作前置级,把微弱光电信号进行线性放大,然后带动指示机构或二次仪表进行读数或记录。

在实际应用中,主要利用太阳能电池的光照特性、光谱特性、频率特性和温度特性等,通过基本电路与其他电子电路的组合可实现检测或自动控制的目的。例如,作为路灯光电自动开关,见图 9.48。

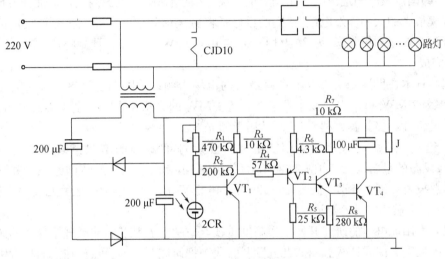

图 9.48　路灯自动控制器

图 9.48 中主回路的相线由交流接触器 CJD10 的 3 个常开触头并联以适应较大负荷的需要。接触器触头的通断由控制回路控制。当天黑无光照时,光电池 2CR 本身的电阻和 R_1, R_2 组成分压器,使 VT_1 基极电位为负,VT_1 导通,经 VT_2、VT_3、VT_4 构成多级直流放大,VT_4 导通使继电器 J 动作,从而接通交流接触器,使常开触头闭合,路灯亮。当天亮时,硅光电池受光照射后,产生 0.2~0.5 V 电动势,使 VT_1 在正偏压后而截止,后面多级放大器不工作,VT_4 截止,继电器 J 释放使回路触头断开,灯灭。调节 R_1 可调整 VT_1 的截止电压,以达到调节自动开关的灵敏度。

9.6.3　太阳能电池产业现状

现阶段以光电效应工作的薄膜式太阳能电池为主流,而以光化学效应工作的湿式太阳能电池则还处于萌芽阶段。

据 Dataquest 的统计资料显示,目前全世界已有 136 个国家正在普及应用太阳能电池,其中 95 个国家正在大规模地进行太阳能电池的研制开发,生产各种相关的节能新产品。1998年,全世界生产的太阳能电池总的发电量达 1 000 MW,1999 年达 2 850 MW。2000 年,全世界有近 4 600 家厂商向市场提供光电池和以光电池为电源的产品。

目前,许多国家正在制定中长期太阳能开发计划,准备在 21 世纪大规模开发太阳能。美国能源部推出的是国家光伏计划,日本推出的是阳光计划。NREL 光伏计划是美国国家光伏计划的一项重要内容,该计划在单晶硅和高级器件、薄膜光伏技术、PVMAT、光伏组件以及系统性能和工程、光伏应用和市场开发等 5 个领域开展研究工作。

美国还推出了"太阳能路灯计划",旨在让美国一部分城市的路灯都改为由太阳能供电,根据该计划,每盏路灯每年可节电 800 kW·h。日本正在实施太阳能"7 万套工程计划",准备普及的太阳能住宅发电系统主要是装设在住宅屋顶上的太阳能电池发电设备,家庭剩余的电量还可以卖给电力公司,一个标准家庭可安装一部发电 3 000 W 的系统。欧洲将研究开发太阳能电池列入著名的"尤里卡"高科技计划,推出了"10 万套工程计划"。这些以普及应用光电池为主要内容的"太阳能工程"计划是目前推动太阳能电池产业大发展的重要动力之一。

日本、韩国以及欧洲地区共 8 个国家最近决定携手合作,在亚洲内陆及非洲沙漠地区建设世界上规模最大的太阳能发电站,他们的目标是将占全球陆地面积约 1/4 的沙漠地区的长时间日照资源有效地利用起来,为 30 万用户提供 100 万 kW 的电能。计划将从 2001 年开始,花 4 年时间完成。

美国和日本在世界光伏市场上占有最大的市场份额。美国拥有世界上最大的光伏发电厂,其功率为 7 MW,日本也建成了发电功率达 1 MW 的光伏发电厂。全世界总共有 23 万座光伏发电设备,以色列、澳大利亚、新西兰居于领先地位。

20 世纪 90 年代以来,全球太阳能电池行业以每年 15% 的增幅持续不断地发展。据 Dataquest 发布的最新统计和预测报告显示,美国、日本和西欧工业发达国家在研究开发太阳能方面的总投资,1998 年 570 亿美元,1999 年 646 亿美元,2000 年 700 亿美元,2001 年 820 亿美元,2002 年突破 1 000 亿美元。

我国对太阳能电池的研究开发工作高度重视,早在"七五"期间,非晶硅半导体的研究工作已经列入国家重大课题;"八五"和"九五"期间,我国把研究开发的重点放在大面积太阳能电池等方面。2003 年 10 月,国家发改委、科技部制定了未来 5 年太阳能资源开发计划,发改委"光明工程"将筹资 100 亿元用于推进太阳能发电技术的应用,计划到 2005 年全国太阳能发电系统总装机容量达到 300 MW。

2002 年,国家有关部委启动了"西部省区无电乡通电计划",通过太阳能和小型风力发电解决西部 7 省(自治区)无电乡的用电问题。这一项目的启动大大刺激了太阳能发电产业,国内建起了几条太阳能电池的封装线,使太阳能电池的年生产量迅速增加。我国目前已有 10 条太阳能电池生产线,年生产能力约为 4.5 MW,其中 8 条生产线是从国外引进的,其中包括 6 条单晶硅太阳能电池生产线、2 条非晶硅太阳能电池生产线。据专家预测,目前我国光伏市场需求量为每年 5 MW,2001 年至 2010 年,年需求量将达 10 MW,从 2011 年开始,我国光伏市场年需求量将大于 20 MW。

目前国内太阳能硅生产企业主要有洛阳单晶硅厂、河北宁晋单晶硅基地和四川峨眉半导体材料厂等,其中河北宁晋单晶硅基地是世界最大的太阳能单晶硅生产基地,占世界太阳能单晶硅市场份额的 25% 左右。

在太阳能电池材料下游市场,目前国内生产太阳能电池的企业主要有无锡尚德、南京中电、保定英利、河北晶澳、林洋新能源、苏州阿特斯、常州天合、云南天达光伏科技、宁波太阳能电源、京瓷(天津)太阳能等公司,总计年产能在 800 MW 以上。

2009 年,国务院根据工信部提供的报告指出多晶硅产能过剩,实际业界人士并不认可,科技部已经表态,多晶硅产能并不过剩。

目前,太阳能电池的应用已从军事、航天领域进入工业、商业、农业、通信、家用电器以及公用设施等部门,尤其可以分散地在边远地区、高山、沙漠、海岛和农村使用,以节省造价很高的输电线路。但是在目前阶段,它的成本还很高,发出 1 kW 电力需要投资上万美元,因此大规模使用仍然受到经济上的限制。

但是,从长远来看,随着太阳能电池制造技术的改进以及新的光-电转换装置的发明,各国对环境的保护和对再生清洁能源的巨大需求,太阳能电池仍将是利用太阳辐射能比较切实可行的方法,可为人类未来大规模地利用太阳能开辟广阔的前景。

9.6.4 太阳能电池的类型

太阳能电池按结晶状态可分为结晶系薄膜式和非结晶系薄膜式两大类,前者又分为单结晶形和多结晶形。按材料可分为硅薄膜形、化合物半导体薄膜形和有机膜形,化合物半导体薄膜形又分为非结晶形等。

太阳能电池根据所用材料的不同,还可分为硅太阳能电池、多元化合物薄膜太阳能电池、聚合物多层修饰电极型太阳能电池、纳米晶太阳能电池、有机太阳能电池,其中硅太阳能电池是目前发展最成熟的,在应用中居主导地位。

1) 硅太阳能电池

硅太阳能电池分为单晶硅太阳能电池、多晶硅薄膜太阳能电池和非晶硅薄膜太阳能电池。

单晶硅太阳能电池转换效率最高,技术也最为成熟。实验室最高转换效率为 24.7%,规模生产时的效率为 15%。在大规模应用和工业生产中仍占据主导地位,但由于单晶硅成本价格高,大幅度降低其成本很困难,为了节省硅材料,发展了多晶硅薄膜和非晶硅薄膜作为单晶硅太阳能电池的替代产品。

多晶硅薄膜太阳能电池与单晶硅比较,成本低廉,而效率高于非晶硅薄膜电池,其实验室最高转换效率为 18%,工业规模生产的转换效率为 10%。因此,多晶硅薄膜电池不久将会在太阳能电池市场上占据主导地位。

非晶硅薄膜太阳能电池成本低,重量轻,转换效率较高,便于大规模生产,有极大的潜力。但受制于其材料引发的光电效率衰退效应,稳定性不高,直接影响了它的实际应用。如果能进一步解决稳定性问题及提高转换效率问题,那么,非晶硅太阳能电池无疑是太阳能电池的主要发展产品之一。

2) 多元化合物薄膜太阳能电池

多元化合物薄膜太阳能电池材料为无机盐,其主要包括砷化镓(GaAs)Ⅲ-Ⅴ族化合物、硫化镉、碲化镉及铜铟硒薄膜电池等。

硫化镉、碲化镉多晶薄膜电池的效率较非晶硅薄膜太阳能电池高,成本较单晶硅电池低,并且易于大规模生产,但由于镉有剧毒,会对环境造成严重污染,因此,并不是晶体硅太阳能电池最理想的替代产品。

GaAs-Ⅲ-Ⅴ化合物电池的转换效率可达 28%,GaAs 化合物材料具有十分理想的光学带隙以及较高的吸收效率,抗辐照能力强,对热不敏感,适合于制造高效单结电池。但是 GaAs 材料的价格不菲,因而在很大程度上限制了 GaAs 电池的普及。

铜铟硒薄膜电池(简称 CIS)适合光电转换,不存在光致衰退问题,转换效率和多晶硅一样,具有价格低廉、性能良好和工艺简单等优点,将成为今后发展太阳能电池的一个重要方向。

唯一的问题是材料的来源,由于铟和硒都是比较稀有的元素,因此,这类电池的发展又必然受到限制。

3）聚合物多层修饰电极型太阳能电池

以有机聚合物代替无机材料是刚刚开始的一个太阳能电池制造的研究方向。由于有机材料柔性好、制作容易、材料来源广泛、成本低等优势,从而对大规模利用太阳能提供廉价电能具有重要意义。但以有机材料制备太阳能电池的研究刚开始,不论是使用寿命还是电池效率都不能与无机材料特别是硅电池相比,能否发展成为具有实用意义的产品,还有待于进一步研究探索。

4）纳米晶太阳能电池

纳米 TiO_2 晶体化学能太阳能电池是新近发展起来的,优点在于它低廉的成本、简单的工艺及稳定的性能。其光电效率稳定在 10% 以上,制作成本仅为硅太阳电池的 $1/5\sim1/10$,寿命能达到 20 年以上。但由于此类电池的研究和开发刚刚起步,估计不久的将来会逐步走上市场。

5）有机太阳能电池

有机太阳能电池,顾名思义,就是由有机材料构成核心部分的太阳能电池。大家对有机太阳能电池不熟悉,这是情理中的事。如今生产的太阳能电池中,95% 以上是硅基的,剩下的不到 5% 也是由其他无机材料制成的。

9.6.5 太阳能电池(组件)的生产工艺

组件线又叫封装线,封装是太阳能电池生产中的关键步骤,没有良好的封装工艺,最好的电池也生产不出好的组件板。电池的封装不仅可以使电池的寿命得到保证,而且还增强了电池的抗击强度。产品的高质量和高寿命是赢得客户满意的关键,所以组件板的封装质量非常重要。

1）保证组件高效和高寿命的措施

(1) 高转换效率、高质量的电池片。

(2) 高质量的原材料,例如高交联度的 EVA(乙烯-醋酸乙烯共聚物)、高粘结强度的封装剂(中性硅酮树脂胶)、高透光率和高强度的钢化玻璃等。

(3) 合理的封装工艺。

(4) 员工严谨的工作作风。

由于太阳电池属于高科技产品,生产过程中一些细节问题如应该戴手套而不戴、应该均匀地涂刷试剂而潦草完事等都是影响产品质量的大敌,所以除了制定合理的制作工艺外,员工的认真和严谨是非常重要的。

2）太阳电池组装工艺流程

这里简单介绍工艺的作用,给大家一个感性的认识。

(1) 电池测试

由于电池片制作条件的随机性,生产出来的电池性能不尽相同,所以为了有效地将性能一致或相近的电池组合在一起,应根据其性能参数进行分类。通过测试电池的输出参数(电流和电压)的大小对其进行分类,以提高电池的利用率,做出质量合格的电池组件。

（2）正面焊接

将汇流带焊接到电池正面（负极）的主栅线上，汇流带为镀锡的铜带，使用焊接机可以将焊带以多点的形式点焊在主栅线上。焊接用的热源为一个红外灯（利用红外线的热效应），焊带的长度约为电池边长的 2 倍，多出的焊带在背面焊接时与后面的电池片的背面电极相连。

（3）背面串接

背面焊接是将 36 片电池串接在一起形成一个组件串，目前采用的工艺是手动的，电池的定位主要靠一个膜具板，上面有 36 个放置电池片的凹槽，槽的大小与电池的大小相对应，槽的位置已经设计好，不同规格的组件使用不同的模板，操作者使用电烙铁和焊锡丝将前面电池的正面电极（负极）焊接到后面电池的背面电极（正极）上，这样依次将 36 片串接在一起并在组件串的正负极焊接出引线。

（4）层压敷设

背面串接好且经过检验合格后，将组件串、玻璃和切割好的 EVA、玻璃纤维、背板按照一定的层次敷设好，准备层压。玻璃事先涂一层试剂（primer）以增加玻璃和 EVA 的粘接强度。敷设时保证电池串与玻璃等材料的相对位置，调整好电池间的距离，为层压打好基础（敷设层次：由下向上为玻璃、EVA、电池、EVA、玻璃纤维、背板）。

（5）组件层压

将敷设好的电池放入层压机内，通过抽真空将组件内的空气抽出，然后加热使 EVA 熔化将电池、玻璃和背板粘接在一起，最后冷却取出组件。层压工艺是组件生产的关键一步，层压温度、层压时间根据 EVA 的性质决定。使用快速固化 EVA 时，层压循环时间约为 25 min，固化温度为 150 ℃。

（6）修边

层压时 EVA 熔化后由于压力而向外延伸固化形成毛边，所以层压完毕应将其切除。

（7）装框

类似于给玻璃装一个镜框。给玻璃组件装铝框，可增加组件的强度，进一步密封电池组件，延长电池的使用寿命。边框和玻璃组件的缝隙用硅酮树脂填充，各边框间用角键连接。

（8）焊接接线盒

在组件背面引线处焊接一个盒子，以利于电池与其他设备或电池间的连接。

（9）高压测试

高压测试是指在组件边框与电极引线间施加一定的电压，测试组件的耐压性和绝缘强度，以保证组件在恶劣的自然条件（雷击等）下不被损坏。

（10）组件测试

测试的目的是对电池的输出功率进行标定，测试其输出特性，确定组件的质量等级。

3）太阳能电池阵列设计步骤

（1）计算负载 24 h 消耗容量 P。

$$P=\frac{H}{V}$$

式中：V——负载额定电源电压。

（2）选定每天日照时数 T(h)。

（3）计算太阳能阵列工作电流 I_P。

$$I_P = \frac{P(1+Q)}{T}$$

式中：Q——按阴雨期富余系数，$Q=0.21\sim1.00$。

（4）确定蓄电池浮充电压 V_F。

镉镍和铅酸蓄电池的单体浮充电压分别为 $1.4\sim1.6$ V 和 2.2 V。

（5）计算太阳能电池温度补偿电压 V_T。

$$V_T = \frac{2.1}{430(T-25)}V_F$$

（6）计算太阳能电池阵列工作电压 V_P。

$$V_P = V_F + V_D + V_T$$

式中：$V_D = 0.5\sim0.7$，约等于 V_F。

（7）计算太阳能电池阵列输出功率 W_P。

$$W_P = I_P U_P$$

（8）根据 V_P、W_P 在硅电池平板组合系列表中确定标准规格的串联块数和并联组数。

习题与思考题

9.1 简述光电式传感器的特点和应用场合，用方框图表示光电式传感器的组成。

9.2 何谓外光电效应、内光电导效应和光生伏特效应？

9.3 试比较光电池、光敏晶体管、光敏电阻及光电倍增管在使用性能上的差别。

9.4 通常用哪些主要特性来表征光电器件的性能？它们对正确选用器件有什么作用？

9.5 怎样根据光照特性和光谱特性来选择光敏元件，试举例说明。

9.6 简述电荷耦合器件(CCD)图像传感器的工作原理及应用。

9.7 何谓位置敏感器件(PSD)？简述其工作原理及应用。

9.8 说明半导体色敏传感器的工作原理及有待深入研究的问题。

9.9 指出光电转换电路中减小温度、光源亮度及背景光等因素变动引起输出信号漂移的措施。

9.10 简述光电传感器的主要形式及其应用。

9.11 举出熟悉的光电传感器应用实例，画出原理结构图并简单说明原理。

9.12 试说明图 9.33(b)所示光电式数字测速仪的 I 作原理。(1)若采用红外发光器件为光源，虽看不见灯亮，电路却能正常工作，为什么？(2)当改用小白炽灯作光源后，却不能正常工作。试分析原因。

9.13 若采用波长为 9 100 Å(1 Å$=10^{-10}$ m)的砷化镓发光二极管作光源，宜采用哪几种光电元件作测量元件？为什么？

9.14 简述视觉传感器概念、结构组成和工作原理。

9.15 根据光敏电阻的工作原理，说明其阻值与光通量之间为什么成非线性关系？若用光敏电阻传感器做模拟量检测时，其非线性特性应怎样补偿？

9.16 画出用光敏二极管控制的、用交流电压供电的明通及暗通直流电磁继电器原理图，并简要说明。

9.17 用光电耦合器组成下列基本逻辑运算电路：

$$C=\overline{A} \cdot B \qquad C=A \cdot B$$
$$C=A+B \qquad C=\overline{A+B}$$

9.18 用加有 50 Hz 交流电压的氖泡能观察标有正六角形的、转速为 1 000 r/min 以下的旋转体,试求能看到"静止"的十二角形时的转数。

9.19 叙述辐射高温计的优点和缺点。

9.20 说明爱因斯坦光电效应方程的含意。

9.21 比较光敏电阻、光电池、光敏二极管和光敏三极管的性能差异,给出什么情况下应选用哪种器件最为合适。

10 光纤传感器

10.1 概述

光纤传感器作为一项新兴的应用技术,受到国内外科研、工业、军事等部门的高度重视,并获得了迅速发展。光纤传感器可广泛用于转速、加速率、液位、温度、电流、电场、磁场、压力、振动、位移等物理参数的测量,具有测量灵敏度高、成本低、耐腐蚀、体积小、抗电磁干扰等优点,发展前景十分广阔。

尽管光纤传感技术已经取得迅速的发展,但种类繁多的光纤传感器,多数还处于研制和实验演示阶段,只有少数光纤传感器已商品化,其主要原因是许多技术和工艺问题尚待解决。

光纤传感器的分类方法很多。按光纤在测试系统中的作用,可分为功能性光纤传感器和非功能性光纤传感器。功能性光纤传感器以光纤自身的某些光学特性被外界物理量调制以实现测量;非功能性光纤传感器是借助于其他光学敏感元件来完成传感功能,光纤在系统中只作为信号功率传输的媒介。

为便于理解光纤传感器的物理本质,有利于教学和进行理论研究,本书按被测物理量对传输光的调制方法进行分类,并按这种分类介绍各种传感器及其应用。

10.2 光纤传光原理及其特性

光从一种媒质射到两种媒质分界面上时,反射和折射是同时发生的。反射光和折射光的强弱相互联系。当渐渐增大入射角时,反射光的能量越来越强,折射光的能量越来越弱。当光线从光疏媒质进入光密媒质时(见图 10.1(a)),入射角 θ_1 大于折射角 θ_2;反之,光从光密媒质进入光疏媒质时(见图 10.1(b)),折射角大于入射角;当入射角增大到一定程度时,折射角将出现 $90°$ 见图 10.1(c),这时折射光线的能量已减小到 0,入射光线的能量全部反射回原媒质,这种现象称全反射,这时的入射角称为临界角 i_c。不同物质的临界角不同,根据斯乃尔法则,可算出临界角 θ_c。

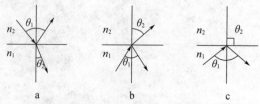

图 10.1 各种折射、反射的情况

n_1—光密媒质的折射率;n_2—光疏媒质的折射率;θ_1—入射角;θ_2—折射角

因

$$\frac{\sin\theta_c}{\sin 90°}=\frac{n_2}{n_1}$$

则

$$\theta_c=\arcsin\frac{n_2}{n_1} \tag{10.1}$$

由此可得出发生全反射的条件是：

(1) 光由光密媒质射向光疏媒质；

(2) 入射角等于或大于临界角。

全反射是光导纤维的工作基础。光导纤维是极细的玻璃纤维，如图 10.2 所示，是由内外两层折射率不同的玻璃拉成的。内芯以折射率大的玻璃圆柱体构成，称纤芯；外层以一种折射率较纤芯小的玻璃圆筒构成，称包层；包层的外面还有一层起保护作用的护套。光以一定的入射角进入纤芯，在两层玻璃的界面上发生全反射，因而进入纤芯的光线就能从光纤的一端传到另一端。

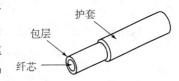

图 10.2　光纤的基本结构

按折射率分布不同，光纤可分为阶跃折射率光纤和渐变折射率光纤，如图 10.3 所示。阶跃折射率光纤的纤芯的折射率不随纤芯半径的变化而变化，为一常数 n_1。渐变折射率光纤的纤芯折射率随半径增大而减小，在纤芯和包层的界面处，$n_1=n_2$。

图 10.4 所示为一圆柱形光纤，其端为平面。

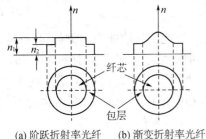

(a) 阶跃折射率光纤　(b) 渐变折射率光纤

图 10.3　折射率分布

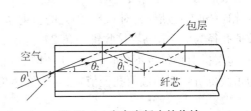

图 10.4　光在光纤中的传输

当光线从空气中射入光纤的端面，并与圆柱纤维的轴线成 θ 角，根据斯乃尔法则，在纤芯内折射，其折射角为 θ_2，然后以入射角 θ_1 射至纤芯与包层界面，若 θ_1 大于临界角 θ_c，这时入射的光线在界面上产生全反射，并在光纤中以同样角度反复反射，向前传播到圆柱纤维的另一端面，以与入射角相同的角度发射出去。图中虚线表示入射角为 θ' 的光线，不能满足全反射的条件，这时，光会穿透纤芯和包层的界面而逸出，即使有部分光线被反射，这部分光返回纤芯，但经过多次反射后，能量所剩无几了，所以，大于入射角的光不能通过光纤传输。因此，射入圆柱形纤芯的光，只能在一定的角度范围内才能传输到另一端，越过这个角度，入射的光就会穿透纤芯与包层的界面而散失。存在一个允许传输的最大入射角，这个入射角可以计算出来。设空气、纤芯、包层的折射率分别为 n_0、n_1 和 n_2，光线从空气进入纤芯，根据斯乃尔法则，有

$$n_0 \sin \theta = n_1 \sin \theta_2$$

因 $n_0 = 1$，所以，

$$\sin \theta_0 = n_1 \sin \theta_2$$

若要满足纤芯与包层界面全反射的要求，则

$$\theta_1 \geqslant \theta_c = \arcsin \frac{n_1}{n_1}$$

满足上式要求的 θ_1 最小角为 θ_c，因 $\theta_1 = \pi/2 - \theta_2$，则

$$\cos \theta_2 = \frac{n_2}{n_1}$$

根据 $\sin^2 \theta_2 + \cos^2 \theta = 1$，得到：

$$\sin^2 \theta_2 = 1 - \left(\frac{n_2}{n_1}\right)^2$$

$$\sin \theta_2 = \sqrt{1 - \left(\frac{n_2}{n_1}\right)^2}$$

由此可得：

$$\sin \theta_0 = n_1 \sqrt{1 - \left(\frac{n_2}{n_1}\right)^2} = \sqrt{n_1^2 - n_2^2}$$

满足 $\theta_1 = \theta_c$ 时，$\sin \theta_0$ 称为数值孔径，用符号 A_{NA} 表示，即

$$A_{NA} = \sin \theta_0 = \sqrt{n_1^2 - n_2^2} \tag{10.2}$$

数值孔径是光纤传光的一个重要参数，它反映光纤对入射光的接收能力。例如，具有纯二氧化硅（SiO$_2$）包层（它对 0.83 阳光的折射率为 1.458）的阶跃型光纤，纤芯折射率为 1.461 的数值孔径为 0.10，临界接收锥顶角 $2\theta_0$ 为 11.5°，如表 10.1 所列。当纤芯折射率增加到 1.472 时，包层折射率保持不变时，数值孔径增加到 0.20，而临界接收锥顶角增加到 23°。由此可知，为了获得所希望的数值孔径值，必须使纤芯折射率控制在 0.1% 左右。

10.3　光纤的特性

10.3.1　光纤的传输损耗

光信号在光纤中传输时，随着传输距离的增长，能量逐渐损耗，信号逐渐减弱，不可能将光信号全部能量传输到目的地。因而，传输损耗的大小是评定光纤优劣的重要指标之一。传输损耗的大小用衰减率 ε 表示，

表 10.1　数值孔径与纤芯折射率的关系

n_1	A_{NA}	$2\theta_0$(°)
1.461	0.10	11.5
1.464	0.14	16.1
1.469	0.18	21.0
1.472	0.20	23.0

注：二氧化硅包层 $n_2 = 1.458$(0.85 μm)。

$$\varepsilon = -\log \frac{I_2}{I_1} \tag{10.3}$$

式中：I_1——射入光的光强度；

I_2——射出光的光强度。

光纤通信只有在衰减率很小的情况下才能实现。目前在所选择的波长下，光纤的最小损耗在 $0.2 \sim 1.0$ dB/km 范围，长度超过 50 km 的线路可无中继。光纤通信系统早已达到实用化阶段。传输损耗主要原因有材料吸收、散射损耗、弯曲损耗 3 类。

1）材料吸收

光纤中若含有铁、铜等金属杂质离子时，这些离子要吸收光能量，并以热能形式辐射出去。由于光纤制造技术的改进，已能生产极高纯度的光纤，材料吸收损耗已基本消除。在光纤生产过程中混入了[OH$^-$]根离子时，在 1.38 μm 波长上，有一个吸收损耗峰值，如图 10.5 所示。在生产过程中严格控制[OH$^-$]根离子的含量，可大大减小这种吸收损耗。

2）散射损耗

光的散射现象是媒质中某种不均匀所引起的。瑞利首先在 1871 年对光的散射现象作了理论研究，得出了散射光的强度与光波频率 f 的四次方成正比的瑞利定律：

$$I \propto f^4 = \frac{1}{\chi^4}$$

由于微观密度的波动，致使折射率不均匀性引起瑞利散射。对玻璃而言，玻璃固化时，密度的不均匀性随着玻璃的固化过程而固定在玻璃中，这样就造成了折射率的不均匀而产生瑞利散射。除此种静态密度波动外，还存在热声波产生的动态密度波动，这些波动的产生和传播是因为玻璃的温度高于绝对零度所致，这种散射为布里渊散射。散射损耗主要是瑞利散射。

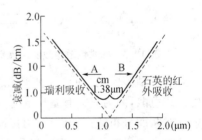

图 10.5　高质量光纤的衰减与波长的典型关系

高质量的光纤损耗特性表现为：在短波长上，很接近由瑞利散射所造成的极限；在较长的波长上，则十分接近纤芯材料本身在远红外区存在的固有吸收极限。大多数光纤的 1.38 μm 上表现出净[OH$^-$]吸收峰值。典型的总衰减如图 10.5 所示。

3）弯曲损耗

图 10.6 表示了规则（恒定半径）弯曲损耗机理的光线图。假定在光纤直的部分有一根光线向右传播，它在界面的入射角 θ 大于临界入射角 θ_c，是全反射。在弯曲部分，光线的入射角 θ 有可能小于 θ_c，入射光线的一部分折射入包层而损耗。在光纤弯曲的外侧面上连续发生的每次反射都将失掉部分光能，而产生光纤弯曲损耗。损耗的大小依赖于光纤弯曲半径和数值孔径。弯曲损耗常用做微压、微位移和水听器等光纤传感器。

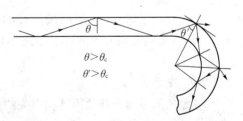

图 10.6　恒定半径弯曲光纤功率损耗

10.3.2　光纤的传输频带特性

光纤的设计者总是希望一束光通过光纤传输时，叠加在光束上的信息能保持住。脉冲展宽将影响到光纤传输信号的能力。当光信号以光脉冲形式输入到光导纤维，经过光纤传输后，若脉冲严重变宽，脉冲之间会互相重叠，以致分辨不清，从而产生"误码"，正常的传输就无法实现。脉冲展宽主要原因就是色散。光纤中的色散根据产生的原因不同可分为模式色散、材料色散、波导色散 3 类。

1）模式色散

当光脉冲注入阶跃折射率多模光纤时，其能量在不同的模式中分配，每个模式以一个特定速度或一个特定的速度范围传输，因而它们可能在不同的时间到达光纤输出端，其时间取决于它们的速度和所走的路径长度。十分明显，将产生脉冲展宽，这种现象称模式色散，如图10.7所示。事实上，模式色散是阶跃多模光纤中脉冲展宽的主要根源。

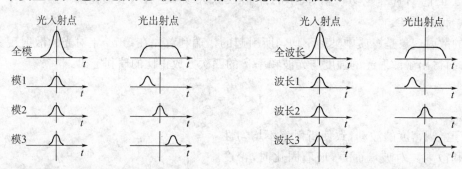

图 10.7　模式色散导致脉冲展宽　　　　　图 10.8　材料色散引起脉冲展宽

对阶跃型多模光纤而言，模式色散随相对折射率差（$\Delta = n_1 - n_2$）成比例增加。单模光纤不产生模式色散，因为它只有基模通过光纤。多模光纤中存在的模式可能数以百计，但通过纤芯折射率在断面分布的良好设计，可以减小模式色散。在渐变折射率多模光纤中，模式色散非常小。这种光纤尽管传播速度和光程不同，但各模式的传播时间可以大致相等，这样注入的光脉冲以各种模式传播，几乎同时到达光纤输出端，不产生或少产生模式色散。

2）材料色散

在介电质材料中，光波的传播速度是波长的函数。若光源发出的光脉冲不是单纯的单色（单一波长）光，所存在的不同波长的光将以不同的速度传播，而导致脉冲展宽，这种现象称材料色散，如图 10.8 所示。

实际测量结果发现，采用长波长的入射光时，石英玻璃材料色散较小。大约在波长为 1.3 μm 时，石英玻璃的色散可以降到 0，因此，人们对采用长波长入射光进行传输发生浓厚的兴趣。

3）波导色散

波导色散是与光纤几何结构有关的色散。波导的横截面尺寸有严格的要求，一定的尺寸决定了可能传输的模式，一旦波导尺寸已定，则波导的实际尺寸与要求尺寸的偏差及沿长度方向尺寸的不均匀性都会使色散增加，而且光谱越宽色散就越大。

波导色散在单模光纤中具有一定的影响，特别是工作在 1.3 μm 波长时，当材料色散阵列为 0 左右时，更是如此。工作波长在 0.85 μm 时，它的影响与材料色散相比可以忽略不计。

在多模光纤中,模式色散是主要因素。单模光纤不存在模式色散,单模光纤传输的模式单纯、能量集中、失真小、光脉冲频率高、通信容量大,这是单模光纤的优点。所以高速度、大容量、远距离光纤通信常采用单模光纤。但是,由于它的芯径太小,制造工艺要求高,所以目前大量应用的还是多模光纤。

10.3.3 光纤的强度

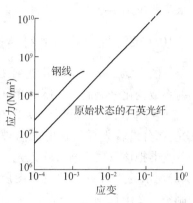

光纤传感器的工作寿命和储存寿命在很大程度上取决于所用的玻璃光纤的机械强度。在某种条件下,玻璃光纤比钢线更结实。刚拉制出来的短段原始状态的光纤有的最大极限抗断裂强度比钢线大很多。原始状态的石英光纤和钢线的应力-应变曲线示于图 10.9。所试钢线在 0.5% 量级的应变和约为 1.5×10^9 N/m^2 的应力时,钢线趋于断裂。而未擦伤的光纤在应变超过 10%,即相当于承受约 5×10^9 N/m^2 的应力时仍保持弹性。不过钢线具有延展性并有软化修补表面上小的裂纹的可能性,但玻璃是硬而脆性的,玻璃纤维上非常小的裂纹都有可能成为应力集中的中心,并可使应力沿横向传到整个光纤横截面上,而导致整根光纤断裂。所以光纤的实际强度远远低于上述理论值。

图 10.9 应力-应变关系曲线

为了保证最终生产出的光纤强度接近二氧化硅玻璃的理想强度,必须严格控制制造过程中的每一个环节,如制造出优质的玻璃预制棒,精确地控制拉丝过程和制造一层优良的护套。

10.4 光强度调制光纤传感器

被测物理量直接或间接对光纤中传输的光强度进行调制的传感器称光强度调制光纤传感器,其原理示意图如图 10.10 所示。光源发出的光以光强为 I_{in} 的恒定光强注入传感元件,一个以入射的正弦变化量表示的外加力场(基带信号),作用于该传感元件,使通过它的光强发生变化。输出光强 I_{out} 的调制包络与输入力场(信号)相一致。光检测器将这种光强变化的光转换成以相同的方式调制的输出电压 U_{out}。

图 10.10 所示的强度调制传感器使用的光学原理和电路都非常简单。可以由相干光源和多模光纤构成,多模光纤可作为传光元件,也用 1 根或 2 根光纤组成传感器。下面介绍几种有代表性的光强度调制型光纤传感器。

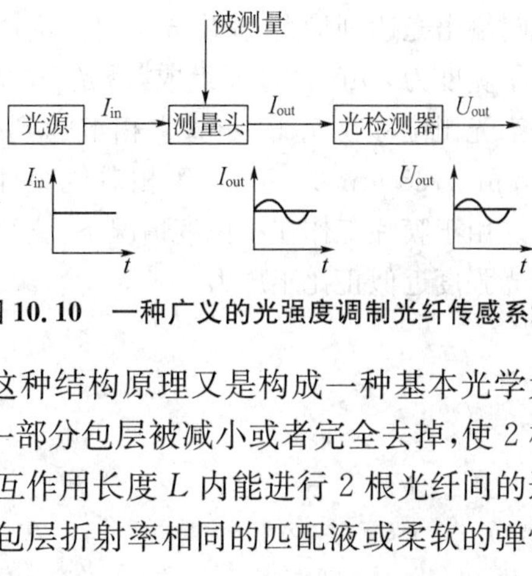

图 10.10 一种广义的光强度调制光纤传感系统

10.4.1 迅衰场光纤传感器

迅衰场光纤传感器的工作原理如图10.11所示,这种结构原理又是构成一种基本光学元件——光电桥的依据。由 2 根光纤组成,2 根光纤的一部分包层被减小或者完全去掉,使 2 根光纤纤芯之间的距离 d 足够小,以便在一段很短的相互作用长度 L 内能进行 2 根光纤间的迅衰场耦合。如果在相互作用面灌封一种折射率 n_2 与包层折射率相同的匹配液或柔软的弹性匹配材料,则可增加 2 根光纤之间的耦合。凡是能引起间距 d、互相作用长度 L 或折射率 n_2 的微小变化,都可明显地改变耦合到下面一根光纤的光强度。据报道,这种调制机理在 2 种水听器应用中已得到满意的结果。

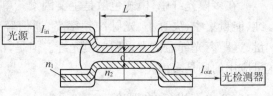

图 10.11　迅衰场强度调制光纤传感器

10.4.2　反射系数光纤传感器

图 10.12 示出了利用光纤右端面上光反射系数变化来调制光强度的光纤传感器。

从图 10.12(a)可知,从光纤左端注入纤芯的光,部分沿着光纤的长度方向被反射回来,然后被分光器把该反射光直接输入光检测器。如图 10.12 (b)所示的光纤右端的放大图所示,在光纤的端部制备了 2 个反射面,下面的一个面经涂覆,以构成全反射。如果严格控制上反射面的角度,使纤芯的光束以小于临界角的角度入射,那么纤芯中的光就有一部分折射入与纤芯端面相接触的折射率为 n_3

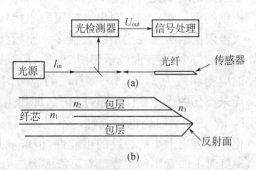

图 10.12　临界角强度调制光纤传感器

的介质中去。这样,诸如压力、温度等引起 n_3 的微小变化,就会改变这种反射光的强度。因此,可以设计一种有效工作面积等于纤芯端面的探头,即导液管型压力传感器,实际上就是一种点压力探头。

10.4.3　移动光栅光纤传感器

图 10.13 是移动光栅传感器的示意图。2 根光纤的端面之间相隔一个微小的间隙,间隙中放置一对光栅,光栅由等宽度的全透射和全吸收平行线交替形成的栅格构成。当 2 个光栅发生相对移动时,光的透射强度就随之变化,利用这种方法已成功地设计出了一种水听器,如图 10.14 所示。其中一个光栅固定在传感器的底板上,另一个光栅与弹性膜片相连。输入光经透镜准直后射到一对光栅上,如果 2 个光栅所处的相对位置正好全透过与不透过重合,这种情况下没有光透过光栅,输出光为 0。如果 2 个光栅所处的相对位置是全透过与全透过重合,此时输出光达到最大,输出光经另一透镜聚焦到输出光纤中。设 2 个光栅都由间距为 5 μm、格子宽度为 5 μm 的栅元组成,透光强度将随 2 个光栅相对位移成周期变化,如图 10.15 所示,每当光栅位移改变 10 μm,它相继达到最大值。由曲线可见,当工作点即偏置工作点调到 2.5 μm、7.5 μm、12.5 μm 等相对位移时,其灵敏度将为最大,在这一段位移范围内线性度最好。由于膜片工作在小挠度情况下,膜片的中心位移与压力成正比。因此,在这个范围内,输出光强度近似正比于压力。

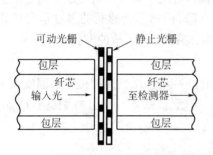

图 10.13 移动光栅式强度调制光纤传感器

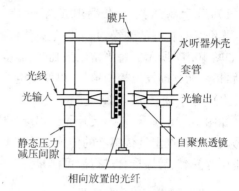

图 10.14 光栅式光纤水听传感器

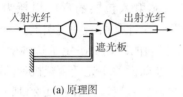

(a) 原理图

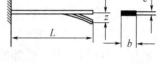

(b) 双金属片受热引起的位移

图 10.15 透射光相对强度与光栅相对位移的关系

光栅式光纤传感器结构简单,工艺要求并不严格,灵敏度相当高,可以检测出小到 1 μPa 的压力差,而且具有较好的长时间稳定性和可靠性。因此,光栅式光纤传感器是具有实用价值的一种传感器。

10.4.4 双金属光纤温度传感器

在 2 根光纤之间的平行位置上放置一个双金属片温度敏感器,便构成了温度传感器,如图 10.16 所示。

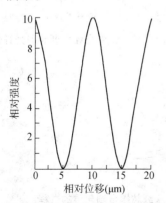

图 10.16 具有双金属片的光纤温度传感器

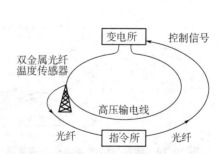

图 10.17 双全屈片光纤温度传感器在高压铁塔测量中的应用

双金属片是温度敏感元件,当温度变化时,双金属片带动端部遮光片在平行光中作垂直方向位移,起遮光作用,对光强进行调制。这种双金属片光纤温度传感器在 0~50 ℃温度范围内具有良好的线性,可进行较精确的温度测量。双金属片光纤温度传感器的探头不需要电流,不受电磁干扰,光纤具有良好的绝缘性能,所以在不少特殊环境下获得了广泛的应用。

　　1）用于高压铁塔上端温度测量

　　光纤具有良好的绝缘，并可远距离传输被测的信息，可用于多雷雨区高压铁塔上的温度测量，如图 10.17 所示。每当雷雨来临时，温度将急剧下降，传感器将感受的温度信号传送到指令所，指令所立即发出控制信号，以便变电所变更输电线路，避免事故的发生。

　　2）用于油库温度测量

　　如图 10.18 所示，双金属片光纤温度计固定在油库的壁上，用长光纤传输被温度调制的光信号。由于光纤温度传感器的传感头不带电，不会引起燃烧、爆炸，因此，特别适合诸如油库、变电所等易燃、易爆场合进行温度测量。

10.4.5　微弯光纤传感器

　　微弯光纤传感器是以光纤微弯引起光从纤芯射入包层的弯曲损耗为基础设计的。如图 10.19 所示，微弯光纤光强度调制传感器的换能元件是由一种能引起光纤产生微弯的变形装置（如一对带齿或带槽的板）构成。相邻 2 个齿间的距离 l 决定了这种变形器的空间频率。如果加大加在板上的压力，可加大变形的幅度。在前面关于光纤衰减机理的简要讨论中，已经指出，光纤的随机弯曲能使纤芯中的光进入包层，这一过程可用图 10.20 所示的变形器放大图加以说明。在光纤直线段中以大于临界角的角度传播的光线，可因光纤的弯曲而使它们在纤芯与包层界面外侧入射角变小，于是有一部分光传输到包层中而损耗。在光纤出射到光探测器上的光强度将是弯曲损耗程度的函数，亦即是加在变形器上的压力 F 的函数。

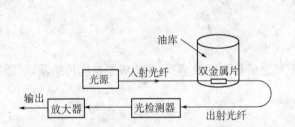

图 10.18　双金属片光纤温度传感器在油库测量中的应用

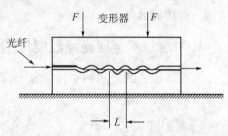

图 10.19　微弯光强度调制型光纤传感器

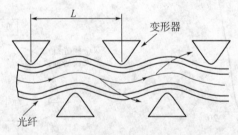

图 10.20　微弯光强度调制光纤传感器产生的变形和光从纤芯耦合到包层的过程

　　美国休斯公司与海军研究实验室合作研制的微弯水听器，灵敏度为 60 dB（1 μPa）（即可检测的最小声压相对 1 μPa 为 6 dB），已达到目前使用的水听器的最高水平。但微弯光纤水听器体积小、重量轻、使用方便，光信号可较远距离传输，是有发展前途的。

10.5 光相位调制光纤传感器

10.5.1 工作原理

外界因素的作用使得在光纤中传输的光的相位发生变化,产生相移,相移大小与作用于光纤的外界因素密切相关。相位传感器的相移测量基于光的干涉原理,因此,这类传感器又称为干涉型传感器。

当波长为 λ 的相干光在光纤中传播时,光波的相位角与光纤的长度 l、纤芯的折射率 n_1 和纤芯的直径 a 有关。若光纤受外界物理量的作用,将会使光纤的 l、n_1 和 a 发生变化,引起光的相移。传输光相位变化为 $\Delta\phi$

$$\Delta\phi=\Delta\phi_1+\Delta\phi_n+\Delta\phi_a$$

式中:$\Delta\phi_1$——光纤长度变化引起的相移;

$\Delta\phi_n$——纤芯折射率变化引起的相移;

$\Delta\phi_a$——纤芯直径变化引起的相移。

一船而言,光纤长度和折射率变化引起的光相位变化要比纤芯直径引起的变化大得多,因此,可以忽略纤芯直径引起的相位变化。在长度为 l 的单模光纤中,其纤芯折射率为 n_1、波长为 λ 的输出光,相对输入端来说,其相位角 ϕ 为:

$$\phi=\frac{2\pi n_1 l}{\lambda}$$

当光纤受某外界物理量的作用,则光波的相位角变化为:

$$\Delta\phi=\Delta\phi_1+\Delta\phi_{n_1}=\frac{2\pi n_1}{\lambda}\Delta l+\frac{2\pi l}{\lambda}\Delta n_1=\frac{2\pi l}{\lambda}(n_1\varepsilon_1+\Delta n_1) \tag{10.4}$$

式中:ε_1——光纤抽向应变,$\varepsilon_1=\Delta l/l$。

10.5.2 应用

用光相位调制实现测量,可以得到极高的灵敏度。它的应用已经有 100 多年的历史。光纤干涉仪的出现把光学干涉测量从光学实验室中解放出来,使之真正成为实用的检测仪表,开创了干涉测量的新时代。到目前为止,光纤干涉法已用于湿度、压力、振动、位移、速度、转速、电流和磁场等物理量的测试。光纤干涉型传感器的优点主要是:克服了以空间为光路的校准困难,可用加长光纤长度的方法提高被测物理量的相位调制的灵敏度。光纤干涉传感器的灵敏度大大超过利用其他技术方法制成的相应测试仪表,动态范围宽,线性度好,因此光纤干涉型传感器有很好的发展前途。

10.5.3 空气光路干涉仪

光纤干涉传感器采用 4 种不同的干涉测量结构:迈克耳逊、马赫-泽德、萨格奈克和法布里-珀罗结构。在研究如何用光纤元件构成这些传感器之前,先介绍用空气光路和光学元件框图来说明工作原理。

1）迈克耳逊干涉仪

图 10.21 是空气光路的迈克耳逊干涉仪的原理
框图。用一块部分反射、部分透射的平面镜作分束
器，它使激光器输出的光一部分向上反射到平面镜，
再被平面镜反射回分束器，被分束器分开，一部分光
透射到光检测器，另一部分被反射回激光器。激光
器输出的另外一部分光透射过分束器，被活动平面
镜反射回分束器，一部分光被分束器反射到光检测
器，另一部分光透过分束器返回激光器。如果光往
返于固定平面镜和活动平面镜的光程差小于激光的

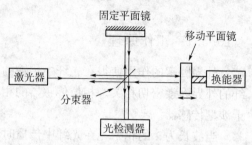

图 10.21　迈克耳逊干涉仪原理

相干长度，那么射到检测器的光束互相产生干涉。每当活动平面镜移动二分之一光波长时，检测
器的输出就从最大值变到最小值，然后再回到最大值。采用这种技术，在 He - Ne 激光器的红光
作用下，可以检测平面镜小于 10^{-7} μm，即 0.63×10^{-13} m 的位移。

2）马赫-泽德干涉仪

图 10.22 是马赫-泽德干涉仪的原理示意图。
分束器把激光器的输出光束分成 2 部分，经上、下
光路的传输后又重新合路，使它们在光检测器处
互相发生干涉。这种干涉仪也可测到可活动小镜
的位移，小到 10^{-13} m。它的特点是只有少量的或
者没有光直接返回激光器。

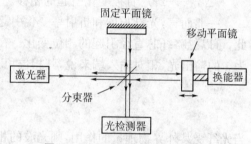

3）萨格奈克干涉仪

图 10.23 是萨格奈克干涉仪的工作原理示意

图 10.22　马赫-泽德干涉仪原理

图。激光器输出的光被一分束器分成 2 束光，2 束光沿着一条由 1 个分束器和 3 个平面镜构
成的闭合光路反方向传输，它们重新合路后再入射到光检测器，同时，一部分光又返回到激光
器。如果某块平面镜沿着与反射成垂直的方向移动，2 个光程的长度必然改变同样的数量，故
在光检测器上不会检测到干涉过程的变化。反之，如果使固定该干涉仪的台子绕着垂直于光
束平面的轴作顺时针旋转，那么沿顺时针方向传输的光束必然滞后于逆时针方向传输的光束，
2 束不同方向传输的光束到达光检测器处发生干涉。因此，萨格奈克干涉仪可用做灵敏的旋
转检测器，它是目前许多惯性导航系统所用环形激光陀螺的设计基础。

4）法布里-珀罗干涉仪

图 10.24 是法布里-珀罗干涉仪的原理图，由 2 块平行的部分透射平面镜组成。这 2 块平
面镜的反射非常大，通常为 95% 或大于 95%，假设反射率为 95%，那么在任何情况下，激光器
输出光的 95% 将朝着激光器反射回来，余下 5% 的光将透过平面镜面进入干涉仪的共振腔内。
当这一部分入射光到达左面的平面镜时，它的 95% 将朝着左面的平面镜反射回来，而余下的
5% 光将透过右面的平面镜入射到光检测器。这部分光将与 2 块平面镜之间接连多次往返反
射光合并，到达光探测器的光强度就是各种透射光束电场矢量之和。

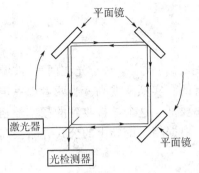

图 10.23 萨格奈克干涉仪原理

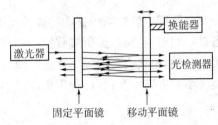

图 10.24 法布里-珀罗干涉仪原理

10.5.4 光纤干涉传感器

前面介绍的 4 种有空气光路的干涉仪,虽然有极高的灵敏度和非常大的动态范围,但是它们的实现非常困难。

如果用单模光纤替代空气光路,取消了对光路长度严格的限制,几公里长度光路是容易实现的。用成熟的实用于恶劣环境的极小、长寿命的固体激光器和光检测器,用光纤耦合器(光电桥)替代分束器,采用 10.3.2 节介绍的全反射光纤传感器替代反射镜,再配以其他所需的光纤元件,就可构成小型、高稳定性、非常牢固的全光纤干涉型光纤传感器,这在许多方面获得了满意的应用。

图 10.25 是 4 种类型的全光纤干涉型光纤传感器示意图。

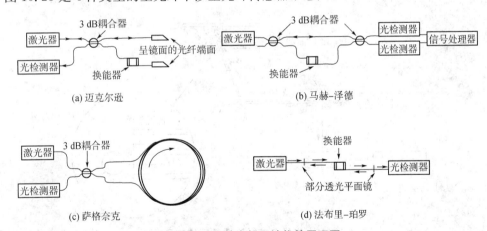

图 10.25 4 种光纤干涉仪的原理图

如图 10.25(b)所示的马赫-泽德光纤干涉仪中,用 2 只腐蚀的或搭接的 3 dB 耦合器代替 2 只分束器,把激光器的输出光束分成相等的 2 束光,也可以使从 2 个光路传来的光重新合并。这样,可以直接把激光器的输出光束耦合进光纤内,也可使输出光纤与 2 只光拴检测器直接耦合。因此,在光源与检测器之间,该干涉仪只含光纤元件,如果利用集成技术和光电技术相结合,可以把所有元件组装成一小块并与光纤对接耦合,形成一个小型、集成化的光纤干涉型传感器是完全可能的。

10.6　光频率调制光纤传感器

光频率调制主要是基于移动物体的反射或散射的多普勒效应。对于光波而言,波源与反射设备以一相对速度靠近,所接收到的频率比波源原有的真实频率要高。当两者以一定的相对速度背离时,所接收到的频率比波源原有的真实频率低。这个被接收到的频率随相对运动速度大小和方向而变化,这种现象就是多普勒效应。根据相对论导出的公式并略去高次项整理得:

$$f = f_0 \left(1 \pm \frac{v}{c} \right) \tag{10.5}$$

式中:f——接收到的频率;

$\qquad f_0$——波源发出波的频率;

$\qquad v$——被测物体运动速度;

$\qquad c$——波在空气中的传播速度。

当光源与接收设备相互接近时用"+",反之用"−"。

人们常用多普勒效应来测量流体的速度。光纤具有良好的化学稳定性,且直径极细,很易刺入血管进行血液流速的测量。当光照射到跟随流体一起运动的微粒上时,光被微粒所散射,散射光的频率和入射光的频率相比较就会得出正比于流体速度的频差。光纤多普勒测速原理结构示意图如图 10.26 所示。

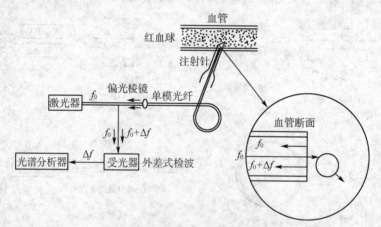

图 10.26　光纤多普勒测速原理结构示意图

从激光器发出的一束频率为 f_0 的光,通过分束器到达探测器,一部分光从探测器射出,与被测对象运动方向成 θ 角射向被测对象,被测对象的散射光由于多普勒效应,使频率发生偏移。散射光频率为 $f_0 + \Delta f$,一部分散射被同一探测器接收返回。分束器输入到探测器的另一部分光被探测器反射,频率仍为 f_0,作为参考光。将散射光和参考光输入接收机,求出差信号 Δf:

$$\Delta f = \frac{2v}{\lambda} \cos \theta \tag{10.6}$$

式中：v——被测对象的速度；

　　　λ——光的波长；

　　　θ——探测器发出的光线与被测对象速度的夹角。

经过本章的学习，可以得出结论：经多年的研究表明，光纤传感器在电路、磁场、压力、温度、直线位移、转速、加速度等方面测量中显示出了极大的潜力，适用于导航、医学、勘测、运输、遥测等各个领域。

习题与思考题

10.1　为什么光纤能够将进入其中的光传得很远？

10.2　光纤的纤芯和包层有什么区别？

10.3　光纤的数值孔径是如何定义的？数值孔径有什么适用意义？

10.4　单模光纤和多模光纤有哪些区别？

10.5　光纤中产生光损耗的因素有哪些？哪些产生损耗的机理可以被利用来制作传感器？

10.6　为什么迅衰场光纤传感器中的光线可以从一根光纤进入到另一根光纤中？

10.7　反射系数光纤传感器有哪些用途？

10.8　移动光栅或光纤传感器的灵敏度为什么可以达到很高？

10.9　光纤干涉传感器与空气光路干涉仪相比，有哪些独特的优点？

10.10　为什么说光纤传感器的发展前途极大？

11 汽车传感器

我国正在由汽车大国向汽车强国发展,在这一变化过程中,汽车电子技术的作用越来越重要。在汽车电子控制系统中,传感器所起的作用越来越重要。汽车传感器是电子控制系统的关键部件,如果没有各种传感器,电子控制根本无法实现。因此,了解并掌握现代汽车传感器的结构、原理、使用与检修技术,对提高现代汽车电子控制系统的设计、制造、维修水平是十分重要的。

本章在讨论汽车传感器原理与电子控制系统的基础上,重点讨论汽车传感器系统的维修。

11.1 概述

汽车电子控制系统主要包括 3 个部分:

(1) 信号采集部分,通常由若干相同或不同功能的传感器组成。

(2) 对传感器采集的信号进行分析处理,然后向被控制装置输出控制信号的电子控制单元(ECU)。

(3) 根据 ECU 输出的信号,完成控制操作的执行器。

图 11.1 是现代汽车电子控制系统简图。

图 11.1 现代汽车电子控制系统简图

11.1.1 汽车传感器的功能

所谓传感器,就是一种能测量各种信息并把它们转变成电量的装置。传感器相当于人的感觉器官,通过传感器的感知来正确地检测出各种条件下的物理量。表 11.1 是传感器与相应的人的感觉器官的功能。

表 11.1 传感器与人的感觉器官

人的感觉与器官	有关现象	传感器
视觉——眼睛	光	光电变换元件(光电池、光电元件;光敏二极管;光敏三极管)
听觉	声波	压电变换元件(压电元件;压阻元件;压敏二极管)
触觉——皮肤	位移压力	位移变换元件(应变片)
肤觉——皮肤	温度	热电变换元件(热敏电阻;热电偶)
嗅觉——鼻 味觉——舌	分子吸附	气体传感器;温度传感器;离子检测 FET

汽车传感器用来测量汽车在运行过程中各大总成和整车工作状态及参数的变化情况,将不断变化的机械运动状态变成电参数(电压、电阻与电流)的变化,并及时送给电子控制器(计算机)、各种仪表和指示灯,以便车载计算机对发动机及其他总成进行控制,使驾驶员及时了解汽车各部分的工作状况,从而提高车辆的使用性能。

现代汽车电子控制系统所用传感器与使用目的如表 11.2 所示。

表 11.2 汽车各系统所用传感器与使用目的

系　统	传感器	使用目的
发动机	进气压力,空燃比,曲轴角度,爆燃,发动机转速,进气温度,冷却水温阀,冷却水负压阀,冷却水温度,冷却水温度开关	燃油喷射,EGR(废气再循环)率,点火时间的程序控制,冷却水温稳定、转速的稳定控制,空燃比修正反馈控制,爆燃区控制,停车时停发动机
变速器	变速器位置开关,节流阀开关	换挡控制
车身行驶	车速,车轮速度,车高,结露开关,车内、外开关,车内、外温度,日照量,湿度,冷却水温开关,冷媒压力开关	定速行驶控制,车高稳定控制,防抱死控制,防结露车窗,变速锁止控制,悬架系统控制,车内空调(包括日照、湿度),前照灯控制,防眩目后视镜,雨滴检测刮水器
显示诊断	发动机转速,车速,燃油余量,冷却水温,油压,方位,车距,进气压力,燃油油量,排气温度开关,燃油余量开关,冷却水温开关,制动液量开关,洗涤剂量开关,蓄电池液量开关,车门开关,座位皮带开关,行李箱盖开关,油温开关	计量显示:车速,里程表,燃油余量,冷却水温,耗油量,进气压力,行车路线 诊断显示:机油压力,燃油余量,高速区,排气温度警报区,冷却水位,制动液位,风窗洗涤剂液位,蓄电池液位等

11.1.2　汽车传感器的类型

汽车传感器的种类很多,且一种被测参数可用多种不同类型的传感器来测量,而同一种传感器往往可以测量多种被测参数。传感器的分类有多种方法,常用的分类方法有如下几种。

1) 按能量关系分类

传感器按能量关系可为主动型和被动型 2 类。汽车上使用的大多是被动型传感器,这种传感器需要外加电源才能产生电信号,它自身实际上是一个能量控制器。

2) 按信号变换分类

从信号变换的角度考虑,传感器可分为两大类。第一类是由一种非电量变换为另一种非电量的传感器,如弹性敏感元件和气动传感器等;第二类是由非电量变换为电量的传感器,如电热偶温度传感器、压电式加速度传感器等。目前,第二类传感器发展很快,近年来应用越来越广。

3) 按检测变换原理分类

根据检测变换原理的不同,可将传感器分为物理性能型和结构型 2 类。物理性能型传感器在测量过程中结构参数基本上不变,而是依靠敏感元件的物理性能变化来实现信号的变换(如热电传感器、光电传感器、压电传感器等);结构型传感器则是依靠传感器某些结构参数的变化来实现信号的变换(如电容传感器、电感传感器等)。

汽车传感器根据被测参数的不同,有温度传感器、压力传感器、流量传感器、气体浓度传感器、转速传感器、位置与角度传感器、加速度与振动传感器、电流传感器与距离传感器等。这些传感器的结构、原理及使用检测技术，将在后面章节中逐一介绍。

11.1.3　汽车传感器的性能要求

传感器的性能指标包括精度、响应特性、可靠性、耐久性、结构是否紧凑、适应性、输出电平和制造成本等。表11.3举例列出了几种常用汽车传感器所要求的测量范围和精度。

表 11.3　汽车传感器的测量范围和精度

检测项目	测量范围	精度要求（%）
温度	$-50\sim150\ ℃$	±2.5
进气支管压力	$10\sim100\ kPa$	±2
空气流量	$6\sim600\ kg/h$	±2
燃油流量	$0\sim110\ L/h$	±1
曲轴转角	$10°\sim360°$	±0.5
排气中的氧浓度	$0.4\sim1.4$	±1

汽车电子控制系统对传感器的性能要求有以下几点：

（1）较好的环境适应性。由于汽车工作环境的变化，特别是发动机，它是在热、振动、油污等恶劣环境下工作的，这就要求传感器能适应温度、湿度、冲击、振动、腐蚀及油污等恶劣的工作环境。

（2）较高的可靠性。同普通传感器一样，汽车传感器的可靠性是最重要的，且稳定性要好。

（3）重复性好。由于电子计算机控制系统的应用，即使传感器线性特性不良，只要重复性好，通过计算机可以修正计算。

（4）适于批量生产性和具有通用性。汽车电子化的发展趋势使得传感器市场前景广阔，因此要求传感器适于批量生产。一种传感器信号可以用于多个因素的控制，如可以把速度信号微分，求得加速度信号等，所以要求传感器具有通用性。

（5）传感器数量不受限制。在现代汽车电子控制系统中，传感器能把被测参数变换成电信号，无论参数的数量怎样多，只要把传感器信号输入计算机，既便于处理，又易于实现汽车的高精度控制。

（6）其他要求。体积和外形尽可能小型、轻量、便于安装。符合标准化要求。

11.1.4　汽车传感器的未来发展

现代汽车的电子化趋势推动了汽车传感器技术的发展，未来的车用传感器技术总的发展趋势是多功能化、集成化、智能化。多功能化是指一个传感器能检测2个或者2个以上的特性参数或者化学参数。集成化是利用IC（集成电路）制造技术和精细加工技术制作IC式传感器。智能化是指传感器与大规模集成电路相结合，带有MPU（微处理器），具有智能作用。新近研发的汽车用传感器具有如下特点：数字化信号输出、线性化微处理器补偿、传感器信号共用和加工、传感器间接测量、复合传感器信息处理、IC化和精细加工等。

未来传感器技术在多功能化、集成化、智能化的同时，还将不断提高可靠性及降低系统制

造成本。集成型传感器不仅是提高性能的集
成化,而且还将具有相同与不同性质的传感功
能加以集成,成为具有多元化功能的传感器。
传感器集成化简图如图 11.2 所示。

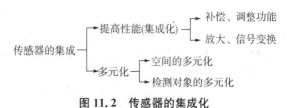

图 11.2 传感器的集成化

光纤传感器现已开发出温度、压力、位移、
转速、液位、流量、振动、陀螺等上百种类型。
由于光纤传感器具有灵敏度高、体积小、重量轻、可弯曲、绝缘性好、无电磁干扰、频带宽、低损
耗等特点,今后将会广泛应用到汽车上。

为了提高汽车安全性和舒适性所需的环境,生物体测量等方面的传感器也在研究中。例
如驾驶员视野盲区障碍物测量、保持两车前后间距、碰撞自动保护等装置中用的传感器。

传感器信号输出与控制系统的计算机接口也是一个重要的研究方向。内含有 A/D、D/
A、I/O 驱动、缓冲 RAM、程序 ROM、MPU,并具有线性、温度补偿以及相应控制程序的灵巧
型汽车用传感器引人注目,将使汽车各系统的元件数量大大减少,从而降低系统制造成本,减
小体积和减轻重量,并使得整个系统更加简单可靠。

总之,汽车传感器技术的发展,不仅是传感器自身的开发,而且更注重于对传感器的互换
性、耐久性、可靠性的开发。因此,汽车传感器技术方兴未艾。

11.2 汽车温度传感器

11.2.1 汽车温度传感器的性能与类型

温度传感器是工业自动化过程中的四大传感器之一。随着汽车电子化程度的提高,汽车
上使用温度传感器的地方越来越多。例如,发动机热状态控制、进气量计算及排气净化处理,
都需要有能够连续、精确测量冷却水温度、进气温度和排气温度的传感器。汽车电子控制系统
中的计算机能够及时对这些传感器输入的温度信号进行处理,使发动机能在最佳工作状况下
运转。

现代汽车对温度传感器的性能要求如下:

(1) 测量范围:−50∼120 ℃(满量程 150 ℃);

(2) 输出电压:0∼5 V;

(3) 精度:±2 ℃;

(4) 分辨率:±0.5 ℃;

(5) 响应速度:10 s(冷却液);1 s(空气)。

常用的温度传感器有热电阻式、热电偶式、热敏铁式氧体式及晶体管和集成型。目前汽车
上使用的大多为热电阻式、热电偶式和热敏铁氧式温度传感器。

(1) 热电阻式温度传感器

物质的电阻率随其本身温度变化而变化的现象称为热电阻效应,根据热电阻效应制成的
传感器称为热电阻式传感器。热电阻按材料特性不同可分为金属热电阻和热敏电阻。

金属热电阻作为反映电阻-温度特性关系的检测元件,要有尽可能大而且稳定的电阻温度
系数(最好为常数)、稳定的化学和物理性能及大的电阻率。目前常用的金属热电阻有铂电阻

和铜电阻。

铂是一种较理想的热电阻材料。在氧化性介质中,甚至在高温下,铂的物理和化学性能都很稳定,并且在很宽的温度范围内都可以保持良好的特性。因此,铂热电阻一直是使用最多、生产量最大的温度传感器之一。

铜的电阻温度系数很大,其电阻值与温度呈线性关系,且容易加工和提纯,资源丰富,价格便宜,这些都是用铜作为热电阻的优点。铜电阻适用于较低温度,一般适用于-50~150 ℃之间的温度测量,其特点是测温精确度高、稳定性好。

(2) 热敏电阻

热敏电阻是一种用陶瓷半导体制成的温度系数很大的电阻体。在工作温度范围内,按陶瓷半导体的电阻与温度的特性关系,热敏电阻可分为以下 3 种类型:

① 负温度系数热敏电阻(NTC):其电阻值随温度升高而减小,如图 11.3 中曲线 1 所示。这种电阻是由镍、铜、钴、锰等金属氧化物按适当比例混合后高温烧结而成,现广泛用于汽车发动机冷却水温度传感器、进气温度传感器、机油温度传感器和空调用温度传感器中。

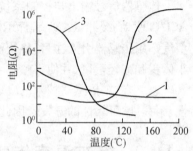

图 11.3　热敏电阻的温度特性
1—NTC;2—PTC;3—CRT

② 正温度系数热敏电阻(PTC):其电阻值随温度升高而按指数函数增加,如图 13.3 中曲线 2 所示。这种电阻的主要成分是钛酸钡($BaTiO_3$),并混合其他金属氧化物烧结而成的,在汽车发动机、仪器、仪表等测温、感温部件中广泛应用。

③ 临界温度系数热敏电阻(CRT):其电阻值随温度升高而按指数函数减小,如图 13.3 中曲线 3 所示。

热敏电阻的特点主要是:

① 能够制成尺寸大小不同的各种形状。

② 电阻值的选择范围广,可制成数欧到数兆欧的电阻元件。

③ 电阻值的温度系数大,能测出微小的温度变化。

④ 由于电阻元件的电阻值大,为避免引线电阻的影响,可用铜导线制作引线。

(3) 热电偶式温度传感器

热电偶式温度传感器是利用热电效应原理制成的。将两个不同材质的金属粘合在一起,如图 11.4 所示。根据温度的变化,当 A、B 两点间温度不同时,两点间就会出现电位差 ΔU_{AB},该电位差仅仅决定于 A、B 两端的温度差。因此,通过测定电位差 ΔU_{AB} 就可以测出温度。

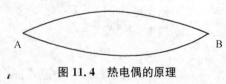

图 11.4　热电偶的原理

汽车上使用的热电偶式温度传感器主要用于测量较高温度,如发动机排气系统中的排气温度。这种传感器测试温度高、体积小、响应速度快,但热电位差不高,需放大后进行处理。

(4) 热敏铁氧体温度传感器

强磁性金属氧化物铁氧体($MoFe_2O_3$)具有如下性质:当超过某一温度时,其磁性急速转变,由强变弱,这种急变温度被称为居里温度。例如居里温度为 65 ℃、100 ℃,则在对应的温度下形成不同的磁场,使传感器簧片开关在 65 ℃以下、100 ℃以上时处于接通,而中间位置则断开。居里温度可以根据烧结体的成分和热处理的温度自由选择。

11.2.2 热敏电阻式温度传感器的结构与检修

检测温度是一个重要的项目。热敏电阻式温度传感器具有体积小、灵敏度高、安装简单、价格低廉的特点,是汽车电子控制系统中应用最广泛的传感器之一。

1）冷却液温度传感器

电子控制燃油喷射装置的冷却液温度传感器是以热敏电阻为检测元件的水温传感器,该传感器采用的热敏电阻具有负温度系数,结构见图 11.5(a),其特性见图 11.5(b)。水温低时,电阻值大;水温升高,电阻值减小。

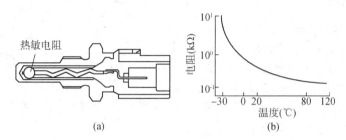

图 11.5　冷却液温度传感器的结构与特性

冷却液温度传感器在电喷系统中的作用是将发动机冷却液温度的变化转换为点信号输送到 ECU,ECU 根据输入的信号（发动机冷却液温度的高低）对发动机喷油量进行修正,以调整空燃比,使进入发动机的可燃混合气稳定,即冷却时供给较浓的可燃混合气,暖机时供给较稀的混合气。如果传感器损坏,当发动机处于冷却状态时,致使混合气过稀,发动机就不易启动且运转不平稳;暖机时又致使混合气过浓,发动机也不能正常工作。

图 11.6 是常见的电喷发动机冷却液温度传感器与 ECU 的连接电路。

冷却液温度传感器的好坏直接影响发动机的喷油量,从而影响发动机的燃烧性能。当混合气过浓或过稀时,发动机不易启动,工作不平稳,这时应对冷却液温度传感器进行检测。

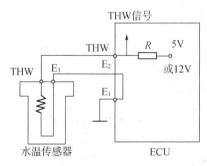

图11.6　冷却液温度传感器与 ECU 的连接电路

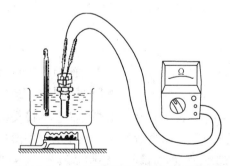

图 11.7　水温升高时传感器电阻值的测量

冷却液温度传感器的检测方法如下:

（1）单体检测。从车上拆下冷却液温度传感器,并将其置于水杯中,缓慢加热提高水温,同时用万用表测量传感器两端子之间的电阻值,如图 11.7 所示。其电阻值应在表 11.4 所示的范围内,否则表明传感器已损坏,应换用新的传感器。

表 11.4　水温与电阻值关系

冷却水温度(℃)	电阻值(kΩ)	冷却水温度(℃)	电阻值(kΩ)
—20	10～20	40	0.9～1.3
0	4～7	60	0.4～0.7
20	2～3	80	0.2～0.4

（2）就车检测。将冷却液温度传感器的连接器断开，用万用表测定传感器两端子间的电阻值，如图 11.8 所示，然后对照表 11.4 中的标准值，判断传感器的好坏。

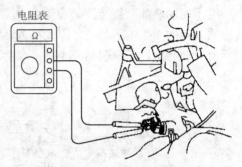

图 11.8　就车检查冷却液温度传感器的电阻值

　2）水温表热敏电阻式传感器

　水温表用的热敏电阻式传感器的结构与特性如图 11.9 所示，可用来检测冷却液温度，也可用于润滑油温度的检测。图 11.9(a)是热电阻作为信号的发送部件，与接收部件的热电丝串联。当水温较低时，由于热敏电阻的电阻值较高，电路中的电流小，电路丝的发热量小，双金属片弯曲并带动指针指向低温一侧；相反，当水温升高时，热敏电阻的电阻值减小，回路电流增大，电热丝发热量大，使双金属片受热弯曲量增加，从而带动指针指向高温侧。

　当水温表无指示或指示不正常时，应对水温表热敏电阻式传感器进行检测。

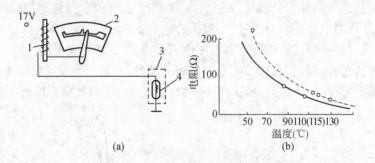

图 11.9　水温表传感器的结构与特性
1—加热用线圈与金属片；2—接收部件；3—发送部件；4—热敏电阻

　拔下水温表热敏电阻式传感器的接头引线，拆下传感器，用万用表欧姆挡测量传感器两端之间的电阻，不同温度下，传感器的电阻值应符合表 11.4 所列的规定值。如果超出表中的规定值或偏差过大，说明传感器已损坏，应换用新的水温表传感器。

　3）车内、外空气温度传感器

　车内、外空气温度传感器用于检查车内、外的空气温度，这种传感器是以热敏电阻作为检测元件。空气温度传感器常用于检测汽车空调的工作温度，其结构与特性如图 11.10 所示。当车外空气温度发生变化时，传感器的电阻值随着变化，温度升高时，电阻值减小；温度下降时，电阻值增大。

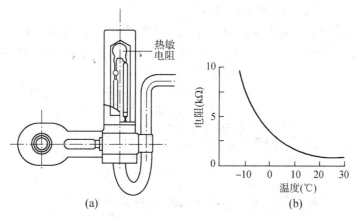

图 11.10 车外空气温度传感器的结构与特性

汽车空调的工作温度控制系统就是利用车内、外温度传感器来测量车内、外空气温度的,如图 11.11 所示。车外气温传感器与车内气温传感器、电位计串联,当车外气温发生变化时,车外空气温度传感器的电阻值随着改变,此时,空调温度控制系统启动,保持车内的温度恒定。

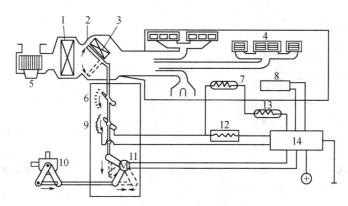

图 11.11 汽车空调温度控制系统

1—蒸发器;2—空气混合挡板;3—热交换器;4—车厢内部;5—鼓风机;6—鼓风机控制开关。

7—车内空气温度传感器;8—日射传感器;9—电位计;10—水泵;11—伺服电动机;

12—设定电阻;13—车外空气温度传感器;14—放大器

车内、外空气温度传感器的检修方法也是通过测量其电阻值来判断的。例如,奥迪轿车内、外温度传感器在不同温度下的电阻值如表 11.5 所示。

表 11.5 奥迪轿车内、外空气温度传感器在不同温度下的电阻值

温度(℃)	0	10	20	30	40	50	60
车内传感器电阻(kΩ)	—	5.66	3.51	2.24	1.46	0.97	—
车外传感器电阻(kΩ)	3.3	2.0	1.25	0.81	0.53	0.36	0.25

4) 进气温度传感器

进气温度传感器的作用是检测发动机的进气温度,为修正喷油量提供参考依据。在 L 型电子燃油喷射装置中,进气温度传感器安装在空气流量传感器内;在 D 型电子燃油喷射装置中,它安装在空气滤清器外壳上或稳压罐内。

进气温度传感器采用负温度系数热敏电阻作为检测元件,其结构如图 11.12 所示。为了准确测量进气温度,采用塑料外壳加以保护,以防安装部位的温度影响传感器的工作精度。

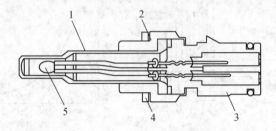

图 11.12　进气温度传感器结构

1—绝缘套;2—外壳;3—防水插座;4—铜垫圈;5—热敏电阻

进气温度传感器与汽油喷射系统 ECU 的关系框图如图 11.13 所示。ECU 根据进气温度传感器的输入信号修正基本喷油量。进气温度传感器的特性如图 11.14 所示。

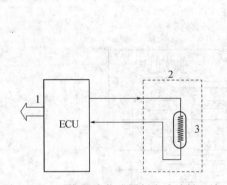

图 11.13　进气温度传感器与汽油喷射系统

1—喷油量控制信号;2—进气温度传感器;3—热敏电阻

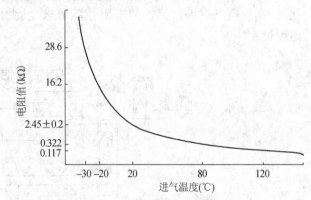

图 11.14　进气温度传感器的特性

进气温度传感器的检测与冷却液温度传感器的检测方法相同,分单体检测和就车检测。进气温度传感器的检测方法如下:

(1) 单体检测。进气温度传感器的单体检测是将传感器放入温度为 20 ℃的水中,1 min 后测量传感器端子间的电阻值,如图 11.15 所示。如果电阻值在 2.2～2.7 kΩ 之间,表明传感器良好;否则表明传感器已损坏,应换用新的传感器。

(2) 就车检测。进气温度传感器的就车检测如图 11.16(a)所示。拆下传感器的连接器,测定连接器的传感器侧 $THA-E_2$ 两端子之间的电阻值,若测定值在图 11.16(b)所示的曲线范围内,表明传感器良好。

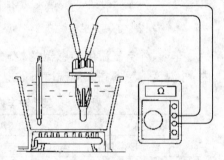

图 11.15　进气温度传感器的单体检测

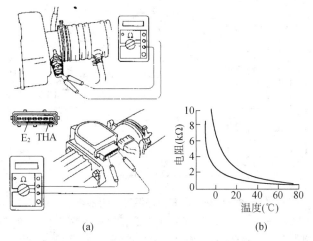

(a) (b)

图 11.16　进气温度传感器的就车检测

　　设置在空气流量计中的进气温度传感器的检测如图 11.17 所示,用电吹风机加热空气流量计中的进气温度传感器,并测量其电阻值,随着温度的升高,电阻值应减小。

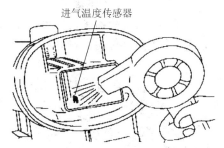

图 11.17　内藏型进气温度传感器的检测

　　5) 空调蒸发器出风口温度传感器

　　蒸发器出风口温度传感器用来检测蒸发器表面温度的变化,以便控制压缩机的工作情况,其工作温度范围为 20～40 ℃。蒸发器出风口温度传感器也是用负温度系数热敏电阻作为温度检测元件。传感器的结构与特性如图 11.18 所示。

　　蒸发器出风口温度传感器安装在空调的蒸发器片上,如图 11.19 所示。图 11.20 是汽车空调温度控制系统示意图。工作时,温度控制系统将检测到的热敏电阻信号与设定的温度调节信号加以比较,从而控制空调压缩机电磁离合器的通断。另外,利用此传感器信号还可以防止蒸发器出现结冰堵塞现象。

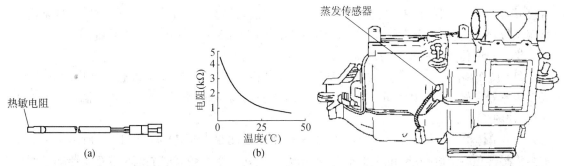

图 11.18　蒸发器出风口温度传感器的结构与特性　　图 11.19　蒸发器出风口温度传感器的安装

　　检测蒸发器出风口温度传感器时,要先拆下传感器的连接器,用万用表欧姆挡测量传感器 L—L 两端子之间的电阻值,如图 11.21 所示。其值在 4.85～5.15 kΩ 之间为良好,否则表明传感器损坏。

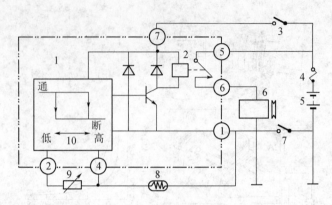

图 11.20　汽车空调温度控制系统图

1—温度检测电路;2—继电器;3—点火开关;4—熔断器;5—蓄电池;6—电磁离合器

7—空调开关;8—蒸发器出口温度传感器;9—调节电位器;10—热敏电阻

6) 排气温度传感器

　　排气温度传感器也是以负温度系数热敏电阻作为温度检测元件,其电阻元件安装在传感器前端的感热部位内。排气温度传感器的结构如图 11.22 所示。

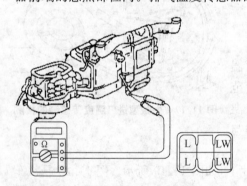

图 11.21　蒸发器出风口温度传感器的检测

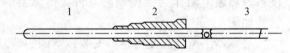

图 11.22　排气温度传感器的结构

1—温度传感器;2—安装部位;3—引线部位

　　排气温度传感器安装在汽车尾气催化转换器上,用来检测转换器内的排气温度。若排气温度异常,则传感器将异常的温度信号输入计算机后,计算机经过分析处理,会启动异常高温警报系统,使排气温度警告灯亮,告知司乘人员。图 11.23 为异常高温警报系统图。

　　排气温度传感器的检测方法如下:

　　(1) 就车检测。在接通点火开关时,排气温度指示灯亮,而在发动机启动时指示灯熄灭,表明传感器良好。如丰田汽车,当自诊断连接器的 CCO 与 E_1 端子短路时,排气温度指示灯为良好,如图 11.24 所示。

　　(2) 单体检测。排气温度传感器的单体检测就是测量电阻值,如图 11.25 所示。用炉子加热传感器顶端长度 40 mm 的部分,直到靠近火焰处呈暗红色,这时传感器连接器端子间的电阻值应在 $0.4 \sim 20 \text{ k}\Omega$ 之间。

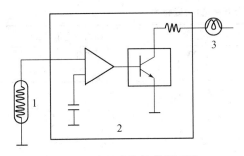

图 11.23 异常高温警报系统

1—排气温度传感器;2—排气控制用电脑;3—排气温度警告灯

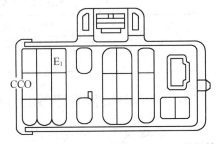

图 11.24 自诊断连接器的 CCO—E_1 端间检测

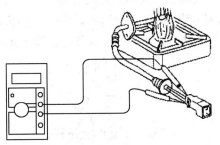

图 11.25 排气温度传感器的单体检测

排气温度传感器引线的橡胶管有损伤时,应换用新的传感器。

7) EGR 系统检测温度传感器

EGR 系统检测温度传感器安装在 EGR 阀的进气道上,用来检测 EGR 阀内再循环气体的温度变化情况和 EGR 阀的工作状况。EGR 检测温度传感器使用热敏电阻,将废气温度变化值转换为电阻值,其结构如图 11.26 所示。

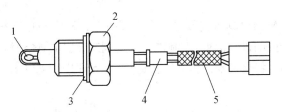

图 11.26 EGR 检测温度传感器

1—热敏电阻;2—紧固螺母;3—垫圈;4—辅助环;5—引线

EGR 检测温度传感器检测的稳定范围为 50~400 ℃,其标准规格见表 11.6。

表 11.6 EGR 检测温度传感器的标准规格 (℃)

部件名称	最高工作温度	短时最高温度	低温极限温度
热敏电阻	380	400	—40
辅助环	180	200	—40
引线	230	250	—40

EGR 检测温度传感器利用 EGR 工作时与不工作时的温差,来判断 EGR 的工作情况。ECR 检测温度传感器的温度特性如表 11.7 所示。

表 11.7　EGR 检测温度传感器的温度特性

温度(℃)	初始电阻值(kΩ)	温度(℃)	初始电阻值(kΩ)
50	635+77	200	5.1±0.61
100	85.3±8.8	400	0.16±0.05

11.2.3　气体温度传感器的结构与检修

1) 石蜡式气体温度传感器(ITC 阀)

石蜡式温度传感器用于化油器式发动机上,低温时作为发动机进气温度调节装置用传感器(HAI 传感器),高温时作为发动机怠速修正用传感器(HIC)传感器。传感器利用石蜡作为检测元件,当温度升高时,石蜡膨胀,推动活塞运动,在规定温度时,关闭或开启阀门。此外,随温度的升高,节流孔的截面积也发生变化。石蜡式气体温度传感器的结构如图 11.27 所示。

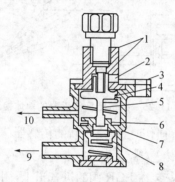

图 11.27　石蜡式气体温度传感器的结构
1、7—壳体;2—空气进口;3—垫片;4—阀门;5—推杆;6—节流孔
8—单向阀;9—至进气支管;10—至真空膜片

石蜡式气体温度传感器也具有调节器的作用。图 11.28 是 ITC 系统结构图。在寒冷季节,传感器测量空气滤清器内的进气温度,控制进气温度调节装置的真空膜片负压,保持合适的进气温度;在高温怠速状态时,将化油器的旁通管直通大气,保证进气支管内混合气的最佳空燃比。

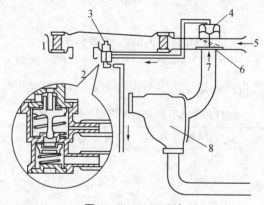

图 11.28　ITC 系统
1—大气;2—节流孔;3—ITC 阀门;4—真空膜片;5—冷空气;6—冷暖空气转换阀;7—暖空气;8—排气支管

低温时 HAI 系统的调温特性如图 11.29 所示。A 区为吸入暖空气,HIC 流量为 0;B 区

为吸入冷空气，HIC 流量最小；C 区为吸入冷空气，HIC 流量最大。传感器的工作温度在－40～110 ℃范围内。

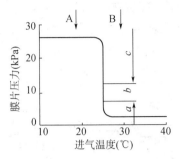 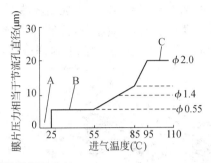

图 11.29   HAI 系统的调温特性

检修石蜡式气体温度传感器时，主要观察传感器在不同温度环境下的工作情况。例如应用在丰田 2E－LU 汽车上的石蜡式气体温度传感器，当温度低于 25 ℃时，石蜡收缩，推动气阀（ITC 阀）活塞上移，关闭阀门，隔断大气通道；当温度处于 25～55 ℃时，石蜡膨胀，阀门渐开，引入大气；当温度高于 55 ℃时，随温度的升高，阀门开度会增大，以确保最佳的混合比。

2）双金属片式气体温度传感器（HAI 阀）

双金属片是将 2 个热膨胀系数不同的金属粘合在一起构成的。当温度变化时，2 个金属片会产生不同程度的膨胀，形成膨胀差别，金属片将向膨胀系数较小的一侧弯曲。利用这一原理制成的双金属片式传感器，可用来测量进气温度。

双金属片式气体温度传感器通常用于化油器型发动机的进气控制，其结构如图 11.30 所示。发动机工作时，利用温度调节装置（HAI 系统），测定进气温度的变化，并通过真空膜片调节冷气、暖气比例。低温时，双金属片不弯曲，阀门关闭；高温时，双金属片弯曲，阀门开启，如图 11.31 所示。

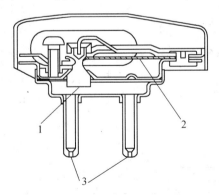 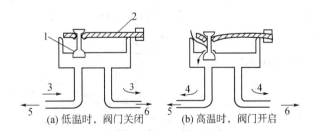

图 11.30   双金属片式传感器的结构   图 11.31   双金属片式气体温度传感器的工作原理
1—阀门；2—双金属片；3—小孔   1—阀门；2—双金属片；3—负片；4—大气
                                            5—至真空膜片；6—至进气支管

双金属片式气体温度传感器的检测方法如图 11.32 所示。将软管从真空电动机侧拆下，确认内部无负压。当空气温度在 17 ℃以下时，连接软管后，软管内应有负压，冷暖气转换阀升起，为系统工作良好；当空气温度达到 28 ℃以下时，软管内负压应减小，否则应更换传感器。

11.2.4　热敏铁氧体温度传感器的结构与检修

热敏铁氧体温度传感器用于控制散热器的冷却风扇,其结构如图 11.33 所示。在被测定的冷却液温度较低时,传感器的舌簧开关闭合,冷却风扇继电器断开,冷却风扇停止工作。图 11.34 所示为采用该传感器的散热器冷却系统。

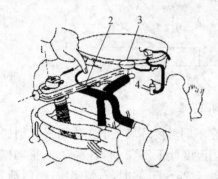

图 11.32　进气温度调节系统(HAI)的检测

1—真空电动机;2—软管;3—HAI 阀;4—进气支管

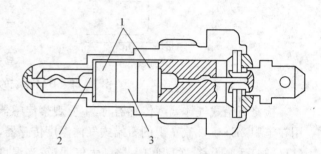

图 11.33　热敏铁氧体式温度开关的结构

1—永久磁铁;2—舌簧开关;3—热敏铁氧体

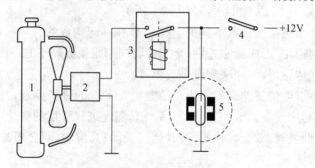

图 11.34　散热器冷却系统

1—散热器;2—电动机;3—继电器;4—点火开关;5—热敏开关

热敏铁氧体在低于规定温度时,变为强磁性体,磁力线直接通过舌簧开关的触点,产生吸引力,触点闭合,舌簧开关接通,如图 11.35(a)所示;当高于规定温度时,热敏铁氧体不被磁化,磁力线平行通过舌簧开关的触点,产生排斥力,触点张开,如图 11.35(b)所示。热敏铁氧体的规定温度在 0~130 ℃之间。

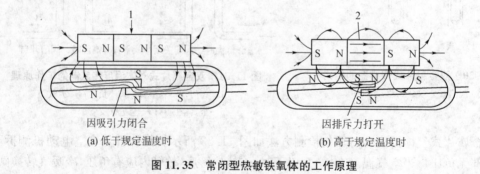

因吸引力闭合　　　　　　　　　　　　因排斥力打开

(a) 低于规定温度时　　　　　　　　　(b) 高于规定温度时

图 11.35　常闭型热敏铁氧体的工作原理

1—热敏铁氧体(形成一个磁铁);2—热敏铁氧体(与没有时相同)

热敏铁氧体温度传感器的检测如图 11.36 所示。将热敏铁氧体传感器置于容器中,如图连接万用表,在加热的同时检查传感器的工作情况。正常情况下,在水温低于规定温度时,传感器处于导通状态(万用表指示 0);在水温高于规定温度时,传感器应断开(万用表指示为 ∞)。否则,表明热敏铁氧体温度传感器已损坏,应予更换。

11.2.5　温度传感器检修实例

温度信号是发动机许多控制功能的修正信号,如喷油量修正、点火提前角修正等。如果温度传感器的信号中断,就可能导致发动机冷起动困难、油耗增加、怠速稳定性降低及废气排放增多等。目前,现代汽车温度传感器应用广泛,虽然各型汽车采用的温度传感器的电阻值不同,但它们的检修方法基本相同。下面就常见车型温度传感器的应用及检修举例说明。

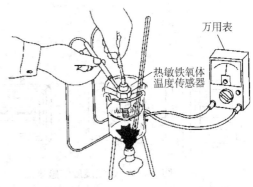

图 11.36　热敏铁氧体温度传感器的检测

1) 红旗轿车温度传感器的检修

(1) 冷却液温度传感器的检修

红旗轿车冷却液温度传感器安装在发动机节温器处,它是用一个负温度系数热敏电阻作为检测元件。当冷却液温度升高时,传感器的电阻值随之减小;反之,当冷却液温度减低时,传感器的电阻值增大。红旗轿车的冷却液温度传感器如图 11.37 所示,它的作用是将发动机冷却液温度的变化转换成电信号输出给 ECU,从而进行喷油量、点火正时及怠速转速等参数的修正。

检修冷却液温度传感器时,首先断开点火开关,拔下传感器的线束连接器,用万用表欧姆挡测量传感器两端子与外壳之间的电阻值,应为无穷大。然后将传感器放入盛有水的烧杯中,如图 11.38 所示,用电热器加热的同时,用万用表测量传感器两端间的电阻,其电阻值随温度变化应符合表 11.8 所示的规定值。否则,表明冷却液温度传感器有故障,应予更换。

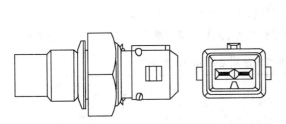

图 11.37　冷却液温度传感器

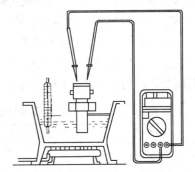

图 11.38　冷却液温度传感器的检测

表 11.8　红旗轿车冷却液温度传感器电阻值与温度的关系

温度(℃)	−20	0	60	80	100	120
电阻(Ω)	15 080	5 800	603	327	187	114

另外,用万用表欧姆挡分别测量传感器线束连接器两端子与之对应的 ECU 线束连接器两端子间的电阻,其电阻值均应小于 1.5 Ω;否则,表明线束或连接器有故障,应予更换。

（2）进气温度传感器的检修

图 11.39 所示为红旗轿车安装在进气管道上的进气温度传感器,它也是一个负温度系数热敏电阻式温度传感器。进气温度传感器的主要作用是将进气温度的变化转换成电信号,并传送给发动机的电控单元 ECU,ECU 经过分析处理,来实现对喷油量的控制。

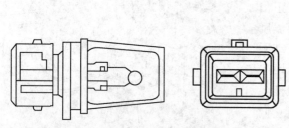

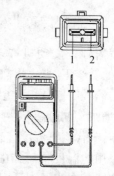

图 11.39　进气温度传感器　　　　　　图 11.40　进气温度传感器的检测

进气温度传感器检修时,先断开点火开关,拔出进气温度传感器的线束连接器,从进气管上拆下传感器,用与图 11.38 相同的方法对其加温,同时用万用表的欧姆挡测量进气温度传感器两端之间的电阻,如图图 11.40 所示。测量的电阻值应符合表 11.8 中所列出的规定值。如果检测结果与上述规定不符,说明进气温度传感器有故障,应予更换。

另外,用万用表欧姆挡分别测量进气温度传感器线束连接器两端子与之相对应的 ECU 线束连接器两端子的电阻,其电阻值均应小于 $1.5\ \Omega$;否则,表明线束或连接器有故障,应予更换。

2）奥迪轿车温度传感器的检修

（1）冷却液温度传感器的检修

奥迪汽车电喷发动机上应用的冷却液温度传感器安装在霍尔传感器附近的水管上,也是负温度系数热敏电阻式温度传感器。其功能是将发动机冷却温度的变化转换成电信号并传送给 ECU,用来修正喷油时间、点火时间并实现怠速稳定控制。

奥迪轿车冷却液温度传感器检修时,先断开点火开关,拔下传感器的线束连接器,拆下传感器,用万用表欧姆挡检测传感器两端子与外壳之间的电阻值,应为无穷大。然后用电热器加热传感器,同时用温度表和万用表分别测量冷却液的温度和传感器两端子间的电阻,其电阻值随温度变化应符合表 11.9 所示的规定值。否则,表明冷却液温度传感器有故障,应予更换。

表 11.9　奥迪轿车冷却液温度传感器电阻值与温度的关系

温度（℃）	电阻（Ω）	温度（℃）	电阻（Ω）
—20	14 700	60	600
—10	9 200	70	440
0	5 600	80	320
10	3 670	90	242
20	2 450	100	190
30	1 670	110	143
40	1 160	110	110
50	830	130	90

(2) 进气温度传感器的检修

奥迪轿车进气温度传感器安装在节气门附近的进气管内,也是负温度系数热敏电阻式温度传感器。进气温度传感器的主要作用是将进气温度的变化转换成电信号,并传送给发动机的 ECU,ECU 经过分析处理,来实现对喷油时间、点火时刻及怠速稳定控制。

检修进气温度传感器时,要断开点火开关,从发动机上拆下传感器,用万用表欧姆挡测量传感器两端之间的电阻,随着温度的变化,传感器的电阻值应符合厂家的规定值,如在 20 ℃时,其电阻值应为 6.3 kΩ。如果测量值与规定值不符,说明传感器故障或已损坏,应当换用新的传感器。

(3) EGR 温度传感器的检修

EGR 温度传感器用来监测多点燃油喷射系统(MPI)控制模块 EGR 阀的工作状况。此传感器监测经过 EGR 阀气体的温度。EGR 温度传感器用于故障识别。

检修 EGR 温度传感器时,拆下 EGR 温度传感器线束接头,用万用表直流电压挡测量传感器两端之间的电压值,正常情况下应为 5 V。然后从节气门下面的进气支管上拆下 EGR 温度传感器,用万用表欧姆挡测量 EGR 温度传感器的电阻,当温度为 80~100 ℃,其电阻值应为 80~160 kΩ;否则,应当更换传感器。

3) 捷达轿车温度传感器的检修

(1) 冷却液温度传感器的检修

捷达轿车电子控制系统的冷却液温度传感器与冷却液温度表传感器安装在一个壳体内,如图 11.41 所示。它是负温度系数热敏电阻式温度传感器,其作用是将冷却液的温度变化转换成电信号并传送给 ECU。使用过程中,如果冷却液温度传感器出现故障,将造成发动机启动困难,油耗升高,怠速工作不稳定和有害排放物增加。

检测冷却液温度传感器的方法与上述其他车型相同。检测时,也是先拆下传感器,然后在不同温度下用万用表欧姆挡测量传感器插座上"1"、"3"端子(见图 11.42)间的电阻,其电阻值与温度变化的规律应符合表 11.10 规定。如果测量值与表中规定值不符,表明传感器故障或已损坏,应更换传感器。

图 11.41 捷达轿车冷却液温度传感器的安装

1—冷却液温度传感器和冷却液温度表传感器;2—缸盖;3—O 形环;4—卡箍

表 11.10 捷达轿车冷却液温度传感器电阻值与温度的关系

温度(℃)	电阻(Ω)	温度(℃)	电阻(Ω)
10	3 500	60	575
20	2 500	70	425
40	1 250	80	325
50	970	100	200

（2）进气温度传感器的检修

捷达轿车进气温度传感器安装在节气门附近，如图 11.43 所示。进气温度传感器也是负温度系数热敏电阻式传感器，它用来检测发动机进气温度的变化情况。进气温度信号是发动机各种控制功能的修正信号之一，如果进气温度传感器信号中断，就会导致发动机热启动困难、废气排放量增大。

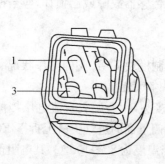 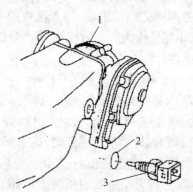

图 11.42　捷达轿车冷却液温度传感器的端子
1—信号正极；3—信号负极

图 11.43　捷达轿车进气温度传感器安装位置
1—节流阀体；2—O形环；3—进气温度传感器

检测进气温度传感器的电阻值时，应断开点火开关，拔下传感器的线束连接器，测量两端之间的电阻值，应符合表 11.10 中的规定值；如电阻值为无穷大或偏差过大，表明传感器失效，应予更换。

4）桑塔纳轿车温度传感器的检修

（1）冷却液温度传感器的检修

桑塔纳轿车的冷却液温度传感器位于发动机冷却出水管上。其电阻值与温度的关系如表 11.11 所示。

表 11.11　桑塔纳轿车温度传感器电阻值与温度的关系

温度（℃）	电阻（Ω）	温度（℃）	电阻（Ω）
−20	14 000～20 000	50	720～1 000
0	5 000～6 500	60	530～650
10	3 300～4 200	70	380～480
20	2 200～2 700	80	280～350
30	1 400～1 900	90	210～280
40	1 000～1 400	100	170～200

检修冷却液温度传感器时，可用万用表就车检测传感器的电源电压或信号输出电压。拔下冷却液温度传感器的接线插头，接通点火开关，检测与传感器相对应的 ECU 两端之间的电压应为 5 V 左右；然后，插上传感器插头，接通点火开关，检测 ECU 连接传感器两端之间的传感器信号电压应为 0.5～3.0 V。如电压值不符合上述规定，表明传感器已失效，应换用新的传感器。

冷却液温度传感器还可以采用万用表欧姆挡单独进行检测。先断开点火开关，拆下传感器，在不同温度下，测量传感器两端子之间的电阻值，测量值应符合表 11.11 中的规定值。如果电阻值偏差过大或为无穷大,表明传感器失效,应予更换。

（2）进气温度传感器的检修

桑塔纳轿车的进气温度传感器与进气支管压力传感器制成一体,安装在进气系统的动力腔中。进气温度传感器的结构与冷却液温度传感器相同,均采用负温度系数热敏电阻制成,在相同温度下,传感器的电阻值与输出电压均相同,检测方法也相同。

5）本田雅阁轿车温度传感器的检修

（1）冷却液温度传感器的检修

本田雅阁轿车的冷却液温度传感器位于分电器下的气缸盖处,由负温度系数热敏电阻构成。随着冷却液温度的增加,传感器的电阻值将下降,如图 11.44 所示。发动机 ECU 根据传感器测出电阻的变化信号来调节燃油喷射时间。

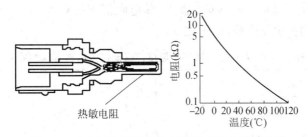

图 11.44　本田雅阁轿车冷却液温度传感器及特征

检修本田雅阁轿车冷却液温度传感器时,应先断开点火开关,拆下传感器,用万用表欧姆挡测量传感器两端之间的电阻值,其值应符合表 11.12 中的规定值;如果偏差过大或为无穷大,表明传感器失效,应予更换。

表 11.12　本田雅阁轿车冷却液温度传感器电阻值与温度的关系

温度（℃）	电阻（Ω）	温度（℃）	电阻（Ω）
−20	20	80	0.35
0	5	120	0.10
40	1		

（2）进气温度传感器的检修

本田雅阁轿车的进气温度传感器位于进气支管上,也是由负温度系数热敏电阻构成,且传感器的电阻值随着进气温度的增加而下降,如图 11.45 所示。发动机 ECU 根据该传感器传来的信号确定进气量,从而对基本喷油量进行修正。

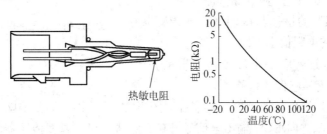

图 11.45　本田雅阁轿车进气温度传感器及特征

本田雅阁进气温度传感器的检修方法及电阻值与冷却液温度传感器相同。

6）上海别克轿车温度传感器的检修

（1）冷却液温度传感器的检修

别克轿车冷却液温度传感器安装在发动机的右后部，其作用是将发动机冷却液温度信号传送给发动机控制模块（ECM），作为 ECM 控制燃油供给、点火控制、怠速控制、碳罐净化和控制冷却风扇的依据。

冷却液温度传感器由负温度系数热敏电阻式传感器构成，其电阻值随冷却液温度增加而减小。ECM 提供传感器一个 5 V 电压，并监测信号电路上电压值的变化，冷却液温度低时，信号电压高，ECM 通过监测信号电压来计算冷却液温度。

检修别克轿车冷却液温度传感器时，应先断开点火开关，拆下传感器，用万用表欧姆挡测量传感器两端子之间的电阻值，在不同温度下，其电阻值应符合表 11.13 的规定值；如果偏差过大或为无穷大，表明传感器失效，应予更换。

表 11.13　别克轿车冷却液温度传感器电阻值与温度的关系

温度（℃）	电阻（Ω）	温度（℃）	电阻（Ω）
−40	100 700	30	2 238
−30	52 700	40	1 459
−20	28 680	50	973
−10	16 180	70	467
10	5 670	90	241
20	3 520	100	177

（2）进气温度传感器的检修

别克轿车进气温度传感器大多安装在空气滤清器内、进气总管或进气导管内，如图 11.46 所示。也有的直接安装在空气流量计内，使得进气量的测量更精确。

别克轿车进气温度传感器也是由负温度系数热敏电阻构成，温度越高，传感器的电阻值越低。进气温度传感器用来测量发动机的进气温度。因为空气温度直接影响进气密度，使空气进气总量发生变化，所以，发动机 ECM 根据进气温度修正进气总量，从而达到修正供油量、实现最佳空燃比的目的。

进气温度传感器的检修与冷却液温度传感器相同，且不同温度下的电阻值也相同。

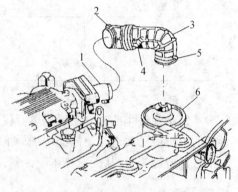

图 11.46　进气温度传感器的安装位置
1—节气门体；2—卡箍；3—进气导管；
4—进气温度传感器；5—卡箍；6—空气滤清器

7）丰田凌志 LS400 轿车温度传感器的检修

（1）冷却液温度传感器的检修

丰田凌志冷却液温度传感器安装在节温器的下方，其结构如图 11.47 所示。该传感器用于检测冷却液的温度并向 ECU 输出电信号，ECU 根据冷却液温度传感器的电信号便可判断出发动机是否处于冷起动、暖机或热机状态。如果温度过高，则会发出故障保护指令；如果是冷起动或暖机状态,则会发出增加喷油量的指令,将冷却液的温度信号设定在 80 ℃,以维持基本喷油量。

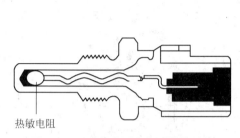

热敏电阻

图 11.47 冷却液温度传感器的结构

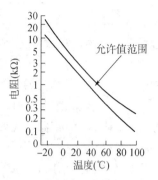

允许值范围

电阻(kΩ)

温度(℃)

图 11.48 冷却液温度传感器的特性

图 11.48 为冷却液温度传感器电阻值与温度关系图。传感器热敏电阻的电阻值随冷却液温度变化而改变,冷却液温度越低,热敏电阻的阻值则越大;冷却液温度越高,热敏电阻的电阻值则越小。

冷却液温度传感器的电路如图 11.49 所示。冷却液温度传感器与 ECU 相连,ECU 将其 5 V 电源电压由端子 THW 通过电阻器 R 施加在冷却液温度传感器上。当冷却液温度传感器的电阻值随冷却液的温度变化而变化时,端子 THW 的电位也随之改变,如表 11.14 所示。ECU 根据这一信号增加燃油喷射量,以改善发动机冷态时的运行性能。

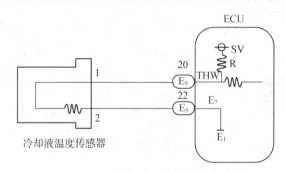

图 11.49 冷却液温度传感器电路

表 11.14 THW 的电位与冷却液温度的关系

冷却液温度(℃)	电阻(kΩ)	电压(V)	冷却液温度(℃)	电阻(kΩ)	电压(V)
−20	16.2	4.3	60	0.6	0.9
0	5.9	3.4	80	0.3	0.5
20	2.5	2.4	100	0.2	0.3
40	1.1	1.4			

冷却液温度传感器检修时,首先应将点火开关处于 ON 位置,测量发动机 ECU 连接器端子 THW 与 E_2(传感器地线)间的电压值应符合表 11.15。

表 11.15　端子 THW 和 E_2 间的正常电压值

冷却液温度(℃)	电压(V)	冷却液温度(℃)	电压(V)
20(发动机冷态)	0.5~3.4	80(发动机热态)	0.2~1.0

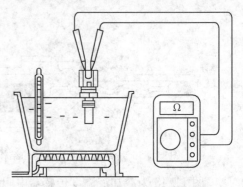

图 11.50　冷却液温度传感器的检测

若电压值与上述正常值不符,则应检测冷却液温度传感器,如图 11.50 所示。用万用表欧姆挡测量传感器 0~100 ℃范围内的电阻变化值,其电阻值应在如图 11.48 所示的允许值范围内。若电阻变化值超出允许值范围,则表明传感器已失效,应予更换。

(2) 进气温度传感器的检修

进气温度传感器的功用是及时测定进气温度,将温度信号传送给 ECU,ECU 以此来修正基本喷油量,实现对空燃比的精确控制。在传感器故障时,ECU 具有故障保护功能,自动地将进气温度设定在 20 ℃,维持基本喷油量。

进气温度传感器安装在卡曼空气流量计内,其感温元件的热敏电阻具有负温度电阻系数,温度越高,电阻值则越小;反之则增大。进气温度传感器的结构与特性如图 11.51 所示。

进气温度传感器与 ECU 的连接电路与冷却液温度传感器相同,如图 11.52 所示。检修进气温度传感器时,接通点火开关,先测量发动机 ECU 连接器端子 THA 与 E_2 间的电压,其电压值应符合表 11.16 所示的规定值。

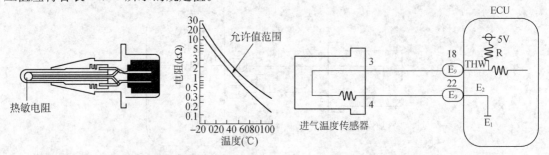

图 11.51　进气温度传感器的结构与特性　　　　图 11.52　进气温度传感器的电路

若电压值与表中规定的正常值不符,则应检测进气温度传感器。拆下空气流量计的连接器,如图 11.53所示,用万用表欧姆挡测量空气流量计连接器端子 3 与 4 之间的电阻,其电阻值应在图11.51所示的允许值范围内。若电阻变化值超出允许值范围,则表明传感器已失效,应予更换。

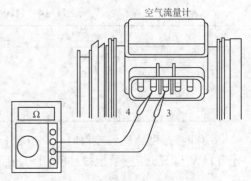

图 11.53　进气温度传感器的检测

表 11.16 THA 端子和 E_2 间的正常电压值

进气温度(℃)	电压(V)	进气温度(℃)	电压(V)
20	0.5～3.4	60	0.2～1.0

11.3 汽车压力传感器

11.3.1 汽车压力传感器的功能和类型

压力传感器是工业自动化系统中应用最广泛的传感器之一,常用来检测气体压力和液体压力,并将压力信号转换为电压信号。压力传感器的基本原理是基于测定压力差。检测过程中的基准压力通常是指大气压。

压力传感器的种类很多,有膜片式(可变电感式)、应变片、差动变压器式、半导体式等多种形式。

汽车上用的膜片式压力传感器大多安装在化油器节气门的下方,壳内有一膜片,在膜片上装有一个铁心,当进气管内的压力变化时,膜片带动铁心运动,使电感线圈产生电压,这样,就将进气管内的真空度变化转换成电信号输出。

应变片式压力传感器是把应变片粘在受压变形部位,应变片的电阻值随其变形大小而发生变化。这时如将其接入检测电路中,则可测出相应的电压变化。根据此电压变化可换算出所受压力是正压还是负压以及所受压力的大小。

差动变压器式压力传感器是把真空膜片盒安装在所要检测的部位,它将随着绝对压力的变化而产生线性位移,带动一个线性可调的差动变压器,从而得到与绝对压力值呈正比的电信号输出。

半导体式压力传感器利用半导体的压阻效应制成,由硅片、底座、硅杯及盖子组成。工作时,硅片上的膜片受压产生应力,随着膜片应力的变化,硅片上的电阻值也发生变化,从而将压力信号变成电信号输出。半导体式压力传感器的体积小、精度高、成本低,而且响应性、再用性、稳定性非常好,因此,在汽车上广泛用于压力检测。

目前,汽车上应用的压力传感器较多,用来检测进气支管压力、气缸压力、发动机油压、变速器油压、车外大气压力及轮胎压力等。汽车用压力传感器的主要作用见表 11.17。

表 11.17 汽车用压力传感器的作用

支管压力测定	点火提前角控制	轮胎气压	轮胎气压监测器
	空燃比控制	变速器油压	变速器控制
	EGR 控制		
气缸压力测定	爆燃控制	制动阀油压	制动控制
大气压测定	空燃比修正	悬架油压	悬架控制

11.3.2 真空开关的结构与检修

真空开关主要用于化油器型发动机,其作用是通过测量压力差来检测空气滤清器是否有堵塞,进而判断空气滤清器的工作状况。真空开关的构造如图 13.54 所示,主要由膜片、磁铁、笛簧开关、弹簧,以及 A、B 两腔室组成。

真空开关的工作原理是:A、B 两腔室的接口分别与待检测的部位连接,工作时,A、B 腔室之间会产生压力差(假设 A 腔压力大于 B 腔压力),则膜片向负压一侧(B 腔侧)运动,与膜片成为一体的磁铁便随之运动,使笛簧开关导通。图 11.55 所示为真空开关的特性图。

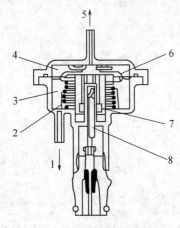

图 11.54　真空开关的构造

1—B 接头;2—弹簧;3—B 腔;4—A 腔;5—A 接头
6—膜片;7—磁铁;8—笛簧开关

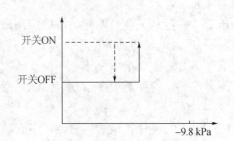

图 11.55　真空开关的特性

采用真空开关的空气滤清器堵塞检测系统如图 11.56 所示。真空开关的 A 腔接口通过管道与大气相连,B 腔接口通过滤清器与发动机相连。工作过程中,当空气滤清器发生堵塞时,即 B 接口处为负压,则膜片带动磁铁一起下移,笛簧开关导通,滤清器堵塞报警指示灯亮,告知驾驶员空气滤清器出现堵塞,应及时维护。

11.3.3　油压开关的结构与检修

油压开关的结构原理

油压开关用于检测发动机油压,由膜片、触点和弹簧组成,其结构如图 11.57 所示。工作过程中,当油压开关的膜片没有压力作用时,触点在弹簧力的作用下闭合;当有压力作用于膜片时,弹簧被压缩,触点张开。油压开关的特性如图 11.58 所示。

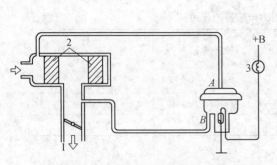

图 11.56　空气滤清器的堵塞检测系统

1—至发动机;2—空气滤清器;3—指示灯

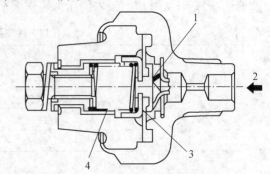

图 11.57　油压开关的结构

1—触点;2—压力;3—膜片;4—弹簧

图 11.59 为油压指示器的工作原理图。当发动机没有油压时,膜片不受压力作用,油压开

关的触点闭合,油压指示灯亮;当发动机在正常油压工作时,膜片受到压力作用,压缩弹簧,使触点张开,油压指示灯熄灭。

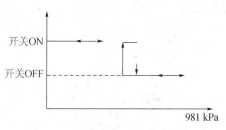

图 11.58 油压开关的特性

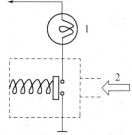

图 11.59 油压指示器的工作原理
1—油压指示灯;2—压力

检修油压开关时,打开点火开关,此时油压报警指示灯应亮,如果不亮,可检查熔断器、灯丝及连接线路的接触情况;启动发动机后,当油压正常时,油压指示灯应熄灭,否则,应更换油压开关传感器。

正常情况下,油压开关触点动作压力值应在 30～50 kPa。

11.3.4 油压传感器的结构与检修

油压传感器的作用是控制制动系统中油压助力装置的油压,检测储压器的压力,向外输出油泵接通与断开及油压的异常警报信号。油压传感器主要由基片、半导体应变片、传感元件及壳体构成,如图 11.60 所示。工作时,利用应变片的电阻随形状变化而变化的特性,通过内设的金属膜片检测出压力的变化,并转换成电信号输出。

11.3.5 绝对压力型高压传感器的结构与检修

绝对压力型高压传感器用于检测悬架系统的油压,内部装有放大电路、温度补偿电路及与压力媒体接触的不锈钢膜片,是耐高压结构的压力传感器,如图 11.61 所示为硅膜片式绝对压力型高压传感器的结构图,它是在硅膜片上形成扩散电阻而制成的传感元件。

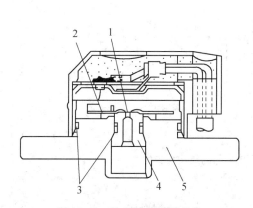

图 11.60 油压传感器的结构
1—半导体应变片;2—基片;3—密封圈
4—传感元件;5—壳体

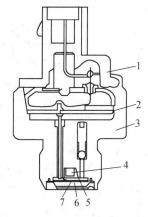

图 11.61 硅膜片绝对压力型高压传感器
1—穿心电容器;2—混合集成块;3—壳体;4—底座
5—硅油;6—不锈钢膜片;7—半导体传感器

采用绝对压力型高压传感器的丰田轿车活动悬架系统如图 11.62 所示。该悬架系统不仅能够通过弹簧和阻尼器对外力产生抵抗力，而且还可以自动调整，并随时监测车辆状态，同时按照计算机预先储存的程序，利用自身能量，对四轮进行独立控制。

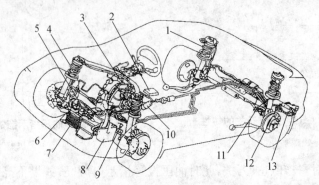

图 11.62　丰田轿车活动悬架系统

1—后液压气动缸；2.—微机/加速度传感器；3—前制动阀/压力传感器；
4—前液压气动缸；5—消声用储压器；6—串联式油泵；7—油冷却器
8—邮箱/油温传感器/油位传感器；9—前车高传感器；10—前储压器
11—后车高储压器；12—后储压器；13—后控制阀/压力传感器

11.3.6　相对压力型高压传感器的结构与检修

相对压力型高压传感器的作用是检测汽车空调系统的冷媒能力，内部装有放大电路和温度补偿电路，其结构如图 11.63(a)所示。

相对压力型高压传感器安装在空调系统的高压管道上，将检测到的冷媒压力信号传送给空调电路。相对压力型高压传感器的特性如图 11.63(b)所示(图中 FS 为所检测压力的上限值，大多在 0.98~2.94 MPa)。

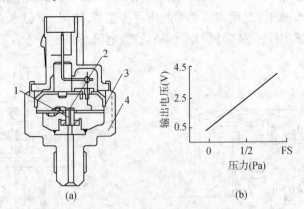

(a)　　　　　　　　　　(b)

图 11.63　相对压力型高温传感器的结构与特性

1—基板；2—半导体传感器；3—混合集成电路块；4—壳体

11.3.7　进气支管压力传感器的结构与检修

进气支管压力传感器应用于电子控制燃油喷射系统，来检测进气支管内的压力变化，并将其转换成电信号,与转速信号一起送到电控单元(ECU),作为确定喷油器基本喷油量的重要参数之一。

进气支管压力传感器的种类很多,目前常用的有半导体压敏电阻式、真空膜盒式、电容式和表面弹性式等。

1)半导体压敏电阻式进气压力传感器

(1)结构原理

半导体压敏电阻式进气压力传感器用来检测电控燃油喷射系统的进气支管压力,根据发动机的负荷状态,测出进气支管内的压力变化,并将其转换成高压信号传送给计算机控制系统,作为决定喷油器基本喷油量的依据。

半导体压敏电阻式压力传感器是利用半导体的压阻效应原理制成的,其结构如图 11.64 所示,主要由半导体压力转换元件和将转换元件输出信号进行放大的混合集成电路组成的。

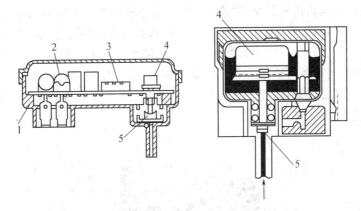

图 11.64 半导体压敏电阻式进气压力传感器的结构
1—塑料外壳;2—滤波器;3—混合集成电路 4—压力转换元件;5—滤清器

压力转换元件是利用半导体的压阻效应制成的硅膜片,它的周围有 4 个应变电阻,以惠斯顿电桥方式连接,如图 11.65 所示。由于硅膜片一面是真空室,另一面导入进气支管压力,压力越高,硅膜片的变形就越大,其应变与压力成正比,而硅膜片上的应变电阻的阻值也与应变成正比变化,这样,利用惠斯顿电桥将硅膜片的变形转换成电信号。混合集成电路是将输出的微弱电信号进行放大处理。

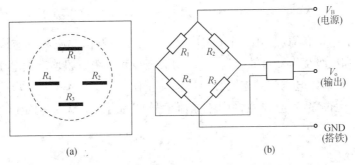

图 11.65 半导体压力传感器的工作原理

（2）检修方法。

半导体压敏电阻式进气压力传感器体积小，精度高，响应性、可靠性、再现性和抗振性较好，一般不易损坏，应用广泛。检修半导体压敏电阻式进气压力传感器时，拔下传感器的连接器插头，接通点火开关（但不启动发动机），用万用表电压挡检测连接器插头电源端与接地之间的电压，应在 4～6 V；否则，应检修连接线路；若传感器损坏，应予更换。

检测进气压力传感器的输出电压。拔下进气压力传感器与进气支管连接的真空软管，打开点火开关（但不启动发动机），用电压表在 ECU 线束插头处测量进气支管压力传感器的输出电压。接着向进气支气管压力传感器内施加真空，并测量在不同真空度下的输出电压，该电压值应随真空度的增大而降低，其变化情况应符合规定，否则应更换。

2）真空膜盒式进气压力传感器

（1）结构原理

真空膜盒式进气压力传感器又称"真空膜盒＋差动变压器"式传感器，主要由真空膜盒、差动变压器等组成，其结构如图 11.66 所示。真空膜盒的膜片将膜盒分成左右 2 个室，膜片左室通大气，右室通进气支管（负压）。当发动机工作时，随膜片左右两侧气压差的变化，膜片将会带动铁心左右移动，而在铁心周围设置有差动变压器，由于铁心移动，差动变压器的输出端将有电压产生，将该电压信号传送给发动机 ECU，ECU 将按照电压高低确定喷油器的燃油喷射时间，从而确定基本喷油量。

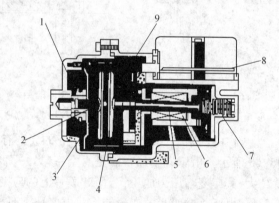

图 11.66　真空膜盒式压力传感器的结构
1—大气压侧；2—真空膜盒支座；3—膜片；4—真空膜盒
5—铁心；6—差动变压器；7—弹簧；8—电路板；9—真空侧（支管负压）

差动变压器的结构和原理如图 11.67 所示。差动变压器由铁心和感应线圈组成，感应线圈内有初级绕组和次级绕组。当铁心运动时，初级绕组和次级绕组均产生电压，将两者电压差 e_s 作为电信号取出，则该电压信号与铁心的位移成正比。所以，当进气支管压力变化时，真空膜盒变形，铁心产生位移，感应线圈将产生电压信号，以此作为 ECU 确定基本喷油量的控制信号。

（2）检修方法

检修真空膜盒式进气压力传感器时，应先检测传感器的电源电压。拔下传感器的连接器插头，接通点火开关，用万用表电压挡检测连接器插头电源端的电压，应为 12 V；否则，应检修连接线路。

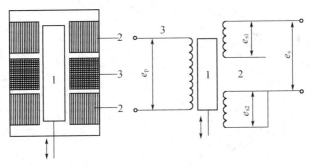

图 11.67 差动变压器的构造和原理
1—铁心；2—次级绕组；3—初级绕组

检测传感器的输出信号时，应将连接器插头插好，接通点火开关，用万用表电压挡检测连接器插头信号输出端子与搭铁端子之间的电压，在真空侧处于大气压下时，电压值应约为1.5 V，如真空度增加，电压值下降。否则，说明传感器损坏，应予更换。

3）电容式进气压力传感器

电容式进气压力传感器的结构如图 11.68 所示，它是将氧化铝膜片和底板彼此靠近排列，形成电容，利用电容随膜片上下的压力差而改变的性能，获取与压力成线性变化的电容值信号。将电容（压力转换元件）连接到传感器混合集成电路的振荡电路中，传感器能够产生可变频率的信号，该信号的输出频率（约为 $80\sim120$ Hz）与进气支管的绝对压力成正比。ECU 可以根据输入信号的频率来感知进气支管的绝对压力。

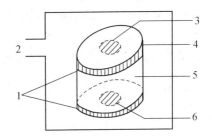

图 11.68 电容式进气压力传感器结构
1—氧化铝膜片；2—来自进气支管；3、6—电极引线；4—厚膜电极；5—绝缘介质

4）表面弹性波（SAW）式进气压力传感器

表面弹性波式压力传感器的结构如图 11.69(a)所示，它是在一块压电基片上用超声波加工出一薄膜敏感区，并在其上面刻有换能器（压敏 SAW 延迟线）。为了提高测量精度，用来补偿温度对基片的影响，在薄膜敏感区的边缘设置了另一性能相同的换能器（温基 SAW 延迟线）。换能器是在抛光的压电基片上设置 2 个金属叉指，其结构如图 11.69(b)所示。如在输入换能叉指 VT_1 上加电信号，便由逆压电效应在基板表面激励起 SAW，传播到换能叉指 VT_2，转换成电信号，经放大后反馈到 VT_1，以便保持振荡状态。SAW 在 2 个换能叉指之间的传播时间就是获得的延迟时间，其大小取决于 2 个换能叉指之间的距离。因为导入的进气支管压力作用于压电基片上，压力变化将在薄膜敏感区产生应变，这种应变能够使 2 个换能叉指的间距发生变化，所以，SAW 传播的延迟时间也随之变化。这样，换能叉指的振荡频率便随延迟时间的变化而变化，即可向外输出压力信号。

11.3.8 涡轮增压传感器的结构与检修

涡轮增压传感器是用硅膜片上形成的扩散电阻作为传感元件，用于检测涡轮增压机的增压压力，以便修正喷射脉冲和增压压力的控制。

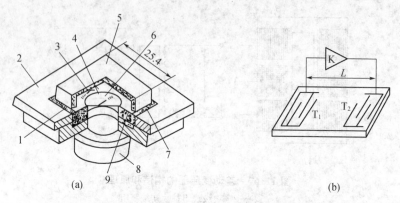

图 11.69　表面弹性波式进气压力传感器

1—气密封；2—印制电路板；3—温基 SAW 延迟线；4—换能器；
5—石英帽；6—压力敏感膜；7—封物；8—压力器件；9—石英基体

日产 VQ30DET 发动机上涡轮增压系统中采用了涡轮增压传感器，其控制系统如图 11.70所示。在怠速、水温超过 115 ℃或水温传感器系统异常时，增压控制电磁阀断开（不通电），旋启阀控制器的膜片承受实际增压压力，增加排气的旁通量，增压压力下降；相反，当增压控制电磁阀闭合时，减少排气的旁通量，使增压压力升高。此外，如果增压压力异常升高，增压传感器的输出电压超过一定数值时，系统燃油将被切断。

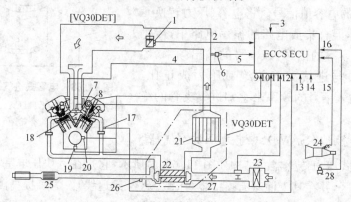

图 11.70　日产 VQ30DET 发动机燃油喷射控制系统

1—节气门传感器；2—节气门开度信号；3—点火开关启动信号；4—空燃比信号；5—增压信号；
6—增压传感器；7—喷油器；8—相位传感器；9—曲轴位置传感器；10—水温信号；11—进气量信号；
12—氧输出信号；13—点火信号；14—电源电压；15—空挡开关信号；16—车速信号；17、26—氧传感器；
18—水温传感器；19—基准位置传感器；20—位置传感器；21—内冷却器；22—涡轮增压机；23—空气滤清器
24—空挡开关；25—三元催化剂；27—空气流量计；28—车速传感器

11.3.9　制动总泵压力传感器的结构与检修

制动总泵压力传感器用于检测主油缸的输出压力，安装在主油缸下部，如图 11.71 所示。制动总泵压力传感器利用压电效应，将膜片与应变片制成一体，成为半导体压力传感器，其结构如图 11.72 所示。当有制动压力时，膜片变形，应变片的电阻值将发生变化，通过桥式电路后，输出与压力成正比的电信号。

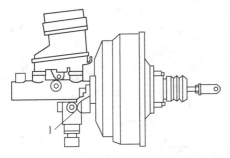

图 11.71　制动总泵压力传感器的安装
1—制动总泵压力传感器

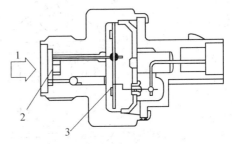

图 11.72　制动总泵压力传感器的结构
1—压力；2—压力检测部分；3—电路基板

11.3.10　压力传感器检修实例

1）红旗轿车燃油压力传感器的检修

红旗轿车燃油压力传感器安装在燃油导轨上,内装有膜片和弹簧,如图 11.73 所示。工作时,燃油泵的泵油压力作用于膜片一侧,弹簧压力和发动机进气管的真空作用于膜片的另一侧,当供油压力高于进气管压力 300 kPa 时,膜片就被压向弹簧一侧,打开回油口,使高压油经回油管流回油箱中;当压力低时,回油口处于关闭状态。

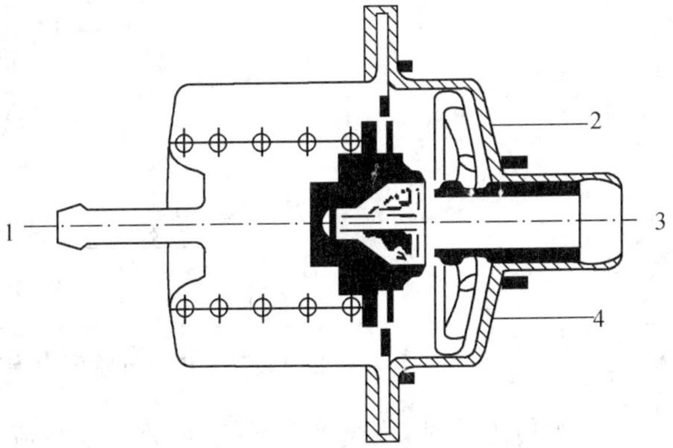

发动机工作过程中,传感器膜片处于被动状态,以维持燃油导轨中的燃油压力与进气管真空度始终保持对应关系。

图 11.73　红旗轿车燃油压力传感器
1—接发动机进气管；2、4—进油孔；3—回油孔

燃油压力传感器的检修,应采用随车的专用压力测量工具进行燃油压力检测。检测时,安装好测量仪器后,启动发动机,在怠速运行状态下,系统压力约为 250 kPa。当拔下燃油压力传感器的真空管时,系统压力约为 300 kPa。断开点火开关,10 min 内系统压力应不低于 200 kPa。如果系统的保持压力低于 200 kPa,则应进行系统泄露检查。如果在断开点火开关的同时,封堵回油管,若系统压力不下降,应予更换燃油压力传感器。

2）桑塔纳 2000 型轿车压力传感器的检修

桑塔纳 2000 型轿车的进气支管压力传感器安装在进气系统的动力腔上,与进气温度传感器做成一体,传感器的外形如图 11.74 所示。进气支管压力传感器与温度传感器配合工作,能精确地反映气缸的进气量。在传感器接线插头上有 4 个引线端子,它们直接与 ECU 连接,其电路如图 11.75 所示。

在发动机工作过程中,如果发动机 ECU 监测到进气支管压力传感器故障时,应先检查传感器端子与 ECU 连接线束的电阻,各端子之间的导线电阻均应小于 0.5 Ω;否则,应予更换。

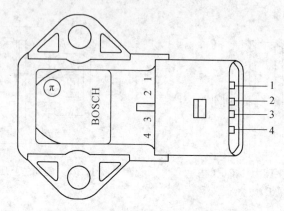

图 11.74　进气支管压力传感器的外形
1—搭铁;2—进气温度信号输出;3—电源(5 V);4—进气支管压力信号输出

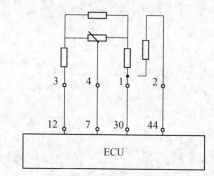

图 11.75　进气支管压力传感器与 ECU 连接电路

　　检查传感器时,接通点火开关,用万用表直流电压挡测量传感器电源端子 3 与搭铁端子 1 之间的电源电压应为 5 V;传感器输出端子 4 与搭铁端子 1 之间的信号电压应为 3.8～4.2 V,当发动机怠速运转时,信号电压应为 0.8～1.3 V,如果加大油门,则信号电压应随之升高。若信号电压值偏差过大,表明传感器已损坏,应予更换。

11.4　汽车其他传感器

　　汽车中各类传感器种类很多,上面对温度和压力传感器进行了比较详细的介绍,下面介绍汽车中的其他传感器。

11.4.1　空气流量传感器

　　现代汽车电子控制燃油喷射系统中,空气流量传感器用于测量发动机吸入的空气量,它是决定 ECU 控制精度的重要部件之一。

　　空气流量传感器又称为空气流量计(AFM),它获得的进气量信号是 ECU 计算喷油时间和点火时间的主要依据。在多点燃油喷射系统(MPI)中,检测进气量的方法,在 D 型和 L 型 2 种燃油喷射系统中各不相同。

　　D 型燃油喷射控制系统中,发动机进气量的测量是通过间接测量法,即利用压力传感器检测进气支管内的空气压力(真空度)来测量吸入发动机气缸内的进气量。因为空气在发动机进气支管内流动时会产生压力波动,且发动机怠速节气门完全闭合时的进气量与汽车加速节气门全开时的进气量相差 40 倍以上,进气气流的最大流速可达 80 m/s,所以,D 型燃油喷射控制系统的测量精度不高,但成本较低。

L 型燃油喷射控制系统中,进气量的测量是通过直接测量法,即利用空气流量传感器,直接测量进气支管内被吸入发动机气缸内的空气量,因此,这种检测进气量方法的精确度较高,控制效果优于 D 型燃油喷射系统,但系统成本较高。

虽然空气流量传感器的技术参数随燃油喷射系统及发动机的不同而不同,但汽车对空气流量传感器的一般要求均相同,如下所示:

工作温度:−30~110 ℃;

工作电压:8~16 V;

精度:±3%;

压力损失:1 kPa;

动态范围:1:80 以上;

耐久性:20 万 km 无维修;

耐振性:20 g(20~200 Hz)。

目前,现代汽车燃油喷射控制系统所采用的空气流量传感器有体积流量型和质量流量型 2 种。常用的体积流量型传感器有叶片式、卡曼涡流式和测量芯片式等;常用的质量流量型传感器有热线式和热膜式等。

11.4.2 气体浓度传感器

目前汽车上用于电子控制燃油喷射装置进行反馈控制的传感器是氧传感器,它安装在发动机排气管上,其功能是通过检测排放气体中氧气的含量、空燃比的浓度,并将检测结果转换为电压或电阻信号,反馈给计算机,计算机根据氧传感器信号,不断修整喷油时间与喷油量,使混合气浓度保持在理想范围内,实现空燃比反馈控制(即闭环控制)。使用氧传感器对混合气的空燃比进行控制后,能够使发动机得到最佳浓度的混合气,从而降低有害气体的排放量,减少汽车排气污染。汽车目前已实际采用的氧传感器有氧化锆型(ZrO_2)和氧化钛(TiO_2)2 种氧传感器。

相对普通氧传感器而言,有一种传感器能连续检测混合气体从浓到稀的整个范围的空燃比,称为全范围空燃比传感器。在稀燃发动机领域的空燃比反馈控制系统中,采用了稀燃传感器,这种传感器能够在混合气极稀薄的领域中,连续测出稀薄燃烧区的空燃比,实现了稀薄领域的反馈控制。

在不装氧传感器的燃油喷射系统中,可使用可变电阻器为主元件的传感器来改变混合气的浓度,故称之为可变电阻器型传感器。

此外,还有与空气净化器配套使用的烟雾浓度传感器,通过检测烟雾浓度后,可使空气净化器自动运转或停止,从而达到净化驾驶室内空气的目的。

为了降低柴油发动机排出的黑烟导致周围空气的污染,在柴油机的电子控制系统中,采用一种能检测发动机排气中形成的炭烟或未燃烧炭粒的传感器,并将其信号反馈给计算机,实现自动调节空气与燃油的供给,达到接近完全燃烧以避免形成过多的炭烟。

11.4.3　转速传感器

转速传感器是发动机集中控制系统中非常重要的传感器,它的作用是检测任意轴的旋转速度。在汽车上,常用以测量发动机的转速、车轮的转速,从而依此推算出车速。对于采用钢丝软轴转速表读取的转速,只对司机显示某一转轴的旋转速度,为了知道各种装置速度的数据资料,还要将发动机转速表得到的信息,应用于车速表、制动防抱死装置(ABS)、发动机控制、燃油的计算等,所以要把转速信号转换成电信号,以便用计算机读取。

转速传感器可分为脉冲检波式、电磁式、光电式、外附型盘形信号板式等几种。脉冲检波式传感器用来检测发动机的曲轴角位置,并把发动机曲轴角位置以电信号的形式检出;电磁式传感器是从喷油泵获取电信号,从而检测出发动机的转速;光电式传感器是通过光敏二极管的导通或截止将角度信号转换为脉冲信号传送给 ECU;外附型盘形信号板式传感器配合曲轴角度传感器产生信号。

车速传感器是用以测量汽车行驶速度,以使发动机的控制、自动启动、ABS、牵引力控制系统(TRC)、活动悬架、导航系统等装置能正常工作。主要有簧片开关式、磁阻元件式、光电式等几种传感器。簧片开关式传感器目前已不多用;光电式传感器一般用于数字式速度表上;磁阻元件式车速传感器是通过磁阻的变化,用磁阻元件(MRE)检测出车速的一种传感器。

另外,检测角速度用的传感器有振动型、音叉型等几种。根据车辆不同,所采取的结构形式也不完全一样。下面介绍各种形式的转速传感器的使用与检修。

11.4.4　位置与角速度传感器

位置与角度传感器按输出形态可分为数字式、模拟式 2 种。数字式位置与角度传感器主要有光电式和磁性的旋转编码器。模拟式位置与角度传感器是把角度的变化由电位计转换成电阻的变化,其工作原理在第 3 章叶片式空气流量传感器中已有说明。

在汽车电子控制系统中,为了能满足汽车的使用要求,位置与角度传感器的类型很多,主要有节气门式、线性式位置传感器,防滴型、非接触型角度传感器,车高传感器(光电式),液位传感器,转向传感器,坐椅位置传感器,方位传感器等几种。

为了使喷油量满足不同工况的要求,在电子控制燃油喷射系统中,节气门上装有节气门位置传感器,它可将节气门的开度转换成电信号传送给 ECU,作为 ECU 判定发动机工况的依据。节气门位置传感器常用的有编码式、线性式、滑动式 3 种。

车高传感器和转向传感器在电控主动悬架系统中是 2 种十分重要的传感器,目前均采用光电式。车高传感器是把车身高度的变化转换成传感器轴的旋转,并检测出其旋转角度,将其转换成电信号输入到 ECU 中,可随时对车身高度进行调节;转向传感器是用来检测轴的旋转方向及选择速度,并提供给 ECU,由 ECU 来调节汽车悬架系统的侧倾刚度。

液位传感器可用于测定制动液液位、洗涤液液位、水箱冷却液液位、燃油液液位等,当液位减少到一定值时,产生类似于开关的接通、断开的转换。主要有浮筒簧片开关式、电极式、热敏电阻式、滑动电阻式 4 种。

另外,还有安装在机油泵上的线性位置传感器,它能连续检测直接变位量(步进电机控制栓的位置等),多触点滑动触片安装在轴上,并在电阻体上前后滑动以输出线性电压。

坐椅位置传感器用于微机控制的动力坐椅上,它是通过霍尔元件将旋转永久磁铁的变化位置引起的磁通密度变化检测出来,并转换成电压,作为脉冲信号的形式送入计算机。

方位传感器是车辆导航系统中非常重要的一种传感器,从电磁的角度看,它是利用地磁产生电信号而进行检测的传感器,以指示方向的偏差。

11.4.5　加速度与振动传感器

目前汽车为了提高乘车人员安全性和舒适性,广泛采用了安全气囊系统、ABS、底盘控制等装置。为了对这些装置进行有效的控制,加速度和振动传感器是必不可少的。

碰撞传感器在现代轿车上的 SRS 气囊中和在新型的防抱死制动系统(ASC、VSC)中,已成为确保其操纵稳定性和制动性能的重要元件。碰撞传感器的功能是检测、判定汽车的碰撞强度,以便及时启动安全气囊。

加速度传感器能检测汽车的加速度,并将其转换成电信号输入给 ECU。加速度传感器的内部装有增幅电路和温度补偿电路,从工作性质看,大都属于线性输出加速度传感器。加速度传感器按具体结构可分为钢球式、半导体式、水银式和光电式。

半导体加速度传感器采用高精度的温度补偿电路和低输入的偏置温度漂移运算放大器,具有良好的温度特性和经济性等特点;水银式加速度传感器由玻璃管和水银组成,在高级轿车和赛车上用得较多,该传感器可检测出汽车前、后两个方向的加、减速度;光电式加速度传感器是根据 2 只光电三极管导通和截止的输出信号,判断路面的状况,从而采取相应的措施;钢球式加速度传感器的主要特点是具有良好的耐热冲击性和抗干扰性;对注塑材料,由于采用了硬度较低的硅树脂,大大改善了温度漂移的杂散性。

为了避免因爆燃损坏发动机,人们通过在发动机上装上爆燃传感器来检测有无爆燃现象,并将信号传送给 ECU,ECU 根据爆燃传感器的反馈信号来调整点火提前角,从而使点火提前角保持最佳位置,改善发动机的工作性能。用于发动机机体振动检测的爆燃传感器可分为磁应变式和压电式 2 种类型,压电式又分为共振型和非共振型。

磁应变式传感器是利用磁应变效应的一种传感器,它将发动机振动的频率转换成电压信号,来检测爆燃强度。

压电式爆燃传感器是利用结晶或陶瓷多晶体的压电效应和硅压电阻效应制成的一种传感器。压电式爆燃传感器构造简单,价格便宜。

习题与思考题

11. 1　叙述汽车主要传感器的性能要求。

11. 2　叙述汽车温度传感器的检修方法。

11. 3　叙述汽车温度传感器的结构与检修方法。

12 检测电路

12.1 概述

　　传感器的输出有各种形式,如热电偶和 pH 电极的输出为直流电压,光电二极管的输出为直流电流,差分变压器或电磁流量计的输出为交流电压,热敏电阻、应变计和半导体气体传感器的输出为电阻的变化,电感式位移传感器将位移转换为电感的变化,晶体厚度传感器则把频率的变化转换成振动频率的变化等。而且,传感器输出的信号往往都很微弱并混杂了多种干扰和噪声。为了便于信号的显示、记录和分析处理,检测装置的输出信号须转换成足够大的电压、电流。信号变换就是通过对信号的转换、放大、解调、A/D 转换以及干扰抑制等各种变换得到所希望的输出信号的处理过程,是测量中使用的通用技术。信号变换电路的形式多种多样,本章仅分析和介绍基本的信号变换单元电路。

12.2 电压和电流放大电路

　　传感器的输出电压或电流一般来说都比较小(电压为毫伏级或微伏级,电流为微安级或毫安级),通常采用集成运算放大器构成的放大电路将其放大或变换到伏级电压输出。

12.2.1 信号源及其等效电路

　　传感器的因变量为电源性参数时,其等效电路可归结为图 12.1 所示的 3 种形式。

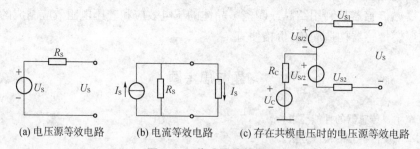

(a) 电压源等效电路　　(b) 电流等效电路　　(c) 存在共模电压时的电压源等效电路

图 12.1　传感器等效电路

　　图 12.1(a)所示为电压源等效电路,信号源 U_S 与传感器的等效电阻 R_S 串联,热电偶的等效电路即属于此种类型;图 12.1(b)所示为电流源等效电路,电流源 I_S 与传感器的等效电阻 R_S 并联,光电二极管的等效电路即属于此种类型;在电压源的情况下,往往使用图 12.1(c)所示的参考电路,这种电路有 2 个电压源 U_S 和 U_C,U_C 同时加在 2 个输出端,称为共模电压,U_S (或用 U_D 表示)称为差模或常模电压。U_C 通常是无用信号,必须进行抑制,U_S 则是需要进行放大的有用信号。在一些测量场合,共模信号往往比差模信号大许多倍,因此,要求放大电路

有极大的差模放大倍数 A_D 和极小的共模放大倍数 A_C,或者说有极大的共模抑制比($R_{CMRR}=$ $20lg(A_D/A_C)$)。在心电波形的测量中,2 个测量电极上的电压即是这种情况,220 V 供电及其输电线路与人体之间的分布电容会在 2 个测量电极上感应出十几伏甚至几十伏的共模电压,而 2 个电极之间的心电信号(差模信号)最大只有几毫伏。高温炉使用的热电偶由于存在来自电源的漏电,在分析时也应采用图 12.1(c)所示的等效电路。采用差分原理的电感、电容和电阻式传感器其输出等效电路也是如此。

12.2.2 集成运算放大器

集成运算放大器(简称运放)是内部具有差分放大电路的集成电路,国家标准规定的符号如图 12.2(a)所示,习惯的表示符号如图 12.2(b)所示。运放有 2 个信号输入端和 1 个输出端。2 个输入端中,标"+"的为同相输入端,标"-"的为反相输入端。所谓同相或反相,是表示输出信号与输入信号的相位相同或相反。$U_{iD}=U_{i1}-U_{i2}$ 称为差模或差分输入信号,$U_{iC}=$ $(U_{i1}+U_{i2})/2$ 称为共模输入信号,输出信号为 U_o,其参考点为信号地。

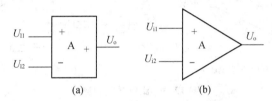

图 12.2 集成运算放大器表示符号

理想的运放具有以下特性:
(1) 对差模信号的开环放大倍数为无穷大;
(2) 共模抑制比无穷大;
(3) 输入阻抗无穷大。

如果运放工作在线性放大状态,那么它具有以下 2 个特点:
(1) 2 个输入端的电压非常接近,即 $U_{i1}≈U_{i2}$ 但不是短路,故称为虚短。在工程中分析电路时,可以认为 $U_{i1}=U_{i2}$。
(2) 流入 2 个输入端的电流通常可视为 0,即 $i_-≈0$、$i_+≈0$,但不是断开,故称为虚断。在工程中分析电路时,可以认为 $i_-=i_+=0$。

12.2.3 比例放大电路

运放最基本的用法如图 12.3 所示。图 12.3(a)中,输入电压加在"+"端,输出电压 U_o 经电阻 R_1 和 R_2 分压后得到反馈电压 U_F 加到"-"端,构成负反馈,R_1 称为反馈电阻。应用运放"虚短"和"虚断"的概念,可得这种电压负反馈放大电路的放大倍数(又称传输增益)为:

$$A_U = 1 + \frac{R_1}{R_2} \tag{12.1}$$

信号也可以从反相端输入,如图 12.3(b)所示。设 $R_S=0$,这时的放大倍数为:

$$A_U = -\frac{R_F}{R_1} \tag{12.2}$$

电流信号通过图 12.3(c)所示的负反馈放大电路而转换成电压。输出电压 U_o 通过电阻 R_F 反馈到"−"端,根据"虚短"概念,信号源被短路,R_1 上没有电流通过,从信号源流出的电流 i_1 与 I_s 相等,这个电流通过 R_F 得到输出电压为:

$$U_o = -R_F I_s \tag{12.3}$$

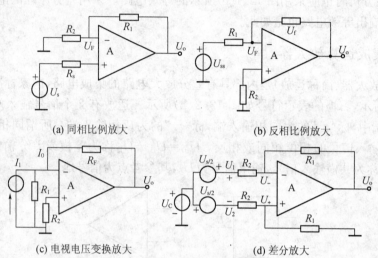

(a) 同相比例放大　　　　　　　　　　(b) 反相比例放大

(c) 电视电压变换放大　　　　　　(d) 差分放大

图 12.3　比例放大电路

存在共模电压时,运放接成差分放大器的形式,电路只对差分信号进行放大,如图 12.3 (d)所示。电阻 R_1 和 R_2 组成反馈通道,根据"虚短"和"虚断"的循念,求得输出电压为:

$$U_o = \frac{R_1}{R_2}(U_1 - U_2) = \frac{R_1}{R_2}U_S \tag{12.4}$$

可见,共模电压 U_C 被抑制掉了,只有差模信号 U_S 得到放大。

12.2.4　仪用放大器

在信号很微弱而共模干扰很大的场合,放大电路的共模抑制比是一个很重要的指标。例如在做常规心电图时,对人体的心电信号(差模信号)需要分辨到 0.1 mV,如果附近供电电网通过分布电容耦合到人体上的共模干扰高达 10 V,则一个共模抑制比为 80 dB 的放大器就满足不了要求,因为 10 V 共模干扰作用于该放大器时,其等效差模误差为 1 mV。若能将该放大器的共模抑制比提高到 120 dB,对于相同的共模干扰,其等效差模误差仅为 0.01 mV,这样就能用来放大 0.1 mV 级的信号了。

为了抑制干扰,运放常采用差动输入方式。对测量电路的基本要求是:

(1) 高输入阻抗,以减轻信号源的负载效应和抑制传输网络电阻不对称引入的误差;

(2) 高共模抑制比,以抑制各种共模干扰引入的误差;

(3) 高增益及宽的增益调节范围;

(4) 非线性误差小;

(5) 零点的时间及温度稳定性高,零位可调,或者能自动校零;

(6) 具有优良的动态特性,即放大器的输出信号尽可能快地跟随被测量的变化。

以上要求通常采用多运放组合的测量放大器来满足。典型的组合方式有：二运放同相串联式测量放大器（见图 12.4）；三运放同相并联式测量放大器（见图 12.5）及四运放高共模抑制测量放大器（见图 12.6）。

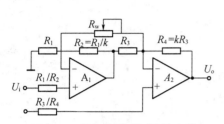

图 12.4　同相串联式测量放大器

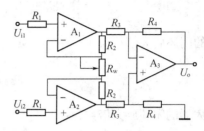

图 12.5　同相并联式测量放大器

12.2.5　三运放测量放大器

本节主要研究三运放同相并联式测量放大器。

1）测量放大器的增益

三运放测量放大器由 2 级组成，2 个对称的同相放大器构成第一级，第二级为差动放大器——减法器，如图 12.7 所示。

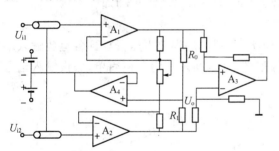

图 12.6　高共模抑制测量放大器

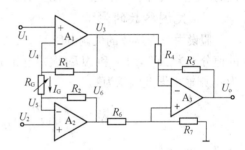

图 12.7　测量放大器

设加在运放 A_1 同相端的输入电压为 U_1，加在运放 A_2 同相端的输入电压为 U_2，若 A_1，A_2 都是理想运放，则 $U_1=U_4$，$U_2=U_5$，有：

$$I_G=\frac{U_4-U_5}{R_G}=\frac{U_1-U_2}{R_G}$$

$$U_3=U_4+I_GR_1=U_1+\frac{U_1-U_2}{R_G}R_1$$

$$U_6=U_5+I_GR_2=U_2+\frac{U_1-U_2}{R_G}R_2$$

因此，测量放大器第一级的闭环放大倍数为：

$$U_{F1}=\frac{U_3-U_6}{U_1-U_2}=1+\frac{R_1+R_2}{R_G} \tag{12.5}$$

整个放大器的输出电压为：

$$U_o=U_6\left[\frac{R_7}{R_6+R_7}\left(1+\frac{R_5}{R_4}\right)\right]-U_3\frac{R_5}{R_4} \tag{12.6}$$

为了提高电路的抗共模干扰能力和抑制漂移的影响,应根据上下对称的原则选择电阻,若取 $R_1 = R_2, R_4 = R_6, R_5 = R_7$,则输出电压为:

$$U_o = \frac{R_5}{R_4}(U_6 - U_3) = -\left(1 + \frac{2R_1}{R_G}\right)\frac{R_5}{R_4}(U_1 - U_2) \tag{12.7}$$

第二级的闭环放大倍数为:

$$A_{F2} = \frac{U_0}{U_6 - U_3} = \frac{R_5}{R_4} \tag{12.8}$$

整个放大器的闭环放大倍数为:

$$A_F = \frac{U_o}{U_1 - U_2} = -\left(1 + \frac{2R_1}{R_G}\right)\frac{R_5}{R_4} \tag{12.9}$$

若取 $R_4 = R_5 = R_6 = R_7$,则 $U_o = U_6 - U_3$,$A_{F2} = 1$,

$$A_F = -\left(1 + \frac{2R_1}{R_G}\right) \tag{12.10}$$

由式(12.9)或(12.10)可看出,改变电阻 R_G 的大小,可方便地调节放大器的增益,在集成化的测量放大器中,R_G 是外接电阻,用户可根据整机的增益要求选择 R_G 的值。

2) 失调参数的影响

假设由三个运放的失调电压 V_{OS} 及失调电流 I_{OS} 所引起的误差电压折算到各运放输入端的值分别为 ΔU_1,ΔU_2 和 ΔU_3,误差电压的极性如图 12.8 所示。为分析简单,假设输入信号为 0,则输出误差电压为:

$$\Delta U_o = \left(1 + \frac{2R_1}{R_G}\right)\frac{R_5}{R_4}(\Delta U_1 - \Delta U_2) + \Delta U_3\left(1 + \frac{R_5}{R_4}\right)$$

若 $R_4 = R_5$,则

$$\Delta U_o = \left(1 + \frac{2R_1}{R_G}\right)(\Delta U_1 - \Delta U_2) + 2\Delta U_3 \tag{12.11}$$

由式(12.11)可知,图示极性的 ΔU_1 和 ΔU_2 所引起的输入误差是相互抵消的。若运放 A_1 和 A_2 的参数匹配,则失调误差大为减小。ΔU_3 折算到放大器输入端的值为 $2\Delta U_3/A_{F1}$,所以等效失调参数很小,也就是说对运放 A_3 的失调参数要求可降低些。

3) 测量放大器的抗共模干扰能力

由式(12.7)可知,在共模电压作用下,输出电压 $U_o = 0$,这是因共模电压作用在 R_G 的两端不会产生电

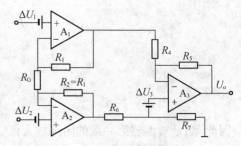

图 12.8　测量放大器的误差分析

位差,从而使 R_G 上不存在共模分量对应的电流,也就不会引起输出。即使共模输入电压发生变化,也不会引起输出。因此,测量放大器具有很高的共模抑制能力。通常选取 $R_1 = R_2$,其目的是为了抵消运放 A_1 和 A_2 本身共模抑制比不相等造成的误差和克服失调参数及其漂移的影响。

　　然而,对交流共模电压,一般接法的测量放大器不能完全抑制共模干扰,因为信号的传输线之间和运放的输入端均存在寄生电容,如图 12.9 所示。分布电容$(C_1+C_1{'}),(C_2+C_2{'})$ 和传输线的电阻 R_{11},R_{12} 分别构成 2 个等效 RC 分压器,对直流共模电压,这 2 个分压器不起作用,但对交流共模电压,由于$(C_1+C_1{'}),R_{11}$ 和 $C_2+C_2{'},R_{12}$ 不可能完全一样,所以在测量放大器的 2 个输入端不可能得到完全一样的共模电压,从而在测量放大器的输出端就存在共模误差电压,而且该电压随着共模电压频率的增高而增加。

　　为了克服交流共模电压的影响,在电路中采用"驱动屏蔽"技术。该技术的实质是使传输线的屏蔽层不接地。而改为跟踪共模电压相对应的电位。这样,屏蔽层与传输线之间就不存在瞬时电位差,上述的不对称分压作用也就不再存在了。三运放测量放大器中,保护电位可取自运放 A_1 和 A_2 输出端的中点,其电位正好是交流共模电压 V_C 值,如图 12.10 所示。所取得的电位经运放 A_4 组成的缓冲放大器放大后驱动电缆的屏蔽层,这样较好地解决了抑制交流共模电压的干扰问题。

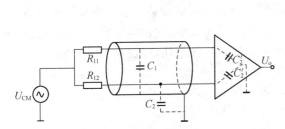

图 12.9　测量放大器分布参数的影响

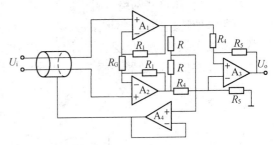

图 12.10　测量放大器的驱动屏蔽技术

　　测量放大器共模抑制能力还受到运放本身的共模抑制比的影响。设运放 A_1 和 A_2 的共模抑制比 R_{CMRR_1}、R_{CMRR_2} 为有限值且不相等,则不难推出放大器第一级的共模抑制比为:

$$R_{CMRR_1} = \frac{R_{CMRR_1} R_{CMRR_2}}{|R_{CMRR_1} - R_{CMRR_2}|} \tag{12.12}$$

　　当 $R_{CMRR_1} = R_{CMRR_2}$ 时,第一级共棋抑制比趋于无穷大,所以提高第一级共模抑制比的关键是使 R_{CMRR_1} 尽量接近 R_{CMRR_2}。

　　第二级的电阻不匹配,会引起共模误差。设电阻的匹配公差分别为 $R_4 = R_{40}(1\pm\delta)$,$R_5 = R_{50}(1\pm\delta)$,在失配最严重的情况下,可推导出由于电阻的失配所引起的共模抑制比为:

$$R_{CMRR}{'} \approx \frac{1+A_{F2}}{4\delta}$$

第二级共模抑制比经推导为:

$$R_{CMRR_2} = \frac{A R_{CMRR}{'} R_{CMRR_3}}{R_{CMRR}{'} + R_{CMRR_3}} \tag{12.13}$$

式中:R_{CMRR_3}——运放 A_3 本身的共模抑制比。

　　整个放大器的共模抑制比为:

$$R_{CMRR} = \frac{A_{F1} R_{CMRR_2} R_{CMRR_1}}{A_{F1} R_{CMRR_2} + R_{CMRR_1}} \tag{12.14}$$

当 $R_{CMRR_1} \gg A_{F1} R_{CMRR_2}$ 时,式(12.14)可简化为:

$$R_{CMRR} = A_{F1} R_{CMRR_2} \tag{12.15}$$

为了提高测量放大器的共模抑制能力,通常将第一级的增益设计得大些,而第二级的增益设计得小些,把提高第二级的共模抑制比放在首位,以提高整个放大器的共模抑制比。

4) 测量放大器集成电路

美国 Analog Devices 公司生产的 AD612 和 AD614 型测量放大器就是根据上述原理设计的典型三运放结构单片集成电路,其他型号的测量放大器,虽然电路有所区别,但基本性能一致,如 AD521 和 AD522 等。现以 AD612 和 AD614 为例简单介绍测量放大器集成电路。

AD612 和 AD614 是高精度、高速度测量放大器,能在恶劣环境下工作,具有很好的交直流特性。内部电路结构如图 12.11 所示。电路中所有电阻采用激光自动修调工艺制作的高精度薄膜电阻,用这些网络电阻构成的放大器增益精度高,最大增益误差不超过 $\pm 10^{-5}/℃$。用户可很方便地连接这些网络的引脚,获得 $1 \sim 1025$ 倍二进制关系的增益。这种测量放大器在数据采集系统中应用广泛。同时,它具有如图 12.10 所示的驱动屏蔽技术,引脚 15 就是保护端,由 15 端接一跟随器去驱动输入电缆,从而得到屏蔽输入共模电压,以提高共模抑制比,降低输入噪声。

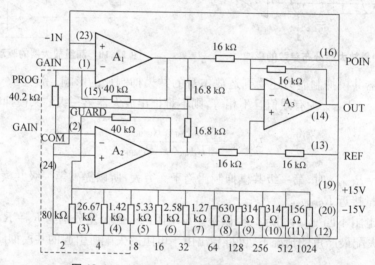

图 12.11　AD612,AD614 测量放大器内部结构

AD612 和 AD614 的增益可控,并有 2 种增益状态,一种是二进制,另一种是非二进制。二进制增益状态是利用精密电阻网络获得的。当 A_1 的反相端(1)和精密电阻网络的各引出端(3)～(12)不相连时,$R_G = \infty$,$A_F = 1$。当精密电阻网络引出端(3)～(10)分别与(3)端相连时,按二进制关系建立增益,其范围为 $2^1 \sim 2^8$。当要求增益为 2^9 时,须把引出端(10)和(11)与(1)端相连。若要求增益为 2^{10} 时,需把(10)、(11)和(12)端与(1)端相连。所以,只要在(1)端和(3)～(12)端之间加一多路转换开关,用数码去控制开关的通与断,可方便地进行增益控制。

另一种非二进制增益关系与一般三运放测量放大器一样,只要在(1)端与(2)端之间外接一个电阻 R_G,则增益为:

$$A_F = 1 + \frac{80 \text{ k}\Omega}{R_G}$$

如要求 $A_F = 10$，则 $R_G = 80 \text{ k}\Omega/9 = 8.89 \text{ k}\Omega$，要求 R_G 的温度系数为 $\leqslant 10^{-5}/^{\circ}\text{C}$，以保证增益精度。当外接电阻 R_G 达不到此精度时，采用 R_G 和精密薄膜电阻网络并联的方法来减少 R_G 对增益精度和漂移的影响，如图 12.11 中虚线所示。因为这时流过 R_G 的电流是总电流的一小部分，外接电阻 R_G 的影响被减少了 $R_{内}/(R_{内}+R_{外})$ 倍，图中虚线用导线连接后即为增益等于 10 的接法。AD612 和 AD614 采用 24 脚双列直插式封装结构，如图 12.12 所示。

当 AD612 和 AD614 与测量电桥连接时，其接线如图 12.13 所示。信号地须和电源地相连，使放大器的偏置电流形成通路。驱动屏蔽端的接法如图所示，在 1 端和 3 端短接的情况下，输出电压的表达式为：

$$U_o = 2\left[(U_1 - U_2) + \frac{U_1 + U_2}{2}\frac{1}{R_{CMRR}}\right] \tag{12.16}$$

式中：U_1，U_2 为输入信号；$[(U_1 + U_2)/2](1/R_{CMRR})$ 为共模误差，系数 2 为放大器的增益。

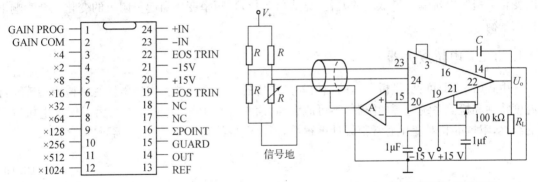

图 12.12　AD612，AD614 封装结构　　　图 12.13　AD612，AD614 与测量电桥的接线

12.3　电桥及其放大电路

12.3.1　电桥

电桥电路具有灵敏度高、线性好、测量范围宽和容易实现温度补偿等优点，常用于阻抗发生变化的传感器。电桥按其激励电源的性质分为直流电桥和交流电桥。电阻应变式测力称重传感器大多采用直流电桥，电抗发生变化的传感器如电感式、差分变压器式或电容式传感器若采用电桥式测量电路则只能是交流激励。

基本的交流电桥如图 12.14(a) 所示。若电桥的激励电压为 U_S，则输出电压 U_o 由下式给出：

$$U_o = \frac{Z_2 Z_4 - Z_1 Z_3}{(Z_1 + Z_2)(Z_3 + Z_4)}U_S \tag{12.17}$$

式中：Z_1，Z_2，Z_3 和 Z_4 可以是传感器的等效阻抗，也可以是集中参数的电阻、电容或电感。$Z_1 Z_3 = Z_2 Z_4$ 为电桥的平衡条件，通常在被测量为 0 时，电桥调至平衡位置，输出电压为 0。

被测量变化时,平衡被破坏,电桥输出电压即反映被
测量的大小。传感器可以配置在单个桥臂上,也可
以配置在多个桥臂上,如图 12.14(b)所示。图中,箭
头方向代表传感器阻抗随被测量变化其增减变化的
方向。

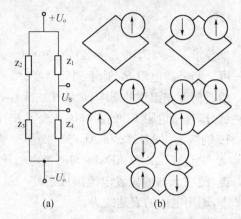

　　假定 Z_1 为传感器阻抗,传感器将被测量的变化
转换为阻抗的相对变化 δ,$Z_1 = Z(1+\delta)$,Z_2,Z_3 和 Z_4
为集中参数阻抗,且 $Z_2 = Z_3 = Z_4 = Z$,则电桥的输出
电压为:

$$U_\circ = -\frac{\delta}{2(2+\delta)}U_S \approx -\frac{\delta}{4}U_S \qquad (\delta \ll 1)$$

$$(12.18)$$

图 12.14　交流电桥与传感器接法

　　交流电桥的缺点是对激励电源的要求比较高,要求有稳定的幅值和频率。激励电压幅值
的变化会引起电桥输出灵敏度的变化(见式(12.18));频率变化引起复阻抗的变化也会影响电
桥的平衡。

12.3.2　电桥放大器

　　由式(12.18)可见,供桥电压的幅值就是电桥的灵敏度系数。供桥电压受到桥臂传感元件
温度特性和检测系统电源的限制,不可能太高,通常都在 $10 \sim 20$ V 左右。为了保证电桥输出
的线性,阻抗的相对变化通常都设计得很小,所以电桥的输出电压很小,需要进行放大。

$$U_\circ = -\frac{R_i + R_F}{R_i} \frac{\delta}{4\left(1+\dfrac{\delta}{2}\right)}U_S \qquad\qquad (12.19)$$

　　下面主要介绍电阻型传感器(如电阻应变式测力称重传感器、电阻温度传感器等)使用的
直流电桥放大器。

1)电源浮置式电桥放大器

　　图 12.15 所示为电源浮置式电桥放大器的原
理电路。输出电压为:

$$U_\circ = -\frac{R_1 + R_F}{R_1} \frac{\delta}{4\left(1+\dfrac{\delta}{2}\right)}U_S$$

$$(12.20)$$

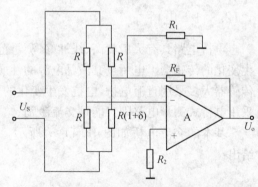

　　上式表明,这种电桥放大器的输出电压 $U_\circ$ 不
受桥臂电阻 R 的影响,增益比较稳定,但 $U_\circ$ 与 δ
间的线性范围较小,线性范围限于 $\delta/2 < 1$。此
外,桥路激励电压 U_S 的变化对输出有影响;激励
电源要求浮地,有时会对电路系统的设计带来不便。

图 12.15　电源浮置式电桥放大器

2) 差分输入式电桥放大器

差分输入式电桥放大器如图 12.16 所示。设置 $R_1 >$ R,利用运放虚短和虚断的概念以及线性叠加原理,可得:

$$U_o = \frac{\delta}{4(1+\delta/2)} U_s \left(1 + \frac{2R_1}{R}\right) \approx \frac{U_s}{4}\left(1 + \frac{2R_1}{R}\right)\delta$$

$$(12.21)$$

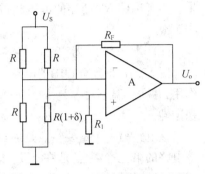

图 12.16   差分输入式电桥放大器

上式表明,输出电压 U_o 与桥路供桥电压 U_s 和传感器名义电阻 R 有关,当 U_s 和 R 发生变化时会影响测量精度。该电路由单电源供电,可以省去一个电源,但运放输入端存在共模电压,因此要求运放有较高的共模抑制比。

12.4   高输入阻抗放大器

目前很多非电量的测量都是通过传感器将非电量转换成电量。例如,用压电加速计测量加速度,根据压电传感器的等效电路可知,要进行高精度测量,必须要求与压电传感器相配套的放大器具有很高的输入阻抗。又如,声压的测量用电容传感器,光通量的测量用光敏二极管,它们也都要求测量电路具有很高的输入阻抗。本节主要介绍利用自举原理提高输入阻抗的几种设计方案,以及典型高输入阻抗放大器的分析计算,同时介绍高输入阻抗放大器的制作装配工艺。

12.4.1   自举反馈型高输入阻抗放大器

我们已经熟知,利用复合管可以提高放大器输入级的输入阻抗,但是难以满足兆欧以上高输入阻抗的要求。当然,用场效应管作为放大器的输入级是设计高输入阻抗放大器最简单的方案,但是必须用高阻值的电阻作偏置电路,这也给设计制作超高输入阻抗放大器带来困难,因为超高阻值的电阻,无论是稳定性或者是噪声,都给放大器带来不利的影响。下面介绍根据自举原理设计高输入阻抗放大器的几种方案。

图 12.17 所示为自举反馈电路,就是设想把一个变化的交流信号电压(相位与幅值均与输入信号相同)加到电阻 R_G 不与栅级相接的一端(如图中 A 点),因此使 R_G 两端的交流电压近似相等,即 R_G 上只有很小电流通过,也就是说,R_G 所起分路效应很小,从物理意义上理解就是提高了输入阻抗。

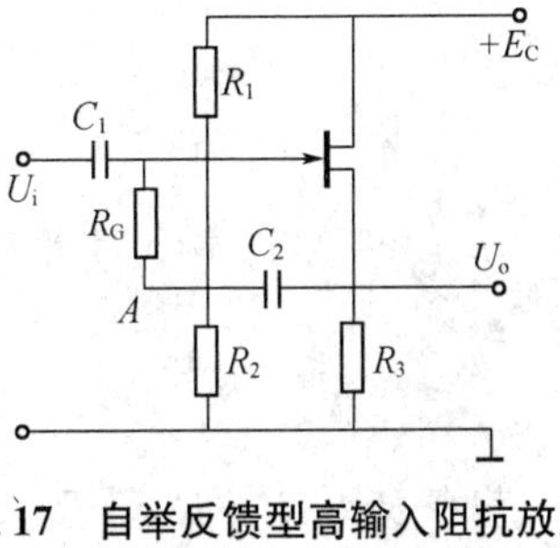

图 12.17   自举反馈型高输入阻抗放大器

图中 R_1,R_2 是产生偏置电压并通过 R_G 耦合到栅极,电容器 C_2 把输出电压耦合到 R_G 的下端,则电阻 R_G 两端的电压为 $U_i(1-A_U)$(A_U 为电路的电压增益),而输入回路的直流输入电阻为:

$$R_i = R_G + \frac{R_1 R_2}{R_1 + R_2}$$

必须特别指出,自举电容 C_2 的容量要足够大,以防止电阻 R_G 下端 A 点的电压与输入电压有较大的相位差,因为当 R_G 两端的电压有较大的相位差时,就会显著地削弱自举反馈的效果。为了确保 R_G 两端的电压相位差小于 $0.6°$,则要求 C_2 的容抗 $1/(\omega C_2)$ 应比 $R_1/\!/R_2$ 阻值小 1%。

1) 复合跟随器

图 12.18 是复合跟随器电路。在 VT_2 的基极与发射极之间并联了一电阻 R_3,它起分流作用,并在高温下对 VT_2 的反向饱和电流提供了一条支路,因此可以提高输出电压 U_2 的直流稳定性。

该电路另一个重要特点是通过电容 C_2 在 VT_1 的输入端引入自举反馈,以提高输入阻抗。该电路的第三个特点是在 VT_2 集电极上加接电阻 R_4,从而使电路的增益可大于 1。由图12.18分析可知,R_4 与 R_5 连接点上的电压 $U_o{}'$ 近似等于输入电压 U_i,而 R_4 及 R_5 串接电阻上的电压即输出电压为 $U_o > U_o{}'$。由此可见,$A_U = U_o/U_i \approx U_o/U_o{}' > 1$。因此,调节电阻 R_5 的阻值,也就可以调节复合跟随器的电压增益。

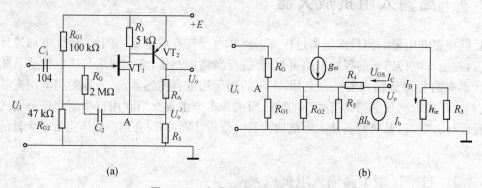

图 12.18　复合跟随器及其等效电路

由图 12.18 所示等效电路分析可看出,流过 R_3 和 h_{ie} 的电流和为 $-g_m U_{GS}$,则可求得 VT_2 的基极电流为:

$$I_B + \frac{R_3}{h_{ie}+R_3}(-g_m U_{GS})$$

VT_2 集电极电流为:

$$I_C = -h_{ie}I_B = -\frac{h_{ie}(-g_m U_{GS}R_3)}{R_3+h_{ie}} = g_m h_{ie}{}' U_{GS}$$

式中:$h_{ie}{}'$——VT_2 输入端并联 R_3 后的等效电流增益,即

$$h_{ie}{}' = \frac{h_{ie}R_3}{R_3+h_{ie}}$$

若令 $R' = R_5/\!/R_{G1}/\!/R_{G2}$,考虑 R_G 阻值很大,经 R_G 流入 R_4 的电流可忽略,则流经 R' 电流为:

$$I = g_m U_{GS} + g_m h_{ie}{}' U_{GS} = g_m U_{GS}(1+h_{ie}{}')$$

输入电压 U_i 为:

$$U_i = U_{GS} + IR' = [1 + g_m R'(1+h_{ie}{}')]U_{GS}$$

$$U_{GS} = \frac{U_i}{1+(1+h_{ie}{}')g_m R'}$$

可得输出电压 U_o 为：

$$U_o = I_C R_4 + IR' = g_m h_{ie}{}' U_{GS} R_4 + g_m U_{GS}(1+h_{ie}{}')R' = \qquad (12.22)$$
$$[h_{ie}{}' R_4 + (1+h_{ie}{}')g_m U_{GS}]$$

因此,可求得电压增益:

$$A_U = \frac{U_o}{U_i} \frac{g_m h_{ie}{}' R_4 + (1+h_{ie}{}')g_m R'}{1+(1+h_{ie}{}')g_m R'} \qquad (12.23)$$

由图 12.18(b) 等效电路可得输入电阻为：

$$R_i = \frac{U_i}{I} = \frac{U_i}{U_{GS}/R_G} = R_G \frac{U_i}{U_{GS}} = R_G[1+(1+h_{ie}{}')g_m R'] \qquad (12.24)$$

为了使图 12.18(a)所示电路有尽可能高的输入电阻,应使 A 点的交流电位 $U_o{}'$ 与输入电压 U_I 尽可能相等,而且两者之间的相位差尽可能小。为了获得尽可能高的输入电阻,通常在 R_4 与 R_5 之间接一可调电位器,并将 A 点接至电位器的可动端,调节电位器即可使 $U_A = U_i = U_o{}'$。为了减小两点之间电压的相位差,应选择足够大的电容 C_2,通常要求满足。

$$\frac{1}{\omega C_2} < \frac{R_{G1} /\!/ R_{G2}}{100}$$

式中:ω 应取其交流输入信号的下限频率。

获得最大输入电阻的高输入阻抗放大器如图 12.19 所示。

2) 由线性集成电路构成的自举反馈高输入阻抗放大器

图 12.20 电路是利用自举反馈使输入回路的电流 I_1 主要由反馈电路的电流 I 来提供,因此,输入电路向信号源吸取电源 I_i 就可以大大减小,适当选择图 12.20 电路参数,可使这种反

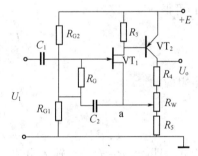

图 12.19　获得最大输入电阻的高输入阻抗放大器

相比例放大器的输入电阻达 100 MΩ 左右。图中 A_2 为主放大器,A_1 向主放大器提供输入电流,使输入电路向信号源 U_i 吸取电流极少。因此,也就使输入阻抗提高。

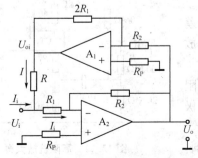

图 12.20　自举型高输入阻抗放大器

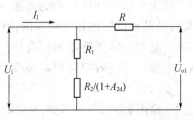

图 12.21　等效输入回路

若 A_1 和 A_2 为理想运算放大器,可应用米勒(Miller)原理,将 R_2 折算到输入端,得到图 12.21等效电路。

因 $A_{2d} \rightarrow \infty$,则

$$\frac{R_2}{1+A_{2d}} \approx 0$$

输入电流为:

$$I_i = \frac{U_i}{R_1} + \frac{U_i - U_{o1}}{R}$$

由图 12.21 可知:

$$U_{o1} = -\frac{2R_1}{R_2}U_o$$

而

$$U_o = -\frac{R_2}{R_1}U_i$$

可得:

$$U_{o1} = \left(-\frac{2R_1}{R_2}\right)\left(-\frac{R_2}{R_1}\right)U_i = 2U_i$$

代入 I_i 可得:

$$I_i = \frac{U_i}{R_1} + \frac{U_i - 2U_i}{R} = \frac{R - R_1}{RR_1}U_i$$

输入电阻为:

$$R_i = \frac{U_i}{I_i} = \frac{RR_1}{R - R_1}$$

上式表明,当 $R = R_1$ 时,输入电流 I 将全部由 A_1 提供。理论上,这时输入阻抗为无限大。实际上,R 与 R_1 之间总有一定偏差,若为 0.01%,当 $R_1 = 10 \text{ k}\Omega$ 时,则输入电阻可高达 $100 \text{ M}\Omega$,这是一般反相比例放大器所无法达到的指标。

12.4.2　场效应管高输入阻抗差动放大器及计算

一般只要用 2 只场效应管即可组成高输入阻抗差动放大器。这里介绍一种高性能的高输入阻抗差动放大器,它具有高共模抑制比和低漂移的特性。

图 12.22 是与电容传感器相配合使用的一种高阻抗放大器。电路采用场效应管与晶体管复合组成源极输出器。

图 12.23 是图 12.22 完整交流等效电路。考虑到:

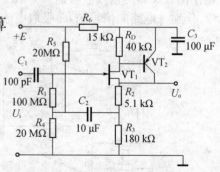

图 12.22　高阻抗放大器

$R_4 /\!/ R_5 > R_3$，$R_D > h_{ie}$；$h_{ie} U_{ce} \approx 0$，$R_{DS} > R_2 + R_3 + h_{ie}$，$R_3 > R_2$，则可将图 12.23(a) 简化成图 12.23(b) 所示简化等效电流电路。

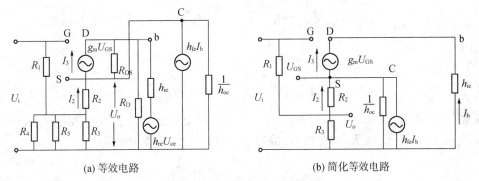

(a) 等效电路　　　　　　　　　　　　(b) 简化等效电路

图 12.23　高阻抗放大器等效电路

由图 12.23(b) 可得：

$$I_1 = \frac{U_i - U_o}{R}$$

$$I_2 = -h_{ie} I_B + I_3 \qquad (12.25)$$

$$I_3 = -I_B = g_m U_{GS} \qquad (12.26)$$

将式 (12.26) 代入式 (12.25) 可得：

$$I_2 = (h_{ie} + 1) I_3 = h_{ie} I_3 \qquad (12.27)$$

由 VT_1 等效电路的输入回路可得：

$$I_3 = g_m U_{GS} = g_m (I_1 R_1 - I_2 R_2) \qquad (12.28)$$

将式 (12.27) 代入式 (12.28) 可得：

$$I_3 = \frac{g_m R_1}{1 + g_m R_2 h_{ie}} I_1 \qquad (12.29)$$

将式 (12.29)、式 (12.24) 代入式 (12.25) 可得：

$$I_2 = (U_i - U_o) \frac{h_{ie} g_m}{1 + g_m h_{ie} R_2} \qquad (12.30)$$

因

$$U_o = (I_1 + I_o) R_3$$

将式 (12.24) 及式 (12.30) 代入上式可得：

$$U_o = (U_i - U_o) \left[\frac{h_{ie} g_m}{1 + g_m h_{ie} R_2} + \frac{1}{R_1} \right] R_3$$

得电压增益为：

$$A_U=\frac{U_o}{U_i}=\frac{g_m h_{ie}/[(1+g_m h_{ie}R_2)+1/R_1]R_3}{[1+g_m h_{ie}/(1+g_m h_{ie}R_2)+1/R_1]R_3}=$$

$$\frac{(1+g_m h_{ie}R_2)R_3+g_m R_3 R_1 h_{ie}}{(1+g_m R_2 h_{ie})/R_1+(1+g_m h_{ie}R_2)R_3+g_m h_{ie}R_1 R_3} \tag{12.31}$$

输入电阻为：

$$R_i=\frac{U_i}{I_i}=\frac{U_i}{(U_i-U_o)/R_1}=\frac{R_1}{1-U_o/U_i} \tag{12.32}$$

通常有 $R_1(1+g_m R_2 h_{ie})<R_3(1+g_m R_2 h_{ie})$，则电压增益近似等于 1，即 $A_U\approx1$，当 $A_U\approx1$ 时，即 R_i 很大。将式(12.31)代入式(12.32)，化简可得：

$$R_i=R_1+R_3+\frac{g_m R_3 h_{ie}}{1+g_m h_{ie}R_2}R_1$$

当 $g_m h_{ie}\gg1$ 时，则

$$R_i=R_1+R_3+\frac{R_3}{R_2}R_1$$

12.4.3　高输入阻抗放大器信号保护

到目前为止叙述的高输入阻抗电路，都没有涉及信号频率。然而，在实际应用中，是否能在某一频带中都保证高输入阻抗呢？这便是要考虑的又一个问题。

将信号源通过细导线接到放大器时，由于细导线存在分布电容，因此，与信号源电阻 R 构成了一个阻止高频的滤波器，如图 12.24 所示。它将造成高频时输入阻抗下降，即引起电压增益下降。为了保护信息，这里采用中和分布电容的措施，如图 12.25 所示。

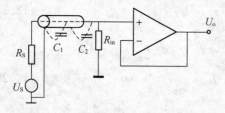

图 12.24　屏蔽线带来交流阻抗的下降

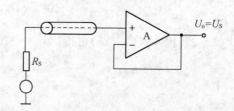

图 12.25　信息保护的基本形式

图 12.24 中运放为电压跟随器，其电压增益近似等于 1，输出阻抗为 0 Ω。现把细导线的屏蔽外层接于运放的输出端，在运放的频带内，使电缆线的外皮的阻抗保持为 0，同时由于是与输入信号线同电位，因而起中和电缆电容的作用，保证在特定的频带内保持高的输入阻抗。

图 12.26 为用于测量仪表的放大电路示例，在各个差动输入端有同相电压 U_{cm}，因此

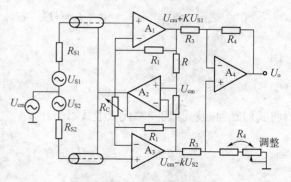

图 12.26　保护计量放大器

取出此同相电压来加以"信息保护"。

12.4.4 高输入阻抗放大器制作装配工艺

高输入阻抗放大器制作装配工艺要求如下：

（1）输入电路（特别是高阻值的电阻）应采用金属壳屏蔽，其外壳应接地。

（2）由于一般印制电路板的绝缘电阻仅有 $10^7 \sim 10^{12}$ Ω，而且此绝缘电阻会随空气中湿度的增加而下降，不仅影响输入阻抗的进一步提高，而且使电路的漂移增大，因此最好将场效应管（特别是栅极）装配在绝缘子上（由聚四氟乙烯制成，绝缘电阻可达 10^{12} Ω 以上）。

（3）输入端的引线（特别是高阻抗点引线）最好用聚四氟乙烯高绝缘线，且越短越好。

（4）在微电流测量中要防止印制电路上因污脏及绝缘电阻有限等原因而引起电源电路线对电路中接点产生漏电，从而产生噪声或漂移。可在印制电路板走线布置时设置"屏蔽线"以减小这种漏电现象。

"屏蔽线"主要用来保护输入电路，防止从其他电路的漏电电流流入信号输入电路，在设计屏蔽保护电路时，应使它的电位与信号输入端电位相等。

图 12.27(b)是电流放大电路图 12.27(a)，中屏蔽保护布线设计图。图图 12.27(a)中"2"是输入信号端，"3"是公共地线。当开环电压增益 A_d 为无限大时，则"2"与"3"之间没有电位差（因为此时它们是同电位），亦即是"2"与"3"端之间不产生漏电流，在其屏蔽保护线附近的一15 V 电源线所产生的漏电流 I_C 也都全部通过屏蔽保护而流入地，而不会流入信号端。

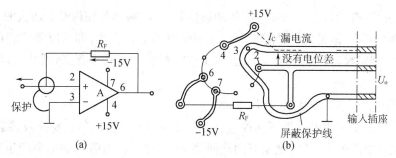

图 12.27 电流放大电路中的屏蔽保护 1

在高精度电流测量中采用上述屏蔽保护尚不够，最好采用如图 12.28 所示形式，即由聚四氟乙烯绝缘子将信号电路完全浮置起来，这样，不仅可以防止漏电流流入信号端，而且可防止被测电流通过绝缘电阻而被分流。

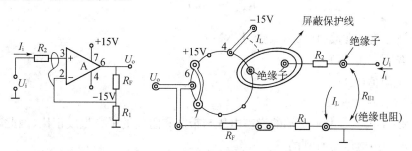

图 12.28 电流放大电路中的屏蔽保护 2

使用 MOS 型场效应管应注意以下几点：

（1）焊接时最好将烙铁电源切断再焊接，或是将烙铁良好接地再按 D→S→G 次序焊接。

（2）供给的直流电源及输入信号电源的机壳均要良好接地。

（3）在电路中调换 MOS 管时，要关掉电源，并将输出端短接，让电容放电后再调换 MOS 管。

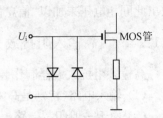

图 12.29　MOS 管输入保护电路

（4）在小信号工作时，可在 MOS 管输入端的栅极反相并接 2 个保护二极管（见图 12.29）。

（5）MOS 管存放时栅极不要悬空，应将 3 个引脚并在一起用大套管套好存放。

12.5　低噪声放大电路

在高灵敏度及高精度的检测仪表中，传感器所接收的非电量被测信号往往是非常微弱的，其中某些信号还可能具有较宽的频谱。因此，与这些传感器相连接的前置放大器不仅要求有高增益，更重要的是必须具有低噪声性能，即要求放大器输出端的噪声电压尽可能小，只有这样才能检测微弱的信号。

12.5.1　噪声的基本知识

噪声是一种与有用信号混杂在一起的随机信号，它的振幅和相位都是随机的。因此，不能预测噪声的瞬时幅度，但是用统计方法可以预测噪声的随机程度，即可以测定它的平均能量，也就是说，可以测定噪声的波形均方根值，由于均方根值具有功率含义，因此可以代表噪声的大小。

1）电阻中的热噪声及其等效电路

电子器件中的噪声主要有以下几种：热噪声、低频（$1/f$）噪声、散粒噪声及接触噪声。

热噪声又称电阻噪声，任何电阻其两端即使不接电源，在电阻两端也会产生噪声电压，这个噪声电压是由子电阻中载流子的随机热运动引起的。由于电阻中的载流子（电子）的热运动的随机特性，因此，电阻两端的电压也具有随机性质，它所包含的频率成分是很复杂的。

可以证明，电阻两端出现的噪声电压的有效值（均方根值）E_{rms} 可表示为：

$$E_{rms} = \sqrt{4kTR\Delta f} \tag{12.33}$$

式中：k——玻耳兹曼常数（1.38×10^{-23} J/K）；

　　　T——绝对温度（K）；

　　　R——电阻值（Ω）；

　　　Δf——噪声带宽（Hz）。

由式（12.33）可见，电阻两端的噪声电压与带宽和阻值的平方根成正比，因此减小电阻值和带宽对降低噪声电压是有利的。

例如，某放大器的输入回路电阻 $R_i = 500$ kΩ，放大器的噪声带宽 $\Delta f = 1$ MHz，在环境温度 $T = 300$ K 下，该放大器输入回路的等效热噪声电压为

$$E_{\text{rms}} = \sqrt{4 \times 1.38 \times 10^{-23} \times 300 \times 500 \times 10^{3} \times 10^{6}} = 9.2 \times 10^{-5} \text{ V} = 92 \text{ } \mu\text{V}$$

由此可见,若输入信号的数量级为 μV,则将被热噪声所湮没。因此,在微弱信号的测量中,必须降低噪声才能提高检测精度。

为了便于电阻中热噪声的分析计算,电阻热噪声(或产生热噪声的其他元件)可以用一个无噪声电阻和一个等效噪声电压源表示,如图 12.30(b)所示。同样,也可用等效噪声电流源来表示,如图 12.30(c)所示。

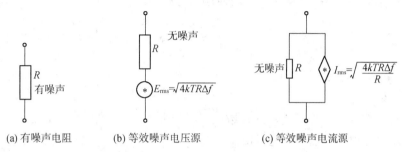

(a) 有噪声电阻   (b) 等效噪声电压源   (c) 等效噪声电流源

图 12.30 电阻热噪声等效电路

2) 散粒噪声

散粒噪声是由于有源电子器件中流动的电流不是平滑和连续变化而是随机变化所引起的。散粒噪声的均方根电流 I_{rms} 为:

$$I_{\text{rms}} = \sqrt{2qI_{\text{dc}}\Delta f} \tag{12.34}$$

式中:q——电子电荷(1.6×10^{-16} C);

I_{dc}——平均直流电流(A);

Δf——噪声带宽(Hz)

由式(12.34)可见,散粒噪声与 $\sqrt{\Delta f}$ 成正比,即每赫带宽含有相等的噪声功率,其功率谱密度在不同频率时为常数,故散粒噪声是一种白噪声。

由式(12.34)可得:

$$\frac{I_{\text{rms}}}{\sqrt{\Delta f}} = \sqrt{2qI_{\text{dc}}} = 5.66 \times 10^{-10}\sqrt{I_{\text{dc}}} \tag{12.35}$$

由式(12.35)可见,单位带宽的均方根噪声电流是流经该器件的直流平均值的函数。因此,可以通过测量流经该器件的直流电流来测量其散粒噪声的均方根噪声电流值。

3) 低频噪声

低频噪声又称 $1/f$ 噪声,由于这种噪声的谱密度与频率 f 成反比,即 f 越低噪声则越大,故这种噪声称为低频噪声。$1/f$ 噪声广泛存在于晶体三极管、电子管等有源器件及电阻(包括热敏电阻)等无源器件中。$1/f$ 噪声产生的主要原因是由于材料的表面特性造成的,栽流子的产生和复合及表面状态的密度都是影响它的主要因素。

$1/f$ 噪声电压的均方值为:

$$E_{\text{rms}}^{2} = K\ln\left(\frac{f_{\text{H}}}{f_{\text{L}}}\right) \approx K\frac{\Delta f}{f_{\text{L}}} \tag{12.36}$$

式中:f_H 和 f_L——分别是噪声带宽的上限及下限值;

　　$\Delta f = f_H - f_L$——噪声带宽;

　　K——比例系数。

　　4) 接触噪声

　　当 2 种不同性质的材料接触时,会造成其电导率起伏变化,例如晶体管及二极管焊接处接触不良及开关和继电器的接触点等会产生接触噪声。

　　单位均方根带宽的噪声电流 I_F 可近似地用下式表示:

$$\frac{I_F}{\sqrt{B}} \approx \frac{KI_{dc}}{\sqrt{f}} \tag{12.37}$$

式中:I_{dc}——直流电流平均值(A);

　　f——频率(Hz);

　　K——与材料的几何形状有关的常数;

　　B——以中心频率表示的带宽(Hz)。

　　由于噪声与 $1/\sqrt{f}$ 成正比,因此在低频段将起重要影响。所以它是低频电子电路的主要噪声源。

12.5.2　噪声电路计算

1) 噪声电压的相加

　　当 2 个不相关的噪声电压源串联时,若噪声电压瞬时值之间没有关系,称它们是不相关的。设 E_1 和 E_2 表示不相关的噪声源,则总的均方电压等于各噪声源均方电压之和,即

$$E^2 = E_1^2 + E_2^2 \tag{12.38}$$

$$E = \sqrt{E_1^2 + E_2^2} \tag{12.39}$$

这就是不相关噪声电压源的均方相加性质,它是计算噪声电路的基本法则,这一法则同样可以推广到噪声电流源的并联。

　　如果各噪声源都包含部分由共同的现象产生的噪声,同时包含一部分独立产生的噪声,这种情况称为噪声电压部分相关。部分相关的 2 个噪声电压源之和的一般表达式为:

$$E^2 = E_1^2 + E_2^2 + 2rE_1E_2$$

式中:r——相关系数。

　　r 取包括 0 在内的 $-1 \sim 1$ 间的任何值。当 $r=0$ 时,2 个噪声源不相关,上式即成为式(12.38)。$r=1$ 时,2 个信号完全相关,上式变成 $E = E_1 + E_2$,即可以线性相加。$r=-1$ 时,表示相关信号相减,即 2 个噪声源的波形相差 180°。

　　应该指出,有时为了简化分析,经常假定 $r=0$,即认为各噪声源之间不相关,这时产生的误差不大。例如,2 个数值相等并完全相关的噪声电压相加后的均方根值为原来的 2 倍,如按不相关计算,则为 1.4 倍,这样带来最大误差为 30%。很明显,若是部分相关,或 2 个噪声电压中的一个远大于另一个,则误差更小。

2）叠加法的应用

如果噪声电路是一个线性网络,那么利用叠加法进行多元网络的噪声分析比较方便,下面举例说明。试求图 12.31 电路中的电流 I,图中 E_1 和 E_2 为 2 个不相关噪声电压源,R_1 和 R_2 为无噪声电阻,应用叠加原理,首先求 E_1 和 E_2 各自单独作用时引起的回路电流为:

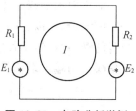

图 12.31　电路分析举例

$$I_1 = \frac{E_1}{R_1 + R_2}$$

$$I_2 = \frac{E_2}{R_1 + R_2}$$

对于不相关量来说,根据均方相加法则有:

$$I^2 = I_1^2 + I_2^2 = \frac{E_1^2}{(R_1 + R_2)^2} + \frac{E_2^2}{(R_1 + R_2)^2} = \frac{E_1^2 + E_2^2}{(R_1 + R_2)^2}$$

从这个简单例子可得出一条规律,在求几个不相关的噪声源产生的总电流时先求各噪声源单独作用时的电流,然后将各个电流均方相加。

12.5.3　信噪比与噪声系数

1）噪声系数

用示波器观察到的放大器输出的噪声波形如图 12.32 所示,它与外界干扰引起的放大器交流噪声不同之点在于噪声电压是非周期性的,没有一定的变化规律,属于随机信号。

图 12.32　噪声波形

由于放大器的噪声总是与信号相对立而存在的,所以一般来说脱离了信号的大小来讲噪声的大小是没有意义的。例如,当输入信号只有 $10\ \mu V$ 时,则放大器等效到输入端的噪声电压必须低于 $10\ \mu V$,否则信号将被噪声所湮没。工程上常用信号噪声比(简称信噪比)来说明信号与噪声之间的数量关系,定义为信号功率与信号含有的噪声的功率之比,即

$$R_{S/N} = \frac{P_S}{P_N}$$

式中:$R_{S/N}$——信噪比;

　　P_S——信号功率;

　　P_N——信号中含有的噪声的功率。

因此,只有当信号噪声比大于 1 或远大于 1 时,信号才不致被噪声所湮没,微弱信号才能有效地获得放大。

对于放大器或晶体管来讲,它不但放大了信号源中包含的噪声,而且由于它自身还会产生一定的噪声,所以它的输出端的信噪比必然小于输入端的信噪比。为了说明放大器或晶体管自身的噪声水平,工程中还使用另外一个指标,称为噪声系数 F,定义为放大器或晶体管输入端信噪比与输出端信噪比之比,即

$$F = \frac{R_{S/N,i}}{R_{S/N,o}}$$

式中:$R_{S/N,i}$——输入端信噪比;

　　$R_{S/N,o}$——输出端信噪比。

显然,F 越小表示放大器或晶体管本身的噪声越小。如果 $F=1$,表示放大器或晶体管本身不产生任何噪声,这当然只是一种理想情况。

F 还可以有以下几种表达式:

$$F = \frac{P_{No}}{P_{NT}A_P} = \frac{P_{No}}{P_{NTo}}$$

式中:P_{No}——总有效输出噪声功率(包括源电阻的热噪声和放大器内部噪声);

　　P_{NT}——单有源电阻产生的有效热噪声功率(在标准温度 290 K 下);

　　A_P——放大器的有效功率增益(即有效输出功率 P_o 与有效输入信号功率 P_i 之比);

　　P_{NTo}——源电阻热噪声在放大器输出端的有效噪声功率,$P_{NTo} = P_{NT}A_P$。

$$F = \frac{E_{Ni}^2}{E_i^2} = \frac{E_t^2 + E_N^2 + I_N^2 + R_B^2}{E_i^2} = 1 + \frac{E_N^2 + I_N^2 R_B^2}{E_i^2} \tag{12.40}$$

噪声系数 F 可以表示为对数形式,

$$F' = 10\log F \text{(dB)}$$

式中:F'——用对数表示的噪声系数。

或者表示为:

$$F' = 10\log \frac{P_{No}}{P_{NS}}$$

式中:P_{No}——总噪声功率输出;

　　P_{NS}——单独由于 R_S 引起的噪声功率。

$$F' = 10\log \frac{I_{No}}{I_{NS}}$$

式中:I_{No}——输出端的总均方噪声电流;

　　I_{NS}——单独由于 R_S 引起的输出端的均方噪声电流。

$$F' = 10\log \frac{U_{No}}{U_{NS}}$$

式中:U_{No}——输出端的总均方噪声电压;

　　U_{NS}——单独由于 R_S 引起的输出端的均方噪声电压。

2）最佳源电阻

由式(12.40)可见,若总等效输入噪声电压 E_{Ni} 近似等于热噪声电压 E_1,则噪声系数 F 为最小。通常,源电阻 R_S 较大及较小时,噪声系数都较大,当 R_S 为某一值时,使 E_{Ni} 和 E_1 两条曲线很接近,这一点是最小噪声系数点,亦称为最佳源电阻 R_{Sopt}。必须指出,R_{Sopt} 并不等于获得最大输出功率的匹配电阻,可证明 R_{Sopt} 与放大器的输入阻抗之间没有直接关系。噪声系数与源电阻的关系曲线如图 12.33 所示。

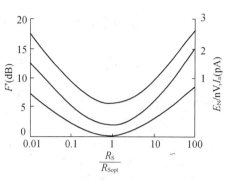

图 12.33　噪声系数与源电阻关系曲线

最佳源电阻可表示为：

$$R_{Sopt} = \frac{E_N}{R_N}\bigg|_{E_N = I_N R} \tag{12.41}$$

$$F_{min} = 1 + \frac{E_N^2 + I_N^2 R_{Sopt}^2}{E_1^2} = \frac{E_N I_N}{2KT\Delta f} \tag{12.42}$$

12.5.4　晶体三极管的噪声

放大器的噪声主要是由输入级的晶体管噪声引起的,要设计一个低噪声放大器首要的问题就是如何减小输入级的噪声。

1）晶体三极管的噪声等效电路（见图 12.34）

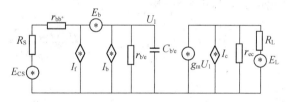

图 12.34　晶体三极管的噪声等效电路

晶体三极管的噪声等效电路可用图 12.35 所示混合 π 型等效电路表示。图中：E_b 为 $r_{bb}{}'$ 的等效热噪声电压源；I_b 为 I_B 的等效散粒噪声电流源；I_c 为 I_C 的等效散粒噪声电流源。

由式(12.33)及式(12.34)可得下列各式：

$$E_b^2 = 2KT r_{bb}{}' \Delta f$$

$$I_b^2 = 2q I_B \Delta f$$

$$I_c^2 = 2q I_C \Delta f$$

源和负载电阻的等效热噪声电压源为：

$$E_{tS}^2 = 4KT R_S \Delta f$$

$$E_{tL}^2 = 4KT R_L \Delta f$$

由图 12.35 可知,输出短路时的总的输出噪声电流为：

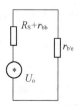

图 12.35　晶体三极管的等效噪声

$$I_{N0}^2 = I_C^2 + (g_m U_1)^2$$

利用叠加原理及均方相加法则求 U_1，代入上式可得：

$$I_{N0}^2 = I_C^2 + g_m^2\left[\frac{(E_b^2 + E_{tS}^2)Z_{b'e}^2}{(r_{bb'} + R_S + Z_{b'e})^2} + \frac{(I_b^2 + I_f^2)Z_{b'e}^2(r_{bb'} + R_S)^2}{(r_{bb'} + R_S + Z_{b'e})^2}\right]$$

互导增益为：

$$A_{gs} = \frac{I_o}{U_o} = \frac{g_m Z_{b'e}}{r_{bb'} + R_S + Z_{b'e}}$$

U_o 如图 12.35 所示。

将式(12.40)与式(12.41)代入可得：

$$E_{Ni}^2 = E_b^2 + E_{tS}^2 + (I_b^2 + I_t^2)(r_{bb'} + R_S)^2 + \frac{I_c^2(r_{bb'} + R_S + Z_{b'e})^2}{g_m^2 Z_{b'e}^2}$$

若取 $\Delta f = 1\ \text{Hz}$，最后可得：

$$E_{Ni}^2 = 4KT(r_{bb'} + R_S) + 2qI_B(r_{bb'} + R_S)^2 + \frac{KI_B}{f}(r_{bb'} + R_S)^2 \tag{12.42}$$

可见，晶体三极管的等效噪声电压的均方根值取决于晶体管的特性参数、环境温度、工作点的电流、频率及源电阻的大小。

若略去式(12.42)中与频串 $1/f$ 有关的项，可得到晶体三极管中频带区的极限噪声。

当 $/f_L < f <$ 几十千赫时，$C_{b'e}$ 可以略去，即

$$E_{Ni}^2 = 4KT(r_{bb'} + R_S) + 2qI_B(r_{bb'} + R_S)^2 + \frac{2qI_C(r_{bb'} + R_S + Z_{b'e})^2}{g_m^2 r_{b'e}^2} \tag{12.43}$$

根据噪声系数的定义

$$F = \frac{E_{Ni}^2}{E_t^2}$$

经化简后可得中频噪声系数：

$$F = 1 + \frac{r_{bb'}}{R_S} + \frac{r_e}{2R_S} + \frac{(R_S + r_{bb'} + r_e)^2}{2\beta_0 r_e R_S}$$

式中：$r_e = r_{bb'} + r_{b'e}$，$\beta_0 = g_m r_{b'e}$。

或用对数表示为：

$$F' = 10\log F = 10\log\left[1 + \frac{r_{bb'}}{R_S} + \frac{r_e}{2R_S} + \frac{(R_S + r_{bb'} + r_e)^2}{2\beta_0 r_e R_S}\right]$$

由上式可以看出，选择适当的静态工作点可以获得较低噪声。由于 r_c 与 I_C 成反比，可见过大及过小的 I_C 都会使噪声系数增加。由如图 12.37 及图 12.38 可以说明源电阻及 R_S 的大小与噪声系数 F' 关系。

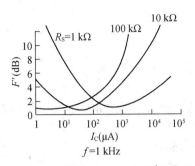

图 12.36　不同 R_S 时 I_C 与 F' 的关系

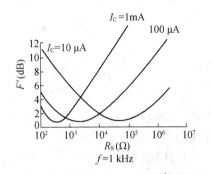

图 12.37　不同 I_C 时 R_S 与 F' 的关系

2）晶体三极管的 $E_N - I_N$ 等效电路

放大器输入级晶体三极管等效噪声电路如图 12.38 所示。

用前述噪声的计算方法，可得输入端总噪声电压 E_i 为：

$$E_i^2 = \frac{E_N^2 + E_t^2}{(R_S + Z_i)^2} Z_i^2 + \frac{I_N^2 Z_i^2 R_S^2}{(R_S + Z_i)^2}$$

(12.44)

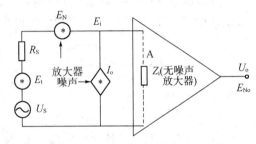

图 12.38　放大器输入级等效噪声电路

经增益为 A_U 的无噪声放大器放大后，可得到放大器输出端总噪声电压为：

$$E_{No}^2 = A_U^2 E_i^2$$

(12.45)

则等效输入噪声为：

$$E_{Ni}^2 = \frac{E_{No}^2}{A_{US}^2}$$

式中：

$$A_{US} = \frac{Z_i}{R_S + Z_i} A_U$$

将式（12.44）与式（12.45）代入 E_{Ni} 可得：

$$E_{Ni}^2 = E_t^2 + E_N^2 + I_N^2 R_S^2$$

(12.46)

如果再考虑噪声源 E_N 和 I_N 的相关关系，则

$$E_{Ni}^2 = E_t^2 + E_N^2 + I_N^2 R_S^2 + 2CE_N I_N R_S$$

(12.47)

现从 E_{Ni}^2 表达式来讨论中频带噪声。令 $R_S = 0$，则 $E_N^2 = E_{Ni}^2$，故只要将 $R_S = 0$ 代入式（12.44），可得：

$$E_N^2 = E_{Ni}^2 \big|_{R_S=0} = 4KTr_{bb'} + 2qI_B r_{bb'}^2 + \frac{2qI_C(r_{bb'} + r_{be'})^2}{g_m^2 r_{b'e}^2}$$

(12.48)

如果 $R_S \gg r_{bb'}$，则总噪声中 $I_N^2 R_S^2$ 起主要作用，即

$$E_{\mathrm{Ni}}^2 \approx I_{\mathrm{N}}^2 R_{\mathrm{S}}^2$$

则

$$I_{\mathrm{N}}^2 = \frac{E_{\mathrm{Ni}}^2|_{R_{\mathrm{S}} \gg r_{\mathrm{bb}'}}}{R_{\mathrm{S}}^2} = 2qI_{\mathrm{B}} + \frac{2qI_{\mathrm{C}}}{\beta_0^2} \approx 2qI_{\mathrm{B}} + \frac{2qI_{\mathrm{B}}}{\beta_0} \approx 2qI_{\mathrm{B}} \tag{12.49}$$

由式(12.48)可见，E_{N} 主要由 $r_{\mathrm{bb}'}$ 热噪声和 I_{C} 的散粒噪声所决定，而 I_{N} 主要由基极电流的散粒噪声所决定。

因此，可以用 E_{N} - I_{N} 噪声等效电路和一个无噪声的晶体三极管来等效一个实际晶体管，其等效电路如图 12.39 所示。

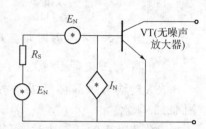

由晶体管 E_{N} - I_{N} 等效电路，即可用式(12.40)与式(12.41)计算最佳源电阻 R_{Sopt} 与相应的最小噪声系数 F_{opt}。

$$R_{\mathrm{Sopt}} = r_{\mathrm{bb}'} \sqrt{1 + \frac{\beta_0 r_{\mathrm{e}}}{r_{\mathrm{bb}'}} \left(2 - \frac{r_{\mathrm{e}}}{r_{\mathrm{bb}'}}\right)} \tag{12.50}$$

图 12.39　晶体管 E_{N} - I_{N} 等效电路

$$F_{\mathrm{opt}} = 1 + \sqrt{\frac{2r_{\mathrm{bb}'}}{\beta_0 r_{\mathrm{e}}} + \frac{1}{\beta_0}} \tag{12.51}$$

由式(12.50)和式(12.51)可见，R_{Sopt} 及 F_{opt} 取决于晶体管参数 $r_{\mathrm{bb}'}$ 及 β_0。

3）晶体三极管的 $1/f$ 噪声

晶体管的噪声频谱如图 12.40 所示。可见，噪声频谱在中频区是很平坦的，但随着频率的降低，噪声系数增大。同样，在高频区，随着频率提高，噪声系数也增大。在低频区，噪声系数增大主要是 $1/f$ 噪声引起的。在高频区，噪声系数随频率提高而增大，主要是由于噪声增大造成的。现在主要讨论 $1/f$ 噪声。将式(12.48)等效输入噪声表达式中的 $1/f$ 项提出，即可分别得到 E_{N} 及 I_{N} 的表达式为：

$$E_{\mathrm{N}}^2 = \frac{KI_{\mathrm{B}} r_{\mathrm{bb}'}^2}{f}$$

$$I_{\mathrm{N}}^2 = \frac{KI_{\mathrm{B}}}{f}$$

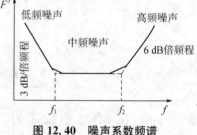

图 12.40　噪声系数频谱

代入式(12.49)，可得 $1/f$ 噪声区的最佳源电阻和最小噪声系数为：

$$R_{\mathrm{Sopt}} = r_{\mathrm{bb}'}$$

$$F_{\mathrm{opt}} = 1 + \frac{I_{\mathrm{B}} r_{\mathrm{bb}'}}{2Tf\Delta f} \tag{12.52}$$

由式(12.52)可见，若选用 $r_{\mathrm{bb}'}$ 小的晶体管，可以减小 $1/f$ 噪声。一个低噪声晶体管通常可以让工作点电流 I_{C} 尽可能小些，并使在小 I_{C} 条件下具有高的电流放大倍数 β。

12.5.5　低噪声电路设计原则

低噪声电路的设计是在给定信号源、放大器增益、阻抗和频响特性等条件下,选择电路元件及参数和适当的工作点,采用合理的结构工艺使噪声特性最佳,以期望获得最低噪声电压以及最大信噪比。

1) 放大器件的选择

选择适当的放大器件做低噪声电路的输入级,这是低噪声电路设计的第一步,也是十分重要的一步。根据源电阻选择放大器的类型可由图 12.41 来决定。

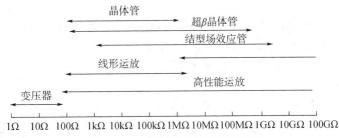

图 12.41　输入级放大器选用指南

输入级放大器件的选择主要考虑放大管的最佳源电阻 R_{Sopt} 与实际信号源电阻的最佳噪声匹配,当然也要考虑源电阻与输入阻抗的匹配,以提高输入级功率增益,这相当于降低该级噪声系数。

2) 工作点的选择

在选定某种类型的放大器后,还必须具体选择某种型号的低噪声晶体管。选定晶体管后才选择低噪声的工作点。某晶体管集电极电流和源电阻对噪声系数的影响如图 12.42 所示。可见,对于一定源电阻的某种型号的晶体管,当工作点在某一 I_C 时,它具有最低的 F'。

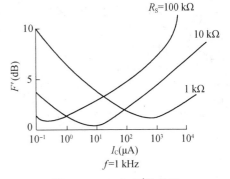

图 12.42　I_C 与 F' 的关系

3) 输入级偏置电阻的选择

尽量选用噪声系数小的电阻作为输入级的偏置电阻,这是由于偏置电阻是位于电路噪声最灵敏的部位上,为了减小偏置电路引起的噪声,也可以加旁路电容使偏置电路的噪声加不到晶体管的输入回路。

图 12.43 表示不同类型的电阻器测得的过剩噪声系数范围。由图可见,线绕电阻噪声系数最小,但由于频率上限受到限制,同时价格昂贵,故通常在低噪声电路中均选用金屑膜电阻。

4) 频带宽度的限制

由于内部器件噪声及外部干扰都随着频率的加宽而增大,因此在满足放大器频率上限及频率下限的前提下,应尽可能地压缩频带宽度。

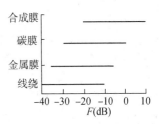

图 12.43　电阻的噪声系数

5）对直流电源的要求

可以通过设计较好的滤波电路,并采用屏蔽措施来抑制直流供电电源的噪声及纹波电压。

6）工艺措施的要求

要特别注意工艺措施,这是低噪声电路设计的主要内容之一。由于这方面内容已有很多介绍,这里不再重复。在以下几个方面要特别注意:输入级元件的位置及方向,接地线的安排,焊接的质量,高频引线要尽可能短,电源变压器的屏蔽措施等。

习题与思考题

12.1 为什么要对应变片式电阻传感器进行温度补偿,分析说明该类型传感器温度误差补偿方法。

12.2 推导差动自感式传感器的灵敏度,并与单极式相比较。

12.3 压电式传感器的前置放大器的作用是什么?

12.4 图 12.44 为电能表。

(1) 写出表盘上有关数字的含义

　　① 0 2 8 6 $\boxed{1}$:＿＿＿＿＿＿＿＿＿＿＿＿＿;

　　② 220 V:＿＿＿＿＿＿＿＿＿＿＿＿＿;

　　③ 5 A:＿＿＿＿＿＿＿＿＿＿＿＿＿;

　　④ 10 A:＿＿＿＿＿＿＿＿＿＿＿＿＿

　　⑤ 2 500 R/kW·h:＿＿＿＿＿＿＿＿＿＿＿＿＿。

(2) 若该电能表在 10 min 内转盘转了 500 转,则电路所消耗的电能单位为＿＿＿＿ kW·h,电路中用电器的总功率为＿＿＿＿ W。

图 12.44　电流表

13 传感器的技术处理

13.1 概述

前面主要介绍了传感器的工作原理、基本结构和测量电路。本章主要针对使用传感器过程中的几个技术问题进行简要探讨。例如:针对不同传感器具有不同输出阻抗的特性,采用不同的放大器来匹配,这方面的问题主要归为传感器的匹配技术;针对目前的传感器大多具有非线性特性,所以有必要采取一定的线性化措施来补偿传感器本身所引入的非线性,这些方面主要涉及传感器的线性化处理;另外,如何科学、正确地选择传感器,也是工程中应用传感器的一个重要问题。

13.2 传感器的匹配技术

不同传感器的输出阻抗不同,有的传感器输出阻抗特别大,例如压电陶瓷传感器,输出阻抗可高达 10^8 Ω;有的传感器输出阻抗比较小,例如电位器式位移传感器,阻抗仅 1 500 Ω。对于高阻抗的传感器,通常用场效应管或运算放大器实现匹配;对于阻抗较低的传感器,在交变输入时,往往可采用变压器匹配。

13.2.1 高输入阻抗放大器

很多传感器的输出阻抗都比较高,例如力敏传感器、电容传感器等。要使此类传感器在输入到测量系统时信号不产生衰减,实现高精度的测量,需要传感器与输入电路必须很好地匹配,也就是要求测量电路具有很高的输入阻抗。下面介绍几种高输入阻抗放大器的例子。

1) 自举反馈型高输入阻抗放大器

图 13.1 所示电路采用了自举反馈原理。该电路是一个跟随电路。虽然场效应管(FET)电路可以用自生偏置来获得静态工作电压,但是为了使其能工作在线性区,通常用分压电路来获取静态工作电压。该类型阻抗放大器就是采用 R_2 和 R_3 通过 R_1 耦合作为场效应管的偏置电压。由于该电路是跟随器,场效应管的源极电压和栅极电压大小近似相等,而且相位也相同,所以该电路不会因为加了 R_2 和 R_3 而降低场效应管的输入阻抗。另一方面,当交变信号 U_i 通过电

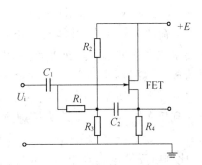

图 13.1 场效应管自举型高输入阻抗放大器

容 C_1 耦合到电阻 R_1 的一端,由于场效应管的源极和栅极电压近似相等,所以这个信号通过自举电容 C_2 耦合到电阻 R_1 的另一端。这样,R_1 两端的电压就接近相同,所以流入 R_1 的电流

很小。这样也保证了场效应管的输入阻抗不会因为增加了分压电阻而有所降低。

为了获得较好的自举效果,自举电容 C_2 必须足够大。通常 R_1 两端电压的相位相差应小于 $0.6°$,这样就要求 C_2 的容抗 $1/(\omega C_2)$ 与 $R_2 /\!/ R_3$ 的比值应小于 1%。

2) 运算放大器电路

图 13.2 所示为电流自举型高输入阻抗放大器电路。若没有辅助自举放大器 A_2,则 A_1 仅为一般的同相放大器。接入辅助放大器 A_2 后,它将 A_1 的反相电压 U_1(为 $U_oR_1/(R_1+R_2)$)用电压增益为 1 的同相跟随器送至 A_1 的同相端,由于 A_2 的隔离作用使电流不会倒流。因此,电路中 A_2 的输出电流 I_{o2} 的方向正好与信号源输出的电流 I_i 相反。如果没有限流电阻 R_o,则 $I_{o2} > I_i$,即电路成负阻,所以接入 R_o 可以起到限流的作用。

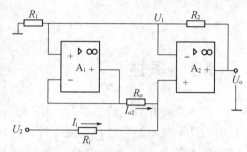

图 13.2 电流自举型高输入阻抗放大器

当调节 R_o 到适当的值时,可以使电路获得近似无限大的输入阻抗,但为了使电路能稳定地工作,所以应该使得 R_o 满足下列条件:

$$R_o > \frac{R_1}{R_1+R_2} R_i A_{o1}$$

采用这种电流自举型反馈电路也可以使电路的输入阻抗达到 $10^8 \ \Omega$ 以上。

13.2.2 变压器匹配

利用变压器可以很方便地进行阻抗匹配,在一定的带宽范围内,无畸变地传输电压信号。具体电路应该根据传感器信号的情况而定。

例如动圈式传声器的输入通常用一个小型变压器来匹配,如图 13.3 所示。

13.2.3 电荷放大器

电荷放大器在前面所述的压电式力敏传感器中已详细介绍过,这里只是将其归纳为输入阻抗的匹配方法。

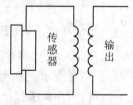

图 13.3 变压器匹配

电荷放大器的作用是放大电荷,其输出电压正比于输入电荷。它要求放大器的输入阻抗非常高,以使电荷的损失很少。通常,电荷放大器利用高增益的放大器和绝缘性能很好的电容来实现,如图 13.4 所示。图中,电容 C_f 是反馈电容,将输出信号 U_o 反馈到反向输入端。当 A 为理想放大器时,$U_i=0$。有 $Q=(0-U_o)C_f$,即 $U_o=-Q/C_f$。由此可以看出,输出电压和电荷成正比,比例由反馈电容 C_f 的大小决定。理论上与信号的频率特性没有关系。

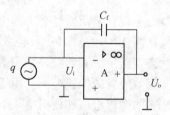

图 13.4 电荷放大器示意图

13.3 传感器的非线性校正技术

传感器的作用就是把光、声音、温度等物理量转换为电子电路能处理的电压或电流信号。理想传感器的输入物理量与转换信号量呈线性关系,线性度越高,则传感器的精度越高,反之,传感器的精度越低。

在自动检测系统中,人们总是期望系统的输出与输入之间为线性关系。但在工程实践中,大多数传感器的特性曲线都存在一定的非线性度误差,另外,非电量转换电路也会出现一定的非线性。通常这些非线性特性产生的主要原因是数据采集系统造成的,其次与转换电路的非线性也有很大的关系。

为了提高传感器的精度,需要对传感器的非线性特性进行线性化处理。在实际应用中,传感器的输出、输入特性曲线是多种多样的,对其线性化处理的方法也很多,但概括起来可以分为硬件和软件两种方法。

13.3.1 用硬件电路实现非线性特性的线性化

1)利用敏感元件特性实现线性化

敏感元件是非电量检测感受元件,它的非线性对后级影响很大。例如用热敏电阻测量,热敏电阻 R_t 与 t 的关系是:

$$R_t = Ae^{B/T}$$

式中:$T = 273 + t$;

t——摄氏温度;

A,B——与材料有关的常数。

显然 R_t 与 t 的关系呈非线性。可以采用一个附加线性电阻与热敏电阻并联,所形成的并联等效电路 R_p 为:

$$R_p = \frac{RR_t}{R + R_t}$$

此时 R_p 与 t 有近似线性关系,如图 13.5 所示,R_p 的整段曲线呈 S 形。电路并联的电阻 R 可由

$$R = \frac{R_B(R_A + R_C) - 2R_A R_C}{R_A + R_C - 2R_B}$$

确定。其中,R_A,R_B,R_C 分别为热敏电阻在低温(T_A)、中温(T_B)和高温(T_C)下的电阻值。

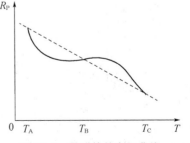

图 13.5 并联等效电阻曲线

2)折线逼近法

将传感器的特性曲线用连续有限的直线来代替,然后根据各转折点和各段直线来设计硬件电路,这就是最常用的折线逼近法。转折点越多,各段直线就越逼近曲线,精度也就越高。因此,要使较严重的非线性曲线以较高精度进行线性化,分割区间越多越好,这对于那些缓慢、单调变化的非线性情况是一种比较简便的方法。但需要注意

的是,分割区间太多则会因为线路本身误差而影响精度,所以转折点的选取与要求的精度与线路有密切的联系,在实际应用中,应采取具体问题具体分析的办法。

假设某非线性曲线加图 13.6(a)所示。下面用 4 条折线近似该曲线并设计相应线性化的硬件电路,该电路工作原理如图 13.6(b)、(c)所示。

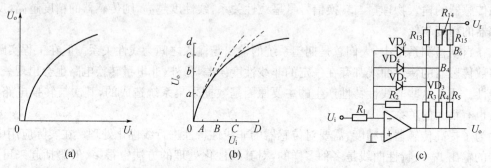

图 13.6　折线近似法及其折线近似电路

图 13.6(c)是一个反相放大器,当输出电平低时,二极管导通,放大倍数降低,便形成一段折线。图中输出电压小于 a 时的增益 G_1 应是所有二极管不导通时的增益,其表达式为:

$$G_1 = -\frac{R_2}{R_1} \qquad (13.1)$$

输出电压为 $a \sim b$ 区间时,只有 B_3 点为负电压,二极管 VD_3 导通,该区间的增益 $B_2 = -\frac{R_2 /\!/ R_3}{R_1}$;二极管开始导通后,折点 a 的设定由基准电压 U_r 和 R_3 决定,即

$$U_{o,a} = \frac{R_3}{R_{13}} U_r - U_{VD_3} \qquad (13.2)$$

式中:U_r——正基准电压;

U_{VD_3}——VD_3 的正向电压降,为 0.5 V。

这样就得到 $(0,a)$ 区间的折线表达式和折点电压分别为式(13.1)和式(13.2)。其他区间的折线表达式和折点电压以及电路的工作原理类似上面的分析。因此,得到 $a \sim b$ 区间输出电压增益

$$G_2 = -\frac{R_2 /\!/ R_3}{R_1}$$

该折点电压为:

$$U_{o,b} = -\frac{R_4}{R_{14}} U_r - U_{D_4}$$

$b - c$ 区间输出增益为

$$G_3 = -\frac{R_2 /\!/ R_3 /\!/ R_4}{R_1}$$

该折点电压为

$$U_o, c = -\frac{R_5}{R_{15}}U_r - U_{D_5}$$

$c-d$ 区间输出电压增益为：

$$G_4 = -\frac{R_2 /\!/ R_3 /\!/ R_4 /\!/ R_5}{R_1}$$

于是，曲线（见图 13.6(a)）就可用 $0a$、ab、bc、cd 这 4 段直线来替代，如图 13.6(b)所示。

这种方法在折点附近的精度高，远离折点处的精度低，而且区间划分不可能很细，所以阻碍了精度的提高。利用高次逼近法可以大大提高其精度，但是会给硬件电路的实现带来很大的困难。

3）测量电桥电路线性化

这里主要介绍一种可变电压源电桥法。不平衡单臂电桥广泛应用于自动化仪表的传感器线路中。其原理是：用桥路中的一个桥臂或几个桥臂作为传感器输出的电阻信号，由于传感器的输出电阻信号与被测物理量或化学参数呈线性关系，所以电桥的输出信号 U_o 能反映被测物理量或化学量的变化。但是由于一般的单臂电桥采用稳压电源供电，从而使得其输出电位与桥臂电阻的变化并不呈线性关系，有时还存在严重的非线性误差。为了提高其测量的精度和扩大其应用范围，下面提出了一种既简单又能从根本上实现其特性关系线性化的方法——可变电压源单臂电桥。其原理如图 13.7 所示。

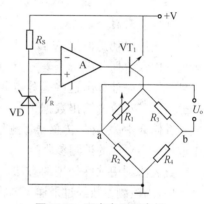

图 13.7 可变电压源电桥

图中由运算放大器 A 和晶体管 VT 构成可变电压源，稳压管 D 提供参考电压 V_R 给运算放大器的反相输入端，由于运算放大器的输入阻抗很大，所以其对电路的影响可以忽略不计。

根据运算放大器理论和已知电路，可得到如下关系式：

$$V_- = V_+$$
$$V_- = V_R$$
$$V_+ = V_R$$
$$V_a = V_+ = V_R$$
$$V = \frac{V_R(R_1 + \Delta R_1 + R_2)}{R_2} \tag{13.3}$$

电桥 a 点的电位 V_a 和 b 点的电位 V_b 为：

$$V_a = \frac{VR_2}{R_1 + R_2 + \Delta R_1}$$
$$V_b = \frac{VR_4}{R_3 + R_4} \tag{13.4}$$

考虑到电桥的初始平衡条件 $R_1 R_4 = R_2 R_3$ 和式(13.3)，则可得电桥的输出电压 U_o 为：

$$U_o = V_a - V_b = \cfrac{-\cfrac{V_R \Delta R_1}{R_1}}{\left[1 + \cfrac{R_3}{R_4}\right]\cfrac{R_2}{R_1}} \tag{13.5}$$

若使 $R_3 = R_4$，则

$$U_o = -\frac{V_R \Delta R_1}{2 R_2}$$

从式(13.5)可以看出，电桥输出的 U_o 与 ΔR 变成了线性关系，从而也就使单臂不平衡电桥的特性关系线性化。

13.3.2　用软件实现非线性特性线性化

1) 查表法

查表法也就是根据 A/D 转换器的转换精度要求把测量范围内参数划分成若干等分点(点越多越精确)，然后由小到大按顺序计算出这些等分点相对应的输出数值，这些等分点和其对应的输出数据组成一张表，把这张数据表存放在存储区中。这样，传感器每测量一个结果，就从存储器中取出一个对应的被测参数值。

查表法利用软件处理的方法，是在程序中编制一个查表程序，当被测参数经过采样等转换后，通过查表程序直接从数据表中查出相对应的输出参数值。采用此方法可以对传感器进行线性化处理。

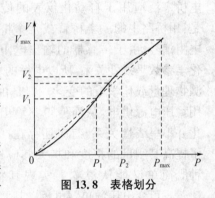

图 13.8　表格划分

表 13.1　表格划分的对应取值表

P(MPa)	0	ΔP	$2\Delta P$	$3\Delta P$	...	P_1	P_2	...	$N\Delta P$
V(mV)	200				...	V_1	V_2	...	2 200

图 13.8 与表 13.1 所示为压力 P(0～20 MPa)、电压 V(200～2 200 mV)的划分及对应的取值。ΔP 为步长，n 为点数($n = P_{max}/\Delta P$)，即存储长度。建立表格方法是 P 以 0 压力为基址，点数 n 为长度，每个压力点的压力值都是等步长 ΔP 的整数倍，每个压力点与对应的电压值组成一对数据，共有($n+1$)个数据对，将其制成一个表格，以便查询。

显然，n 越大，精度就越高。例如，取 $n = 2\,000$，则 $\Delta P = P_{max}/n = 0.01$(MPa/mV)。但是，表格实际制作比较麻烦，而且查表比较费时间，另外数据表格还要占用相当大的内存。

如果 n 值太小，比如 $n = 20$，则 $\Delta P = P_{max}/n = 1$(MPa/mV)，这样精度难以达到要求，在这种情况下表格就很容易失去作用。

因此，制作表格时，n 的值要根据实际应用情况来确定。另外，在一种测试环境下制作的表格，在另一种环境下一般不能够适应，例如温度的变化，这时就应该把重点放在如何抑制温度漂移上。

2) 曲线拟合法

曲线拟合法是采用 n 次多项式来逼近反非线性曲线,该多项式方程的各个系数用数据拟合的方法加以确定。数据拟合的方法很多,一般是根据数据拟合的不同要求设计的。常用的方法主要有:一般插值法、最小二乘法和样条函数插值法等。这里仅对线性最小二乘法作一简单介绍。

最小二乘法的基本思想是:对满足一定关系的测试数据 (x_i,y_i),$i=0,1,2,\cdots,n$ 进行拟合,拟合函数为 $P_m(x)=\sum_{j=0}^{m}a_jx^j$ 。设 x_i 处 $P_m(x_i)$ 的偏差为 $R_i=P_m(x_i)-y_i$,则对所有数据点,拟合函数 $P_m(x_i)$ 的偏差为 R_i 的平方和为:

$$\varPhi=\sum_{i=0}^{n}R_i^2=\sum_{i=1}^{n}\left[P_m(x_i)-y_i\right]^2=\sum_{i=0}^{n}\left[\sum_{j=0}^{m}a_jx^j-y_i\right]^2 \tag{13.6}$$

取最小值,最终得到线性最小二乘法拟合函数是关于待定参数 $a_0,a_1,a_2,\cdots,a_m$ 多项式拟合函数。欲使 $\varPhi=\varPhi(a_0,a_1,\cdots,a_m)$ 取最小值,则 $a_0,a_1,a_2,\cdots,a_m$ 必须满足条件 $\frac{\partial \varPhi}{\partial a_k}=0,k=0,1,2,\cdots,m$。从而得:

$$\sum_{j=0}^{n}a_j\sum_{i=0}^{n}x_i^{j+k}-\sum_{i=0}^{n}y_ix_i^k=0 \tag{13.7}$$

令 $S_{j+k}=\sum_{j=0}^{n}x_i^{j+k}$,$t_k=\sum_{i=0}^{n}y_ix_i^k$,则式(13.7) 为:

$$\sum_{j=0}^{m}a_iS_{j+k}=t_m \qquad k=0,1,2,\cdots,m$$

这是一个 $(m+1)$ 阶对称的线性化方程组,称为正规(Normal)方程组,具体为:

$$s_0a_0+s_1a_1+\cdots+s_ma_m=t_0$$
$$s_1a_1+s_2a_2+\cdots+s_{m+1}a_m=t_1$$
$$\vdots$$
$$s_ma_0+s_{m+1}a_2+\cdots+s_{2m}a_m=t_m$$

此方程组的函数行列式不为 0,故它有唯一解。将解出的 $a_0,a_1,a_2,\cdots,a_m$ 代入拟合函数式,即可得到所求的拟合多项式。

最小二乘法的特点是拟合精度高,方法简单,是工程中常用的数值处理方法。利用最小二乘法编写的应用程序,运行时只需要输入拟合点的数值,程序即可自动找出拟合多项式函数的 $a_0,a_1,a_2,\cdots,a_m$。

应用曲线拟合法调整非线性特性的具体步骤如下:

(1) 列出逼近反非线性曲线的多项式方程

① 对传感器及其调整电路进行静态试验标定,得到校准曲线。标定点的输入数据 x_i 为:$x_0,x_1,x_2,\cdots,x_N$;输出数据 u_i 为 $u_0,u_1,u_2,\cdots,u_N$。其中,N 为标定点个数,$i=1,2,\cdots,N$。

② 假设反非线性特性拟合方程为:

$$x_i(u_i)=a_0+a_1u_i+a_2u_i^2+\cdots+a_nu_i^n \tag{13.8}$$

n 的数值由所要求的精度确定。若 $n=3$,则

$$x_i(u_i)=a_0+a_1u_i+a_2u_i^2+a_3u_i^3 \tag{13.9}$$

式中:a_0,a_1,a_2,a_3——待定常数。

③ 求解待定常数 a_0,a_1,a_2,a_3,这是根据最小二乘法原则确定的。其基本思想是:由多项式方程(式(13.9))确定的各个 $x_i(u_i)$ 值,与各个点的标定值 x_i 的均方差应最小,即

$$\sum_{i=1}^{N}[x_i(u_i)-x_i]^2=\sum_{i=1}^{N}[(a_0+a_1u_i+a_2u_i^2+a_3u_i^3)-x_i]^2= \\ 最小值=F(a_0,a_1,a_2,a_3) \tag{13.10}$$

式(13.10)是待定常数 a_0,a_1,a_2,a_3 的函数。为了求得函数 $F(a_0,a_1,a_2,a_3)$ 最小值时的常数 a_0,a_1,a_2,a_3,对函数求导并令它为 0,即

令 $\dfrac{\partial F(a_0,a_1,a_2,a_3)}{\partial a_0}=0$,得

$$\sum_{i=1}^{N}[(a_0+a_1u_i+a_2u_i^2+a_3u_i^3)-x_i]=0$$

令 $\dfrac{\partial F(a_0,a_1,a_2,a_3)}{\partial a_1}=0$,得

$$\sum_{i=1}^{N}[(a_0+a_1u_i+a_2u_i^2+a_3u_i^3)-x_i]u_i=0$$

令 $\dfrac{\partial F(a_0,a_1,a_2,a_3)}{\partial a_2}=0$,得

$$\sum_{i=1}^{N}[(a_0+a_1u_i+a_2u_i^2+a_3u_i^3)-x_i]u_i^2=0$$

令 $\dfrac{\partial F(a_0,a_1,a_2,a_3)}{\partial a_3}=0$,得

$$\sum_{i=1}^{N}[(a_0+a_1u_i+a_2u_i^2+a_3u_i^3)-x_i]u_i^3=0$$

经整理后得矩阵方程:

$$\begin{cases} a_0N+a_1H+a_2I+a_3J=D \\ a_0H+a_1I+a_2J+a_3K=E \\ a_0I+a_1J+a_2K+a_3L=F \\ a_0J+a_1K+a_2L+a_3M=G \end{cases} \tag{13.11}$$

式中:N 为试验标定点个数;$H=\sum_{i=1}^{N}u_i$;$I=\sum_{i=1}^{N}u_i^2$;$J=\sum_{i=1}^{N}u_i^3$;$K=\sum_{i=1}^{N}u_i^4$;$L=\sum_{i=1}^{N}u_i^5$;$M=\sum_{i=1}^{N}u_i^6$;$D=\sum_{i=1}^{N}x_i$;$I=\sum_{i=1}^{N}u_i^2$;$F=\sum_{i=1}^{N}x_iu_i^2$;$G=\sum_{i=1}^{N}x_iu_i^3$。

通过求解式(13.11)可得待定常数 a_0, a_1, a_2, a_3：

$$a_0 = \frac{\begin{vmatrix} D & H & I & J \\ E & I & J & K \\ F & J & K & I \\ G & K & L & M \end{vmatrix}}{\begin{vmatrix} N & H & I & J \\ H & I & J & K \\ I & J & K & L \\ J & K & L & M \end{vmatrix}}; \qquad a_1 = \frac{\begin{vmatrix} N & D & I & J \\ H & E & J & K \\ I & F & K & L \\ J & G & L & M \end{vmatrix}}{\begin{vmatrix} N & H & I & J \\ H & I & J & K \\ I & J & K & L \\ J & K & L & M \end{vmatrix}};$$

$$a_2 = \frac{\begin{vmatrix} N & H & D & J \\ H & I & E & K \\ I & J & F & L \\ J & K & G & M \end{vmatrix}}{\begin{vmatrix} N & H & I & J \\ H & I & J & K \\ I & J & K & L \\ J & K & L & M \end{vmatrix}}; \qquad a_3 = \frac{\begin{vmatrix} N & H & I & D \\ H & I & J & E \\ I & J & K & F \\ J & K & L & G \end{vmatrix}}{\begin{vmatrix} N & H & I & J \\ H & I & J & K \\ I & J & K & L \\ J & K & L & M \end{vmatrix}}$$

(2) 将所求得的待定常系数 a_0, a_1, a_2, a_3 存入内存

将已知的反非线性特性拟合方程(式(13.8))写成下列形式：

$$x(u) = a_0 + a_1 u + a_2 u^2 + a_3 u^3 = [(a_3 u + a_2)\ u + a_1]u + a_0 \qquad (13.12)$$

为了求得对应于电压为 u 的输入被测值 x，每次只需要将采样值 u 代入式(13.12)中进行 3 次 $(b+a)u$ 的循环运算，再加上常数 a_0 即可。

3) 插值法

(1) 线性插值法

在实际传感器的设计与应用中，常常把查表法和计算法有机结合起来，从而形成插值法。利用插值法进行非线性的线性化时，先用实验测出传感器的输入、输出数据，利用一次函数进行插值，用直线逼近传感器的特性曲线。当传感器的特性曲线曲率大时，可以将该曲线分段插值，把每段曲线用直线近似，即用折线逼近整个曲线，这样可以按分段线性关系求出输入值所对应的输出值。如图 13.9 所示是用 3 段直线逼近传感器等器件的非线性曲线。图中 y 是被测量，x 是被测温度的数据。

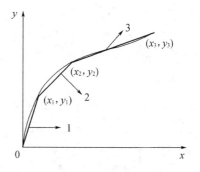

图 13.9　分段线性插值法

由于每条直线段的 2 个端点坐标已知，图 13.9 中直线段 2 的 2 个端点 (x_1, y_1) 和 (x_2, y_2) 已知，该直线段的斜率 k 可表示为：$k_1 = y_2 - y_1/(x_2 - x_1)$；该直线段上的各点满足下列方程式：

$$y = y_1 + k_1(x - x_1)$$

对于折线中任一直线段 i 可以得到：

$$k_{i-1} = \frac{y_i - y_{i-1}}{x_i - x_{i-1}}$$

$$y = y_{i-1} + k_{i-1}(x - x_{i-1}) \tag{13.13}$$

实际使用时,预先把每段直线方程的常数及测量数据 $x_0, x_1, x_2, \cdots, x_n$ 存于内存中,计算机在进行校正时,首先根据测量值的大小,找到合适的校正直线段,从内存中取出该直线段的常数,然后通过计算直线方程式(13.13)就可以获得实际被测量 y。图 13.10 为线性插值法的程序流程图。

线性插值法的线性化精度由折线的段数决定,所分段数越多,精度就越高,但段数多则占用内存也多。一般分成 24 段折线较为合适。在具体分段时,可以等分也可以不等分,应根据传感器的特性而定。

(2) 二次曲线插值法

当传感器输入、输出之间的特性曲线的斜率变化很大时,采用线性插值法不能满足精度要求,可采用二次曲线插值法,就是利用抛物线代替原来的曲线,以提高精度。

二次曲线插值法的分段插值如图 13.11 所示。该图示曲线划分为 a, b, c 这 3 段,并将每段用一个二次曲线方程式来描述,即

$$\left.\begin{aligned}
y &= a_0 + a_1 + a_2 x^2 & x \leqslant x_1 \\
y &= b_0 + b_1 x + b_2 x^2 & x_1 < x \leqslant x_1 \\
y &= c_0 + c_1 x + c_2 x^2 & x_1 < x \leqslant x_3
\end{aligned}\right\} \tag{13.14}$$

式(13.14)中,每段的系数 a_i, b_i, c_i 可通过下述方法获得:在每段中找出任意 3 点,图 13.11 中的 x_0, x_{01}, x_1 对应的 y 值为 y_0, y_{01}, y_1,解联立方程:

$$\left\{\begin{aligned}
y_0 &= a_0 + a_1 x_0 + a_2 x_0^2 \\
y_{01} &= a_0 + a_1 x_{01} + a_2 x_{01}^2 \\
y_1 &= a_0 + a_1 x_1 + a_2 x_1^2
\end{aligned}\right. \tag{13.15}$$

即可求得系数 a_0, a_1, a_2。同理可求得 b_0, b_1, b_2 和 c_0, c_1, c_2。然后将这些系数和 x_0, x_1, x_2, x_3 等值预先存入相应的数据表中。

图 13.12 为二次曲线插值法的计算程序流程图。

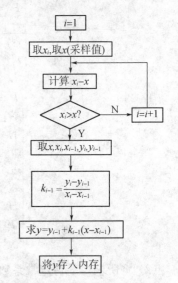

图 13.10　线性插值法程序流程

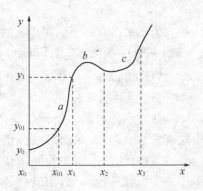

图 13.11　二次曲线插值法

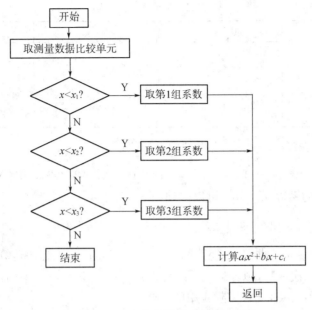

图 13.12 二次曲线插值法程序流程图

13.3.3 应用范例——利用曲线拟合方法进行磁传感器的非线性处理

磁传感器的非线性误差通常比较大,采用曲线拟合方法,需要拟合的准确度比较高。本例采用测量点相对误差和为最小的最小二乘法,对半导体砷化镓传感器进行拟合修正。该传感器经程控运算放大器,进入 A/D 转换器,由微处理器读取被测磁场信号。通常,测量磁场采用 $0\sim0.2$ T 范围为第一量程,$0.2\sim2$ T 范围为第二量程,这是因为磁传感器非线性误差大,在低、高量程范围的非线性差别比较大,所以在 2 个量程中分别选择拟合函数。因此,采用曲线拟合法进行非线性修正,最主要的问题是建立 2 个多项式函数。

在 $0\sim0.2$ T 磁场范围测试磁传感器,标准磁场为 Y_{Li},传感器输出为 X_{Li},这样可以得到第一组数据;在 $0.2\sim2$ T 磁场范围内测试磁传感器,标准磁场为 Y_{Hi},传感器输出为 X_{Hi},这样就得到第二组数据。这 2 组数据如表 13.2 所示。

表 13.2 传感器输出数据

Y_{Li} (T)	X_{Li} (mV)	Y_{Hi} (T)	X_{Hi} (mV)
0.030 00	3.232	0.300 00	31.885
0.050 00	3.351	0.500 00	53.097
0.070 00	7.476	0.700 00	74.334
0.100 00	10.662	1.000 00	106.222
0.189 94	20.226	1.200 00	127.494
		1.500 00	159.524

对上述第一组数据 Y_{Li},X_{Li} 进行曲线拟合,并给定上限准确度 $\Delta E = 0.000\ 1$,得到模拟函数的系数 $a_{L0}\sim a_{L3}$ 值;对第二组数据进行拟合,并给定上限准确度 $\Delta E = 0.000\ 1$,得到模拟函数的系数 $a_{H0}\sim a_{H3}$。各系数数值如表 13.3 所示。

表 13.3　拟合函数的系数

系　数	拟合数值	系　数	拟合数值
a_{L0}	0.444	a_{H0}	-0.539
a_{L1}	9.933	a_{H1}	9.462
a_{L2}	4.113×10^{-4}	a_{H2}	-4.016×10^{-3}
a_{L3}	-2.287×10^{-4}	a_{H3}	9.049×10^{-5}

根据表 13.3 中系数 $a_{L0}\sim a_{L3}$ 可以得到如下函数：

$$Y_L=0.444+9.393X_L+4.113\times10^{-4}X_L^2-2.287\times10^{-4}X_L^3$$

根据表 13.3 中的系数 $a_{H0}\sim a_{H3}$ 可以得到如下函数：

$$Y_H=-0.593+9.462X_H-4.016\times10^{-3}X_H^2+9.049\times10^{-5}X_H^3$$

编制最小二乘法多项式曲线拟合程序，在 PC 机上运行，由该程序运算出的磁传感器拟合函数 Y_L 和 Y_H 均为三次函数，拟合最大误差可以达到 1.99×10^{-4}。采用该方法进行拟合，具有项数少、准确度高等优点，适合实际应用的需要。

13.4　传感器的抗干扰处理方法

在传感器的实际应用中，尤其是在工业生产中，广泛应用各种传感器及自动检测装置来监视生产的各个环节。在这些系统中，往往需要数百个不同的传感器将各种不同的非电参量转换成电量，供微处理器进行处理。但由于生产现场往往存在大量的干扰源，它们会直接影响传感器的工作，进而对整个检测系统造成很大影响，因此抗干扰技术是传感器应用系统的一个重要环节，是传感器应用电路设计是否成功的关键。

干扰可能来自外部电磁干扰，可能来自供电电路，也可能是元器件自身的性能所引起的。主要干扰源有：静电感应、电磁感应、漏电流感应、射频干扰及其他干扰等。总的来说，可以将传感器的干扰源分为 3 个部分：① 局部产生；② 子系统内部的耦合；③ 外部产生（如电源频率的干扰）。由于传感器所受干扰源的多样性，因此采取抗干扰措施时应具体问题具体分析。对不同的干扰采取不同的措施是传感器抗干扰的一项原则。一般可以从以下几个方面采取抗干扰措施。

13.4.1　供电系统的抗干扰设计

对传感器、仪器仪表正常工作危害最严重的是电网尖峰脉冲干扰。产生尖峰干扰的用电设备有电焊机、大电机、可控机、继电接触器等。尖峰干扰可用硬件、软件结合的办法来加以抑制。

1）采用硬件线路

常用方法主要有 3 种：

（1）在仪器交流电源输入端串入按频谱均衡原理设计的干扰控制器，将尖峰电压集中的能量分配到不同的频段，从而减弱其破坏性。

（2）在仪器交流电源输入端加接超级隔离变压器，利用铁磁共振原理抑制尖峰脉冲。

（3）在仪器交流电源输入端并联压敏电阻，利用尖峰脉冲到来时电阻值减小以降低仪器从电源分得的电压，从而削弱干扰的影响。

2）采用硬、软件结合的"看门狗"（watchdog）技术

在定时器定时到之前，CPU访问一次定时器，让定时器重新开始计时，正常程序运行，该定时器不会产生溢出脉冲，"看门狗"也就不会起作用。一旦尖峰干扰出现了"飞程序"，则CPU不会在定时到之前访问定时器，从而定时信号就会出现，从而引起系统复位中断，保证系统正常工作。

3）采用隔离变压器

考虑到高频噪声通过变压器主要不是靠初、次级线圈的互感耦合，而是靠初、次级寄生电容耦合，因此，隔离变压器的初、次级之间均用屏蔽层隔离，减少其分布电容，以提高抵抗共模干扰能力。

4）采用高抗干扰性能的电源

例如采用频谱均衡法设计的高抗干扰电源，这种电源抵抗随机干扰非常有效，能把高尖峰的扰动电压脉冲转换成低电压峰值（电压峰值小于 TTL 电平）的电压，但干扰脉冲量不变，从而可以提高传感器的抗干扰能力。

13.4.2　采用滤波技术消除干扰

滤波器是抑制交流串模干扰的有效手段之一。传感器检测电路中常见的滤波电路有 RC 滤波器、交流电源滤波器和直流电源滤波器。

1）RC 滤波器

当信号源为热电偶、应变片等信号变化缓漫的传感器时，利用小体积、低成本的无源 RC 滤波器将会对串模干扰有较好的抑制效果。对称的 RC 滤波器电路如图 13.13 所示。但应指出 RC 滤波器是以牺牲系统响应速度为代价来减少串模干扰的。

2）交流电源滤波器

电源网络吸收了各种高、低频噪声，对此常用 LC 滤波器来抑制混入电源的噪声，如图 13.14所示，由 100 μH 电感和 0.1 μF 电容组成的高频滤波器，能吸收中短波段的高频噪声干扰。

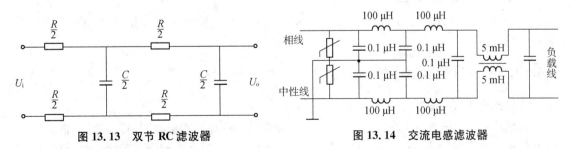

图 13.13　双节 RC 滤波器　　　　　　　图 13.14　交流电感滤波器

3）直流电源滤波器

直流电源往往为几个电路所共用，为了避免通过电源内阻造成几个电路间相互干扰，应该在每个电路的直流电源上加上 RC 或 LC 去耦滤波器，用来滤除低频噪声。

13.4.3　采用接地技术抑制干扰

接地技术是抑制干扰的有效技术之一,是屏蔽技术的重要保证。正确接地能够有效地抑制外来干扰,同时可提高测试系统的可靠性,减少系统自身产生的干扰因素。接地的目的是保证安全和抑制干扰。因此,接地分为保护接地、屏蔽接地和信号接地。

保护接地以安全为目的,传感器测量装置中的机壳、底盘等都要接地。要求接地电阻在10 Ω以下。

屏蔽接地是干扰电压对地形成低阻通路,以防干扰系统的测量装置。接地电阻应小于0.02 Ω。

信号接地是电子装置输入与输出的零信号电位的公共线,它本身可能与大地是绝缘的。信号地线又分为模拟信号地线和数字信号地线。模拟信号一般较弱,对地线要求较高;数字信号一般较强,对地线要求可低一些。

不同的传感器检测条件对接地的方式也有不同的要求,必须选择合适的接地方法。常用接地方法有一点接地和多点接地。

1) 一点接地

在低频电路中一般建议采用一点接地,分为放射式接地和母线式接地。放射式接地是电路中各功能电路直接用导线与零电位基准点连接;母线式接地是采用具有一定截面积的优质导体作为接地母线,直接接到零电位点,电路中的各功能块的地可就近接在该母线上。这时若采用多点接地,在电路中会形成多个接地回路,当低频信号或脉冲磁场经过这些回路时,就会引起电磁感应噪声,由于每个接地回路的特性不同,在不同的回路闭合点就产生电位差,形成干扰。为了避免这种情况,最好采用一点接地。

传感器与测量装置构成一个完整的检测系统,但两者之间可能相距较远。由于工业现场大地电流十分复杂,所以这2部分外壳的接入地点之间的电位一般是不相同的,若将传感器与测量装置的零电位在两处分别接地,即两点接地,则会有较大的电流流过内阻很低的信号传输线从而产生压降,造成串模干扰。因此,这种情况下也应该采用一点接地。

2) 多点接地

对于高频电路,即使一小段地线也会有较大的阻抗压降,加上分布电容的作用,不可能实现一点接地,因此可采用平面式接地方式,即多点接地方式,利用一个良好的导电平面体(如采用多层印制电路板中的一层)接至零电位基准点上,各高频电路的地就近接至该导电平面体上。由于导电平面体的高频阻抗很小,基本保证了每一处电位的一致,同时增加旁路电容,以减少压降。

13.4.4　信号传输通道的抗干扰设计

1) 光电耦合隔离

传感器信号在长距离传输过程中采用光电耦合器,可以将控制系统与输入通道、输出通道以及伺服驱动器的输入、输出通道之间切断电路的联系。如果在电路中不采用光电隔离,外部的尖峰干扰信号会进入系统或直接进入伺服驱动装置,从而使系统受到干扰。

光电耦合器是一种电-光-电耦合器件,由发光二极管和光电三极管封装组成,其输入与输出在电气上是绝缘的,因此,这种器件除了用做光电控制以外,现在被越来越多地用于提高系

统的抗共模干扰能力。图 13.15 为数字信号传送
和隔离的典型电路。当 U_i 为高电平时,就有驱动
电流流过光耦合器中的发光二极管,光电三极管
受光饱和,其发射极输出高电平,从而达到信号传
输的目的。这样即使输入回路有干扰,只要它在
门限之内,就不会对输出造成影响。

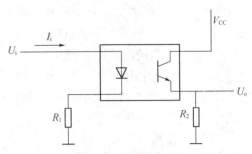

图 13.15　射极输出的光耦合传输、隔离电路

光电耦合的主要优点是能有效地抑制尖峰脉
冲及各种噪声干扰,使信号传输过程中的信噪比
大大提高。干扰噪声虽然有较大的电压幅度,但
是能量很小,只能形成微弱电流,而光电耦合器输入部分的发光二极管是在电流状态下工作
的,一般导通电流为 $10\sim15$ mA,所以即使有很大幅度的干扰,这种干扰也会由于不能提供足
够的电流而被抑制掉。

2）双绞屏蔽线长线传输

信号在传输过程中会受到电场、磁场和地阻抗等干扰因素的影响,采用接地屏蔽线可以减
小电场的干扰。双绞线与同轴电缆相比,虽然频带较窄,但波阻抗高,抗共模噪声能力强,能使
各个环节的电磁感应干扰相互抵消。另外,在长距离传输过程中,一般采用差分信号传输,可
提高抗干扰性能。

13.4.5　从元器件方面消除干扰的措施

由元器件引起的干扰通常是由制造元器件的材料、结构、工艺等因素决定的。

1）电阻器

电阻器(简称电阻)的干扰来自于电阻中的电感、电容效应,以及电阻本身的热噪声。不同
类型电阻引起的干扰有所不同。

例如一个阻值为 R 的实心电阻,等效于电阻 R、寄生电
容 C、寄生电感 L 的串并联,如图 13.16 所示。一般来说,
寄生电容约为 $01\sim0.5$ pF,寄生电感约为 $5\sim8$ nH。通常
对于中频信号,它们的影响可以被忽略,但在频率高于
1 MHz 时,这些寄生的电感、电容就不可忽视。而且,在高
频下阻值低的电阻以寄生电感为主,阻值高的电阻以寄生
电容为主。

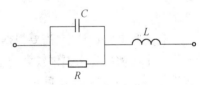

图 13.16　实心电阻的等效电路

又如一个阻值为 R 的绕线电阻,也等效于电阻 R、寄生
电容 C、寄生电感 L 的串并联,如图 13.17 所示。寄生电容、
寄生电感的值决定于绕线的工艺。绕线电阻如果采用双绕
线的设计,虽然寄生电感可以减小,但是寄生电容却会增大。

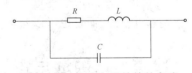

图 13.17　绕线电阻的等效电路

各类电阻都会产生热噪声。以 U_T 表示热噪声电压,则
$U_T=\sqrt{4RkTB}$。其中,R 为电阻的阻值,$k=1.374\times10^{23}$ J/K(波耳兹曼常数),T 为绝对温度
(K),B 为噪声带宽(Hz)。

如果有一电阻 $R=500$ kΩ,$B=1$ MHz,在常温下,$T=20$ ℃ $=293$ K,则 $U_T=90$ μV。这

时,如果信号属于微伏数量级,则其会被热噪声所覆盖。

　　另外,电阻还会产生接触噪声。若以 U_c 表示接触噪声产生的电压,则 $U_c = I\sqrt{k/f}$。其中,I 为流过电阻的电流均方值,f 为中心频率,k 是与材料的几何形状相关的常数。由于 U_c 在低频段起重要作用,所以它是低频传感器电路的主要噪声源。

　　因此,在使用传感器时必须综合考虑元器件对测量产生的影响,否则会得到不正确的测量结果。

　　2) 电容器

　　电容器(简称电容)有很多种类型,通常可以分为纸质电容、聚酯树脂电容、云母电容、陶瓷电容、电解电容等,可以等效为如图 13.18 的电路。

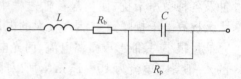

　　电容的旁路电阻是由介质在电场中泄漏电流造成的;电感主要由内部电极电感和外部引线电感 2 部分组成。电阻和电容的存在,影响电路的时间常数。

图 13.18　电容器的等效电路

频率高时,电感的效果会增强,在某一个频率会形成共振,从而电容失去效用。电容工作的下限频率决定于电容的容量。容量越大,工作频率下限越低。这样,在选用电容时需要注意电容所适用的工作频率。

　　纸介质和聚酯树脂电容的串联电阻一般远小于 1 Ω,但有一定的电感量,电容量一般在 μF 的数量级,工作频率的上限在 MHz 数量级,通常用于滤波、旁路、耦合。这类电容的一个引脚和电容的外层箔片相连接,所以当这个引脚和地相连接时,可以起到屏蔽作用,减少外电场的影响。另外,聚苯乙烯电容的精度可以做到小于 0.5%,用于需要精密电容的场合。云母电容和陶瓷电容的串联电阻和电感都很小,可以用于高频场合,如高频滤波、旁路、耦合等。由于云母温度稳定性较好,所以该类电容的温度特性比较稳定。在通常情况下,陶瓷电容也有很好的温度特性。但是,有些陶瓷对温度比较敏感,所以在选择该类电容时必须注意其工作的温度范围。

　　在实际电路设计中,需要根据具体要求选择合适的电容。例如,设计宽带滤波器时,可以使用一个电解电容来提供较大的电容量,同时又并联一个小容量、低电感的云母电容以在较高频率上进行补偿;对于级间耦合电容,应该选择低噪声电容。

　　3) 电感器

　　电感器(简称电感)常用于高频振荡、滤波、延时等场合。电感是抑制干扰的一种重要元件。实际应用中,应该尽量采用闭环型电感,这样不仅可以避免电感本身工作时发出的磁力线影响邻近电路,而且也可以避免受外来电磁干扰。

13.5　正确选用传感器的原则

　　传感器的研制和发展非常迅速,应用于各个领域的传感器不断出现,对传感器的选择变得更加灵活。一般来说,对于同一种类的被测物理量,可供选择的传感器类型很多。为了选择最适合于测试目的的传感器,需要提出一些注意事项。

　　选择传感器时要考虑的事项往往很多,但是不可能面面俱到,也无需满足所有的要求,应根据实际使用传感器的目的、指标、环境等因素,考虑不同的侧重点。例如,对于长时间连续使用的传感器,必须重点考虑传感器的长期稳定性问题;对于机械加工或化学分析等时间比较短的工序过程,需要灵敏度和动态特性比较好的传感器;为了适应输入信号的频带宽度,提高信噪比,选择传感器时需考虑其响应速度。此外,还要合理选择设置场所,注意传感器的安装方法,了解传感器的外形尺寸、重量等因素,最终综合考虑确定选择哪一种传感器最合适。一般来说,正确选择传感器主要从以下几个方面来考虑。

13.5.1　与传感器特性有关的因素

1) 传感器的静态特性

传感器的输入、输出关系如下:输入(对输入可能造成的外部影响有冲振、电磁场、线性、滞后、重复性、灵敏度、误差因素)→传感器→输出(对输出造成的外部影响有温度、供电、各种干扰稳定性、温漂、稳定性(零漂)、分辨力、误差因素等)。通常人们总希望传感器的输入与输出成唯一的对应关系,最好是呈线性关系。但现实中,输入与输出完全符合线性关系几乎是不可能的,这是因为传感器本身存在迟滞、蠕变、摩擦等各种因素,以及受外界条件的各种影响。

因此,能反映传感器静态特性的主要性能指标有:线性度、灵敏度、重复性、迟滞、分辨率、漂移、稳定性等。

2) 传感器的动态特性

传感器的动态特性是指传感器对随时间变化的输入量的响应特性。很多传感器在实际应用中都是在动态条件下进行检测,被测量可能以各种形式随时间变化。只要输入量是时间的函数,则其输出量也将是时间的函数,输入与输出之间的关系要用动态特性来说明。

选择传感器时要根据其动态特性要求与使用条件选择合理的方案和确定合适的参数;使用传感器时要根据其动态特性与使用条件确定合适的使用方法,同时对给定条件下的传感器动态误差做出估计。

传感器的动态特性是传感器的一个重要性能,在选择和应用传感器时需要重点考虑。

13.5.2　根据实际用途选择传感器

1) 传感器的类型

使用传感器进行一项具体的测量工作前,首先要考虑采用何种原理的传感器,这需要分析多方面的因素之后才能确定。因为即使是测量同一物理量,也有多种原理的传感器可供选用。哪一种原理的传感器更为合适,需要根据被测量的特点和传感器的使用条件加以确定。具体需要考虑以下问题:量程的大小,被测位置对传感器体积的要求,测量方式为接触式还是非接触,是国产还是从国外进口(价格也是选择传感器的一个重要因素,设计人员必须考虑项目所承受的能力)。

2) 灵敏度

通常,在传感器的线性范围内,希望传感器的灵敏度越高越好。传感器的灵敏度高,则与被测量变化对应的输出信号的值比较大,有利于信号处理。但要注意,灵敏度高时,与被测量无关的外界干扰也容易混入,这些干扰信号也会被放大系统放大,从而影响测量精度。因此,要求传感器本身应具有较高的信噪比,以尽量减少从外界串入的干扰信号。

3）频率响应特性

传感器的频率响应特性决定了被测量的频率范围,测量的理想状况是在允许频率范围内保持不失真测量,但实际使用传感器时,频率响应总会有一定的延迟,这是难免的。所以希望延迟时间越短越好。

4）线性范围

传感器的线性范围是指输出与输入成正比的范围。从理论上讲,在此范围内,灵敏度应该保持不变。传感器的线性范围越宽,则其量程越大,并且能保证一定的测量精度。所以在选择传感器时,当传感器的种类确定以后,首要考虑的就是看其量程是否满足要求。

但实际上,任何传感器都不能保证绝对线性,其线性度是相对的。当所要求的测量精度比较低时,在一定的范围内,可将非线性误差较小的传感器近似看做线性,这会给测量带来极大的方便。

5）稳定性

传感器使用一段时间后其性能保持不变的能力称为稳定性。影响传感器长期稳定性的因素,除传感器本身结构外,主要是传感器的使用环境。因此,要使传感器具有良好的稳定性,传感器必须有较强的环境适应能力。

6）精度

精度是传感器的一个重要性能指标,关系到整个测量系统的测量精度。传感器的精度越高,其价格就越昂贵。因此,传感器的精度只要能满足整个测量系统的精度要求就可以,没有必要选得过高,这样就可以在满足同一测量目的的多种传感器中选择性价比最高的传感器。

如果测量目的仅仅是为了定性分析,则选用重复精度高的传感器即可,而不必选用绝对量值精度高的;如果测量目的是为了定量分析,必须获得精确的测量值,这时就需选用精度等级能满足要求的传感器。

以上是有关选择传感器时主要考虑的因素。为了提高测量精度,应注意平常使用传感器时的显示值应在满量程的 50% 左右来选择测量范围或刻度范围。选择传感器的响应速度,目的是适应输入信号的频带宽度,从而得到高信噪比。对于精度比较高的传感器需要精心使用。此外,还要合理选择使用现场条件,注意安装方法,了解传感器的安装尺寸和重量。还要注意从传感器的工作原理出发,联系被测对象中可能会产生的负载效应问题。综合多方面的因素进行考虑,从而选择最合适的传感器。

习题与思考题

13.1 使用传感器时为什么要将传感器与应用电路相匹配? 叙述场效应管自举型高输入阻抗放大器的工作原理。

13.2 进行传感器非线性校正的方法总的来说有哪 2 种?

13.3 利用硬件电路实现传感器线性化的方法有哪些? 利用硬件电路对传感器进行线性校正主要有哪些缺点?

13.4 利用软件对传感器进行线性校正有哪些优点? 主要有什么方法?

13.5 根据所学的知识,试设计一种改善传感器非线性输出特性的电路或程序。

13.6 总的来说,对传感器造成干扰的主要来源有哪 3 种? 传感器的抗干扰措施主要有哪些方面?

13.7 如何正确合理地使用传感器? 主要需要考虑哪些因素?

参 考 文 献

[1]　钱显毅. 传感器原理与应用. 南京:东南大学出版社,2008

[2]　费业泰. 误差理论与数据处理. 北京:机械工业出版社,2000

[3]　施昌彦. 测量不确定度评定与表示指南. 北京:中国计量出版社,2000

[4]　王绍纯. 自动检测技术. 2版. 北京:冶金工业出版社,1995

[5]　强锡富. 传感器. 北京:机械工业出版社,1989

[6]　[日]森村正直,山崎弘朗. 传感器工程学. 孙宝元,译. 大连:大连工学院出版社,1988

[7]　陶宝祺,王妮. 电阻应变式传感器. 北京:国防工业出版社,1993

[8]　张福学. 现代实用传感器电路. 北京:中国计量出版社,1997

[9]　吴道悌. 非电量电测技术. 西安:西安交通大学出版社,2001

[10]　徐恕宏. 传感器及其设计基础. 北京:机械工业出版社,1989

[11]　黄贤武,郑筱霞. 传感器原理与应用. 成都:电子科技大学出版社,1999

[12]　黄继昌. 传感器工作原理及应用实例. 北京:人民邮电出版社,1998

[13]　严钟豪,谭祖根. 非电量检测技术. 北京:机械工业出版社,1983

[14]　贾伯年,俞朴. 传感器技术. 南京:东南大学出版社,1990

[15]　康昌鹤,等. 气、湿敏感器件及其应用. 北京:科学出版社,1988

[16]　郭振芹. 非电量电测量. 北京:中国计量出版社,1990

[17]　牛德芳. 半导体传感器原理及其应用. 大连:大连理工大学出版社,1994

[18]　实用电子电路手册编写组. 实用电子电路手册:模拟电路分册. 北京:高等教育出版社,1991

[19]　吴东鑫. 新型实用传感器应用指南. 北京:电子工业出版社,1998

[20]　刘迎春,叶湘滨. 现代新型传感器原理与应用. 北京:国防工业出版社,1998

[21]　余瑞芬. 传感器原理. 北京:航天工业出版社,1995

[22]　魏文广,刘存. 现代传感技术. 沈阳:东北大学出版社,2001

[23]　王家桢,王俊杰. 传感器与变送器. 北京:清华大学出版社,1996

[24]　单成祥. 传感器的理论与设计基础及其应用. 北京:国防工业出版社,1999

[25]　施文康,余晓芬. 检测技术. 北京:机械工业出版社,2000

[26]　侯国章,赖一楠,田思庆. 测试与传感器技术. 哈尔滨:哈尔滨工业大学出版社,1998

[27]　金篆芷,王明时. 现代传感技术. 北京:电子工业出版社,1995

[28]　杜维,张宏建,乐嘉华. 过程检测技术及仪表. 北京:化学工业出版社,1999

[29]　盛克仁. 过程测量仪表. 北京:化学工业出版社,1992

[30]　何适生. 热工参数测量及仪表. 北京:水利电力出版社,1990

[31]　范玉久. 化工测量及仪表. 2版. 北京:化学工业出版社,2002

[32]　梁晋文,陈林才,何贡. 误差理论与数据处理. 2版. 北京:中国计量出版社,2001